U0259806

普通高等教育包装工程专业系列教材

包装概论
（第二版）

蔡惠平　鲁建东　张笠峥　刘儒平　石佳子　编　著

中国轻工业出版社

图书在版编目（CIP）数据

包装概论/蔡惠平等编著．—2 版．—北京：中国
轻工业出版社，2022.8

"十三五"普通高等教育包装专业规划教材

ISBN 978-7-5184-1398-0

Ⅰ．①包… Ⅱ．①蔡… Ⅲ．①包装—高等学校—教材
Ⅳ．①TB48

中国版本图书馆 CIP 数据核字（2017）第 109140 号

责任编辑：杜宇芳

策划编辑：林　媛　杜宇芳　　　责任终审：劳国强　　封面设计：锋尚设计
版式设计：王超男　　　　　　　责任校对：燕　杰　　责任监印：张　可

出版发行：中国轻工业出版社（北京东长安街 6 号，邮编：100740）
印　　刷：河北鑫兆源印刷有限公司
经　　销：各地新华书店
版　　次：2022 年 8 月第 2 版第 3 次印刷
开　　本：787×1092　1/16　　印张：12.25
字　　数：280 千字
书　　号：ISBN 978-7-5184-1398-0　　定价：38.00 元
邮购电话：010-65241695
发行电话：010-85119835　传真：85113293
网　　址：http://www.chlip.com.cn
Email：club@chlip.com.cn
如发现图书残缺请与我社邮购联系调换
220943J1C203ZBW

前　言

本书第一版经教育部专家组评审，入选普通高等教育"十一五"国家级规划教材。

包装工业是我国国民经济的重要组成部分。包装工业与国民经济的发展有着密切和不可分割的联系：一方面，包装工业的发展受国民经济发展的制约；另一面，包装工业的发展又能推动国民经济的整体发展。

在我国，随着市场经济的发展，包装工业也得到了相应的重视和发展。包装研究和包装教育都有了较大进步。在社会生产不断发展、人们生活水平不断提高、对外贸易不断扩大的现状下，发展包装工业对国计民生的作用越来越突出，越来越引起各方面的关注。

包装工程专业不仅包含了文、理、工、管众学科的理论知识，同时也包容了各学科的实用和前沿技术，是一个含众多分支，全方位的典型综合学科。每个分支内部又有着性质完全不同的内涵。在本书中我们力图在反映包装基本知识的同时，尽力反映当代有关包装材料和技术方法的最新成果和发展方向，并力求使本书的内容通俗易懂。

为让相关专业的学生和专业技术人员对包装有一个全面的了解，对专业知识的学习起到引导和帮助作用，我们编写了这本包装工程专业的入门教材，在前版《包装概论》的基础上，对一些内容进行了删减，增加了部分图片以便读者易于理解，还增加了一些反映包装新技术的内容。本书包括：绪论、包装系统设计、包装材料及容器、包装机械、包装技术与方法、包装测试、包装标准化与包装法规、包装印刷、智能包装技术和绿色包装等内容。

本书适合包装工程、印刷工程、物流工程、市场营销、工业设计、食品科学与技术和材料、机械类等专业的学生开设《包装概论》课程的教学用书；也可以作为相关技术人员以及管理人员的参考用书。

本书由北京印刷学院蔡惠平、鲁建东、张笠峥、刘儒平、石佳子编著而成。在编写过程中，参考了国内外有关的出版物，在此对作者表示衷心感谢。

包装工程属多学科交叉的边缘综合学科，涉及多门学科、专业和工业技术，由于编者水平有限，难免有不当之处，敬请广大读者批评指正。

蔡惠平于北京
2017 年 4 月

目 录

第一章　绪　论

第一节　包装的内涵

一、包装的定义

中国国家标准 GB/T 4122.1—1996 中，包装的定义是：为在流通过程中保护产品、方便储运、促进销售，按一定技术方法而采用的容器、材料及辅助物等的总体名称。也指为了达到上述目的而采用容器、材料和辅助物的过程中施加一定技术方法等的操作活动。

理解产品包装的含义，包括两方面意思：一方面是指盛装产品的容器而言，通常称作包装物，如袋、箱、桶、筐、瓶等；另一方面是指包装产品的过程，如装箱、打包等。

产品包装具有从属性和商品性等两种特性。包装是其内装物的附属品；包装是附属于内装物的特殊产品，具有价值和使用价值；同时又是实现内装产品价值和使用价值的重要手段。

二、包装的产生

一般认为，包装通常与产品联系在一起，是为实现产品价值和使用价值所采取的一种必不可少的手段。所以，包装的产生应从人类社会开始产品交换时算起。同时，包装的形成也是紧紧与产品流通的发展联系在一起的。包装的形成可区分为三个阶段。

1. 初级包装阶段

在产品生产的发展初期，产品交换出现后，为了保证产品流通，首先需要的是产品运输和储存，即产品要经受空间的转移和时间的推移的作用。这样包装就为产品提供保护而产生，发展起来了。这一时期，包装通常是指初级包装，即完成部分运输包装的功能，使用箱、桶、筐、篓等初级包装容器。由于没有小包装，产品在零售时需要分销。

2. 包装发展阶段

此阶段，不仅有运输包装，而且出现了起传达美化作用的小包装。随着商品经济的发展，产品越来越多，不同企业生产不同质量和不同花色品种的产品。一开始生产者以产品特征来使消费者区分出企业的产品，后来逐步以小包装来起传达这种信息的作用。随着市场竞争的激烈，小包装进而又起到美化和宣传产品的作用。该时期，运输包装仍主要起保护作用，而小包装则主要起区别产品、美化和宣传产品的作用。由于有了小包装，产品不必在零售时分销，但产品仍需售货员介绍和推销。

3. 销售包装成为产品的无声推销员阶段

超市销售方式的出现把包装推向更高的发展阶段。这一时期包装的特点是：小包装向销售包装方向过渡，销售包装已真正成为产品不可分割的一部分，已成为谋取附加利润的重要手段，销售包装在生产销售和消费中所起的作用也越来越大。同时，运输包装也从单纯的保护朝向如何提高运输装卸效率的方向发展。

包装发展到现阶段，通常称为现代包装。在现代化产品生产中，产品对包装的依附性越来越明显，在整个生产、流通、销售乃至消费领域中都需要一个附属品——包装，缺少它就难以形成社会生产的良性循环。所以，虽然现代包装的种类增多，功能增加，成本比重增加了，包装仍然是内装产品的附属品，而且包装发展会受到产品的制约，内装产品的特点及其变化是影响包装发展的最根本因素。另外，在现代化的产品生产中，包装本身的商品性也越来越明显。这说明包装发展至今，虽然产品对包装的依附性增加，但包装生产对产品生产的依附性降低，其相对独立性增加。

目前，包装生产已成为重要的工业部门之一。在全国40个主要行业中，包装行业列第12位。包装同其他社会必要劳动产品一样具有商品性，成为部门间的买卖对象。

现代包装概念反映了包装的商品性、手段性和生产活动性。包装的价值包含在产品的价值中，不但在出售产品时给予补偿，而且会因市场供求关系等原因得到超额补偿。优质包装能带来巨大的经济效益。包装是产品生产的重要组成部分，绝大多数产品只有经过包装，才算完成它的生产过程，才能进入流通和消费领域。

在包装工程领域中，一般来说，一个产品加上包装才能形成一个具有竞争力的商品。包装是依据一定的产品数量、属性、形态以及储运条件和销售需要，采用特定包装材料和技术方法，按设计要求创造出来的造型和装饰相结合的实体，具有艺术和技术双重特性，具有形态性、体积性、层次性、整体性等多方面特点。从实体构成来看，任何一个包装，都需要采用一定的包装材料，通过一定的包装技术方法制造的，都具有各自独特的结构、造型和外观装潢。因此，包装材料、包装技法、包装结构造型和表面装潢是构成包装实体的四大要素。包装材料是包装的物质基础，是包装功能的物质承担者。包装技术是实现包装保护功能、保证内装产品质量的关键。包装结构造型是包装材料和包装技术的具体形式。包装装潢是通过画面和文字美化、宣传和介绍产品的主要手段。这四大要素的结合，需要完美的设计来完成，只有这样才能构成市场需要的包装实体。

三、包装的功能

包装的功能主要体现在以下几个方面。

1. 保护产品

保护产品是包装最重要的功能之一。产品在流通过程中，可能受到各种外界因素的影响，引起产品污染、破损、渗漏或变质，使产品降低或失去使用价值。科学合理的包装，能使产品抵抗各种外界因素的破坏，从而保护产品的性能，保证产品质量和数量的完好。

2. 便于产品流通

包装为产品流通提供了基本条件和便利。将产品按一定的规格、形状、数量、大小及不同的容器进行包装，而且在包装外面通常都印有各种标志，反映被包装物的规格、品名、数量、颜色以及整体包装的净重、毛重、体积、厂名、厂址及储运中的注意事项等，这样既有利于产品的调配、清点计数，也有利于合理运用各种运输工具和存储，提高装卸、运输、堆码效率和储运效果，加速产品流转，提高产品流通的经济效益。

3. 促进和扩大产品销售

设计精美的产品包装，可起到宣传产品、美化产品和促进销售的作用。包装既能提高产品的市场竞争力，又能以其新颖独特的艺术魅力吸引顾客、指导消费，成为促进消费者购买的主导因素，是产品的无声推销员。优质包装在提高出口产品竞销力，扩大出口，促进对外贸易的发展等方面均具有重要意义。

4. 方便消费者使用

销售包装随产品的不同，形式各种各样，包装大小适宜，便于消费者使用、保存和携带。包装上的绘图、商标和文字说明等，既方便消费者辨认，又介绍了产品的性质、成分、用途、使用和保管方法，起着方便与指导消费的作用。

5. 节约费用

包装与产品生产成本密切相关。合理的包装可以使零散的产品以一定数量的形式集成一体，从而大大提高装载容量并方便装卸运输，可以节省运输费、仓储费等项费用支出。有的包装容器还可以多次回收利用，节约包装材料及包装容器的生产，有利于降低成本，提高经济效益。

总之，产品包装应当具有的基本功能是：保护功能，方便功能，促销展示功能。

四、包装件的构成

包装件的定义：包装件是指产品经过包装所形成的总体，即包装与产品的总称。一般由产品、内包装和外包装三部分组成。

典型的包装件组成成分包括 8 个部分，即：包容件、固定件、搬运件、缓冲件、表面保护件、防变质件、封缄件和展示面。一般常见的包装件并不一定必须包括上述所有部分。

五、包装的基本要求

1. 要适应产品特性

一个产品的包装必须根据该产品的特性、分别采用相应的材料与技术，使包装完全符合产品理化性质的各项要求。

2. 要适应流通条件

要确保产品在流通全过程中的安全，产品包装应该具有一定的强度、刚度、牢固、坚实、耐用的特点。对于不同运输方式和运输工具，还应当有选择性地利用相应的包装容器和技术处理。总之，整个包装应当适应流通领域中的仓储运输条件和强度要求。

3. 包装要适量和适度

对销售包装而言，包装容器的大小与内装产品要相适宜，包装费用，应与内装产品的实际需要相吻合。预留空间过大、包装费用占产品总价值比例过高，都是有损消费者利益，误导消费的"过度包装"。

4. 标准化

产品包装必须执行标准化，对产品包装的包装重量、规格尺寸、结构造型、包装材料、名词术语、印刷标志、封装方法等加以统一规定，逐步形成系列化和通用化，以便有利于包装容器的生产，提高包装生产效率，简化包装容器的规格，降低成本，节约原材料，便于识别和计量，有利于保证产品包装的质量和产品安全。

5. 产品包装要做到绿色和环保

产品包装的绿色、环保要求有两个方面的含义：首先是选用的包装容器、材料、技术本身应是对产品、对消费者而言，是安全的和卫生的。其次是采用的包装技法、材料容器等对环境而言，是安全的和绿色的，在选择包装材料和制作上，要遵循可持续发展原则，节能、低耗、高功能、防污染，可以持续性回收利用，或废弃之后能安全降解。

六、包装的技术要求

1. 包装技术的概念

产品包装技术是指为了防止产品在流通领域发生数量损失和质量变化，而采取的抵抗内、外影响质量因素的技术措施，又称产品包装防护方法。

2. 产品包装技术的要求

影响产品质量变化的内、外部因素分为物理、化学、生物等因素。产品包装防护技术正是针对以上影响产品质量的内、外因素而采取的具体防范措施。

七、产品的质量与包装

常言说得好："红花虽好，还要绿叶扶持。"产品的质量和包装，犹如红花和绿叶。产品的质量当然是居于支配地位的，人们不是为了买包装去选购产品的。

但是包装也决不可忽视。好的包装不仅能保护产品，便于销售和携带，美化产品，提高身价，激起消费者的购买欲望，而且能起到无声推销员的作用。好的包装系统设计，不仅提高了产品的附加值，又是一种艺术形式。当一种产品质量一流时，但包装不好，也会造成滞销，这时，产品的包装就上升为主要方面了。如我国曾经向美国出口小瓶青岛啤酒，原料和工艺是一流的，酒色清亮，泡沫细密纯净，喝到嘴里更是醇和可口，跟外国啤酒相比，毫不逊色。可是青岛啤酒瓶的质量却一般。结果迟迟打不开广阔的市场。一些旅美华侨大声疾呼给青岛啤酒穿上一件得体的新装。

但是随着对包装重要性的认识，有的企业用包装来掩盖产品质量的低劣。包装设计人员一定要避免两种极端。

第二节　包装技术的发展历史和主要阶段

一、早期发展历史

包装起源于一万年前的原始社会后期，当时主要使用的包装材料及容器有：植物茎叶、葛藤、荆条、竹皮、树皮、兽皮、贝壳、篮、筐、篓、竹筒和皮囊等，后来又出现了泥碗和泥罐等。大约 8000 年前，出现了织布和陶瓷器；后又出现玻璃器皿和瓶罐。4000 多年前出现了青铜器、白陶、釉陶、木器、青瓷等；后又出现精制的杯、酒壶、梳妆盒等。纸张及印刷术的发明和传播，为包装装潢创造了条件。16 世纪欧洲的陶瓷工业及美国的玻璃工业日趋发展，包装开始向现代包装过渡。

二、包装技术发展的主要阶段

1. 包装技术的起步阶段

18 世纪末，法国酿造家尼古拉·阿培尔奠定了罐头工业的基础。1800 年，出现了机制木箱。1818 年，制成了镀锡金属罐。1842 年，英国的 H·本加敏取得冷冻食品的专利权。1856 年，英国发明了瓦楞机。1860 年，欧洲制成制袋机。1868 年，美国发明第一种合成塑料赛璐珞。1871 年，开始使用瓦楞纸包装。1889 年，美国制成轮转式制瓶机，同年取得压缩式喷雾容器专利。1890 年，美国开始使用瓦楞纸箱作为运输包装容器。1895 年，金属软管开始使用。

2. 包装初露锋芒阶段

1900 年，欧洲开始将马口铁罐用于包装，而制罐生产线十年前已在美国建成投产。纽约百老汇大街首次出现霓虹灯广告。P. Villard 发现 γ 射线，为现代辐照包装打下基础。1902 年，英国标准协会成立，这是世界第一个标准协会。"美孚"石油公司使用钢琵琶桶代替原木琵琶桶包装贮运石油。1903 年，全自动玻璃制瓶机由美国的欧文斯研制成功。双面衬纸的瓦楞板纸箱在美国研制成功，并被农业部门用作包装容器。1904 年，美国奶酪行业使用硬纸板桶作为包装贮运容器，以代替木桶包装。1905 年，美国 Purdue 大学专门开始研究木制运输容器的改进。美国把合成罐用作包装容器，并在美国包装界占据主要地位。1906 年，美国第一部食品包装法规公布，禁止假冒产品上市交易。中国在沿海开设现代化罐头工厂。1907 年，使用合金钢板制成的圆柱体钢桶首次用于包装。美国建立第一家牛皮纸工厂。中国在武汉建立造纸厂。1908 年，包装行业开始使用可塑性塑料塞子。瑞士化学家布兰登伯杰发明玻璃纸（赛璐玢），开创透明软包装的先河。

1910 年，瑞士 R. V. 内黑尔发明连续压延法，实现铝箔的工业化生产，开创了铝箔材料新时代。1911 年，在甘肃发现东汉纸，至此经过几百年之争，欧美才正式承认纸是中国发明的。瑞士开始试用铝箔包装巧克力。1912 年，开始用机器连续生产透明塑料薄膜。开始使用复合软木衬垫作为包装密封材料。1913 年，欧洲首次将铝箔用于口香糖包装。货架寿命明显提高，开创了铝箔包装材料的新时代。美国生产出第一批铝箔。1914 年，铝金属软管在瑞士铝制品公司试产成功。美国运输包装试验标准施行。1915 年，美国规定钢包装桶的生产和质量标准。研制成功 PVDC。1917 年，帝国公司研制成功吹—吹法行列式制瓶机。美国 Dole 公司首先推出无菌（食品）包装新技术。1918 年，法国柏拉德教授提出气调贮藏理论（CA 理论），为气调包装打下基础。美国和德国同时开始牛皮纸袋的机械化生产。1919 年，发现酪素树脂。发明醋酸乙烯塑料。中国开始工业生产铝板。

3. 包装获得发展阶段

1920 年，玻璃纸开始大量用于包装。包装钢桶采用自动涂漆机涂装烘干，进行批量生产。1921 年，中国第一家机器板纸公司——天津振华制板纸股份有限公司创建，开始了我国纸板工业。1922 年，美国杜邦公司卡洛瑟斯开始研究 PET 聚酯。1924 年，防盗包装问世，美国发明防盗铝质滚压螺纹盖。美国在世界上最先采用多件"集合包装"用于可口可乐的包装贮运。1929 年，英荷跨国公司推出"大众包装"战略，成为国际集团。聚氯乙烯（PVC）工业化生产用作产品包装。

1930 年，鲍尔发表罐头加热灭菌计算公式，保证食品包装质量。1931 年，我国引进第一条包装生产线（啤酒包装）在青岛建成投产。美国广泛使用塑料薄壁瓶。1932 年，弗来明（A. Fleming）发明的青霉素采用玻璃瓶包装。塑料薄膜真空金属化工艺技术开发成功。1933 年，英国 ICI 公司研制成功聚乙烯，最先用于国防产品包封。挪威首次用铝材制作鱼酱罐，开始了铝材制罐之路。1935 年，英国金属罐公司生产出首批金属啤酒罐。美国人埃布利发明自黏标签（压敏标签）。1936 年，法国利用热塑成型法，用收缩薄膜包装肉类制品，开拓了"收缩包装"之路。生产出世界第一个树脂PVDC。1937 年，美制成聚丙烯容器用于包装产品。美国杜邦公司开始工业生产尼龙。1938 年，中国在天津建立第一家机器折盒厂。

4. 塑料包装亮相登场

1940 年，涂蜡防潮玻璃纸始用于包装。1942 年，为了消灭虫害，美国农业部研制成功金属喷雾器，开拓了"喷雾包装"之路。美国 Mindlin 提出"缓冲包装"理论。1944 年，发泡聚氨酯首用于缓冲包装中。美国首先把 PVDC 用于军品包装。1947 年，挤出吹塑 PE 挤压瓶开始工业生产并用于包装。1948 年，美国开发成功挤出涂布复合包装材料新技术。意大利建立世界上第一个包装工业区。1949 年，日本开发成功挤出发泡聚苯乙烯泡沫塑料并用于产品包装。美国 J. W. Land 研究产品包装代码成功。

1950 年，美国开发蒸煮食品袋并首先用于宇航员食品包装。美国开始工业生产镀铬钢板（无锡钢板），用以代替马口铁。复合罐首用于果汁等食品包装。1951 年，世界包装教育启动，美国密执安州立大学率先设包装工程专业。1952 年，日本制定《工业标准化法 JIS》，采用充填包装法。防潮玻璃纸上市。我国开始生产运输包装用纸箱，并首先用于药品包装。1953 年，美国把铝箔复合纸管和塑料软管用于食品包装。挤出涂布 PVDC 玻璃纸在美国问世。1954 年，意大利米兰聚合物研究所 Natts 博士发明 PP 塑料，在二十世纪六七十年代被誉为"理想的薄膜""包装皇后"。美国首先生产铝塑复合薄膜成功。1955 年，美国军用复合纸罐装饮料开始供应军方使用，并取缔金属罐。英国通过《食品与药品法》，强调包装的安全性。1956 年，我国上海自行设计制造成功第一台包装机。海上集装箱运输开始。1958 年，开创薄膜干法复合新工艺技术。美国首次生产工业聚丙烯薄膜。美国食品法增加关于添加剂的规定，强化了包装食品的安全性。聚苯乙烯用于包装。1959 年，美国雷诺兹公司开发收缩薄膜用于产品包装。日本首先用真空包装法包装食品。美国首创铝材制罐并用于饮料包装。G. Feissel 首先获得条码专利权。

5. 世界包装多联盟

1960 年，日本采用自动包装机包装食品。美国饮料罐头正式上市。1961 年，国际集装箱运输委员会 ISO/TC104 成立。美国将塑料蒸煮袋包装食品供军方使用，军用快餐包装正式上市。1962 年，瑞典涂塑纸盒无菌化包装牛奶、果汁。我国杭州试制成功牛皮箱纸板。1963 年，法国契摩尼亚公司开发成功自立袋。美国开始研制拉伸包装，并用以保护浅盘包装食品。中国最大的纸箱厂青岛纸箱厂建成。1964 年，共挤出复合薄膜新技术由美国开发成功。中国试制成功高强度瓦楞纸。防锈包装用塑料薄膜在法国率先投入生产。1965 年，日本首先用充气置换法包装食品，并推出立式袋。1966 年，第一届国际包装会议在东京召开。美国通过第一部包装法《合理的包装条例》。日本推出新型综合包装体系。1967 年，亚洲包装联盟（APF）7 月创立。中国上海首制成功PVC 收缩薄膜。1968 年，世界包装组织（WPO）于 9 月 6 日成立。制成封盖用复合塑料衬垫。双向拉伸薄膜开发成功。1969 年，美国采用饮后还能加盖密封的塑料瓶。日本开始应用食品蒸煮袋。

6. 绿色包装显锋芒

1970 年，美国 2000 万人上街游行，呼吁保护地球环境，"地球日"开始。美国通过《防止中毒包装法》。1971 年，美国公布《儿童食品安全包装法》。1972 年，联合国在巴西召开环境与发展大会并发表《人类环境宣言》，PET 聚酯瓶首先在美国开发成功。11 月联合国召开国际集装箱运输会议，制定《国际集装箱安全公约》。1973 年，美国编码委员会（UCC）成立，采用 UPC 条码。日本采用食品无菌包装法。我国研制成功玉米淀粉黏合剂。6 月 5 日，全球隆重实施第一个"世界环境日"。1974 年，美国百事可乐公司用聚酯瓶包装饮料首开先河。中国出口产品包装总公司于 8 月成立。中国建成第一条钙塑箱生产线。1975 年，德国首先推出绿色包装回收标志。日本开始应用脱氧包装技术。1976 年，美国实现 PET 瓶的工业化生产。我国开始大批生产 PVC 瓶。微薄薄膜开发成功。1977 年，聚酯瓶在美、日大量生产并用于食品包装。中国兵器防腐包装信息网成立。我国研制成功 PE 泡沫塑料和 PP 塑瓶。EAN 条码开始在欧洲推广应用。1979 年，中国开始包装新纪元，现代包装工业开始大发展。美国正式批准民用蒸煮袋投产。

7. 中外包装大发展

1980 年，中国包装技术协会成立。中国包协加入世界包装组织 WPO，中国参加亚洲包装联合会。美军规定从 12 月起，军用食品包装全部采用蒸煮袋，取消金属罐。1981 年，日本开始生产电解铁箔包装新材料并研制铁塑复合包装材料。国外自热罐头研制成功。我国用纸箱包装出口水果成功，我国研制成功两层共挤 PE/PP 复合薄膜。1982 年，北京举行第一届全国包装展览会，参观人数 30 余万人。1983 年，中国进行"全国第一届优秀包装产品评比"，有 117 件作品获奖。国外推出香味标签，有 23 种香味。1984 年，中国正式成为 ISO 包装技术委员会（TC122）成员。中国开展"全国包装大检查"，查出因包装不善年损失 100 亿元。日本 Sapporo 啤酒公司首次采用变色标签，用以判断啤酒温度。美国制定《药品包装细则》。1985 年，我国推广脱氧包装，采用国产脱氧剂密封贮藏 30 万斤粮食成功。美国开发自冷罐头成功。我国国产 PET 瓶上市。在北京举行"第一届国际包装学术讨论会及样品展览会"。1986 年，世界最大最权威的《包装技术大全》在美国出版，有 500 多人参与编写。亚洲包装大会于 6 月在北京举行并进行"亚洲包装之星"评比，我国有 6 项包装获奖。中国制定《1986～2000 年全国包装工业发展纲要》。1987 年，WPO 的世界包装大会在新德里召开，我国"西汉古酒包装""玻璃器皿包装"首获"世界之星"奖。1988 年，世界包装大会 4 月在荷兰举行。军用隐身包装成功面世。1989 年，日本研究纳米级包装材料。

1990 年，日本生产出 PA6 纳米复合包装材料。1992 年，我国开始研究隐身包装。隐形条码研制成功，进入国际先进条码行列。1993 年，我国成立"中国出口包装认证实验室"。我国开始研究二维条码。1994 年，国际标准化组织 ISO 开始制订可降解塑料包装材料标准。美国开发成功 PET/LCP 纳米复合包装新材料。1995 年，美国开始工业化生产 PEN 聚酯新包装材料。1996 年，WPO 委托中国包协在北京举办"21 世纪包装技术和包装发展"国际研讨会，同时进行"世界之星"颁奖大会。中国包装第一股上市。1997 年，Shell 公司生产的 PTT 包装新材料上市，PEN 注拉吹成型设备上市。中国包装产品质量认证委员会成立。1998 年，我国实行辐照食品包装标识制度。俄罗斯开发最大的导弹包装容器达 22m×2.5m，载重 50t。

2016 年，在中国无菌包装产业发展论坛上，中国科学院院士、北京大学教授严纯华发布了一款"智能标签"。附着于商品外包装的"智能标签"，通过由绿到红的颜色变化，实时、直观地反映产品外界温度和储运时间，从而知道产品在物流和销售环节是否新鲜。

第三节　包装的分类

包装的分类是把包装作为一定范围的集合整体，按照一定的分类标志或特征，逐次归纳为若干概念更小、特征更趋一致的局部集合体，直至划分为最小的单元。包装分类是根据一定目的，满足某种需要而进行的。包装在生产、流通和消费领域中的作用不同，不同部门和行业对包装分类的要求也不同，分类的目的也不一样。包装工业部门、包装使用部门、商业部门、包装研究部门根据自己行业特点和要求，采用不同的分类标志和分类方法，对包装进行分类。一般来讲，包装工业部门多按包装技法、包装适用范围、包装材料等进行分类；包装使用部门多按包装的防护性能和适用性进行分类；商业部门多按产品经营范围和包装机理分类；运输部门则按不同的运输方式、方法进行分类。由于包装种类繁多，选用分类标志不同，分类方法也多种多样。根据选用的分类标志，常见包装分类方法有以下几种：

一、按材料分类

以包装材料作为分类标志，一般可分为纸、塑料、玻璃和陶瓷、木材、金属、纤维织品、复合材料等包装。

（1）纸制包装　它包括纸箱、瓦楞纸箱、纸盒、纸袋、纸管、纸桶等。在现代包装中，纸制包装仍占有很重要的地位。从环境保护和资源回收利用的观点来看，纸制包装有广阔的发展前景。

（2）塑料包装　塑料包装是指以人工合成树脂为主要原料的高分子材料制成的包

装。主要的塑料包装材料有聚乙烯（PE）、聚氯乙烯（PVC）、聚丙烯（PP）、聚苯乙烯（PS）、聚酯（PET）等。塑料包装主要有：全塑箱、钙塑箱、塑料桶、塑料盒、塑料瓶、塑料袋、塑料编织袋等。从环境保护的观点来看，应注意塑料薄膜袋、泡沫塑料盒造成的白色污染问题。

（3）玻璃与陶瓷包装 玻璃与陶瓷包装是指以硅酸盐材料玻璃与陶瓷制成的包装。这类包装主要有：玻璃瓶、玻璃罐、陶瓷瓶、陶瓷罐、陶瓷坛、陶瓷缸等。

（4）木制包装 它是以木材、木材制品和人造板材（如胶合板、纤维板等）制成的包装。主要有：木箱、木桶、纤维板箱和桶、胶合板箱、木制托盘等。

（5）金属包装 金属包装是指以马口铁、黑铁皮、白铁皮、铝箔、铝合金等制成的各种包装。主要有：金属桶、金属盒、马口铁及铝罐头盒、油罐、钢瓶等。

（6）纤维制品包装 纤维制品包装是指以棉、麻、丝、毛等天然纤维和以人造纤维、合成纤维的织品制成的包装。主要有麻袋、布袋、编织袋等。

（7）复合材料包装 复合材料包装是指以两种或两种以上材料粘合制成的包装，又称复合包装。主要有纸与塑料、塑料与铝箔和纸、塑料与铝箔、塑料与木材、塑料与玻璃等材料制成的包装。

二、按销售市场分类

包装可按销售市场不同而区分为内销包装和出口包装。内销包装和出口包装所起的作用基本是相同的，但因国内外物流环境和销售市场不相同，它们之间会存在差别。内销包装必须与国内物流环境和国内销售市场相适应，要符合我国的国情。出口包装则必须与国外物流环境和国外销售市场相适应，满足出口所在国的不同要求。

特殊包装：是为工艺品、美术品、文物、精密贵重仪器、军需品等所采用的包装，一般成本较高。

三、按在流通中的作用分类

以包装在产品流通中的作用作为分类标志，可分为运输包装和销售包装。

（1）运输包装 它是用于安全运输、保护产品的较大单元的包装形式，又称为外包装或大包装。例如，纸箱、木箱、桶、集合包装、托盘包装等。运输包装一般体积较大，外形尺寸标准化程度高，坚固耐用，广泛采用集合包装，表面印有明显的识别标志，主要功能是保护产品，方便运输、装卸和储存。

（2）销售包装 销售包装是指一个产品为一个销售单元的包装形式，或若干个单体产品组成一个小的整体的包装，又称为小包装。销售包装的特点一般是包装件小，对包装的技术要求美观、安全、卫生、新颖、易于携带，印刷装潢要求较高。销售包装一般随产品销售给顾客，起着直接保护产品、宣传和促进产品销售的作用。同时，也起着保护优质名牌产品以防假冒的作用。

各类产品的价值高低、用途特点、保护要求都不相同，它们所需要的运输包装和销售包装都会有明显的差异。

四、按产品种类分类

包装可按产品种类不同，分成食品和饮料包装、轻工日用品包装、纺织品和服装包装、建材包装、农牧水产品包装、化工包装，医药包装、机电包装、电子包装、兵器包装等。

五、按防护技术方法分类

以包装技法为分类标志，产品包装可分为贴体、透明、托盘、开窗、收缩、提袋、易开、喷雾、蒸煮、真空、充气、防潮、防锈、防霉、防虫、无菌、防震、遮光、礼品、集合包装等。

第四节　包装的基本要素与质量控制

一、包装的基本要素

为了讲述方便和便于理解，我们以液态奶包装为例。

1. 市场的调查

调查在市场上和我们计划生产相类似包装产品的陈列状况和保管状态，确定销售方法和销售地点等。

例如，超市调查液态奶包装情况，结果如下：

（1）超市认为液态奶包装最应注重的环节（按受重视程度）　包装应更多地考虑消费者的消费习惯和个性化需求；包装应考虑外观及设计方面的优美，要利于展示和促销；包装应和产品营销相结合，比如概念营销，买赠活动等；包装要利于储运，有效地延长货架期降低超市运营成本。

（2）超市最不被看好的液态奶包装　玻璃瓶及质量较次的塑料袋。

（3）超市最认可的液态奶产品包装　伊利、蒙牛、三元、帕玛拉特、卡夫（利乐砖、利乐枕）、光明（新鲜屋）。

（4）超市反映的液态奶包装最常见的问题　除奶源、生产、配送等因素外，包装供应的不及时和不配套有时也会给超市造成断货（断货对超市销售的影响近50%）；利乐枕、屋顶盒等有时由于在运输过程中的颠簸和挤压等会出现变形和涨包现象；塑料袋有喷墨字迹脱落和破袋现象，如百利包的破袋比例约为2%～3%。此外，一些包装上打印的生产和保质日期不方便消费者识别，如数字模糊，难以辨认。不是在包装盒的"头"上，就是在其"脚底"。一些连"保质期"也不打；一些小品牌的纸箱质量较差，如易变形、防潮性能不佳、外观美洁度不够、纸箱上的塑料提手容易掉等；部分塑料瓶的标签套标不够精准，喷墨打上的日期常有字迹模糊和墨色过浓现象，标签上净重、净含量等标示方法不够规范。

（5）超市喜欢什么样的包装　时下，健康、美丽、新鲜、安全、便捷、环保及人性化设计等正成为液态奶产品及其包装不断创新的动力源泉，这就要求企业要具备灵敏的市场触觉和快速反应能力。

消费者在饮用时反映出的不便因素，也会影响产品在超市中的销售成绩，例如：牛奶开封后不宜长时间存放，同时需要用手撕开的包装消费者感到既不雅观又不卫生，一些乳品企业推出的加盖屋顶型纸盒包装就很好地解决了这些问题，因此，在接受访问的超市中，其销售量在一定时间内比非加盖盒装牛奶提高了5倍多。包装的人性化对超市销售来说也很重要。河北某超市反映有些著名品牌的产品，在推出新产品时，外包装变化太大，加之宣传力度欠缺，造成了消费者购买欲差。

2. 确定产品规格

明确包装乳制品的规格（重量、尺寸）。

3. 确定产品的周转天数

通过确定乳制品在市场上的周转天数，来确定包装基准。

4. 确定包装形式

以市场要求为基础，同时参考销售方所要求制品的周转天数，来确定包装形式。

5. 确定包装方法

根据包装基准和包装形式来确定包装方法。

6. 确定包装设备的种类

根据不同的包装方法，决定应使用包装设备的种类。

7. 确定包装的材料

根据不同内装产品的需要，决定应选用包装材料的种类。

8. 其他检验

包装材料的安全性检查。印刷油墨虽不直接与乳制品接触，但溶剂渗透到薄膜分子里，而与乳制品接触的情况也有发生。

9. 包装的相关标准

包装操作自始至终都应严格遵照国家标准和法规。应当指出，随着市场经济和国际贸易的发展，包装的标准化越来越重要，只有在掌握和了解国家和国际的有关包装标准的基础上，才能使我们的产品走出国门，参与国际市场的竞争。

二、包装质量的标准体系

包装质量是指包装能满足生产、储运销售至消费整个生产流通过程的需要及其满足程度的属性。包装质量的好坏，不仅影响到包装的综合成本效益、产品质量，而且影响到商品的市场竞争能力及其企业品牌的整体形象。因此，了解或建立包装质量的标准体系是我们做好包装工作的重要内容。包装质量的标准体系主要考虑以下方面。

1. 包装能提供对产品良好的保护性

包装能否在设定的产品保质期内保全产品质量，是评价包装质量的关键。包装对产品的保护性主要表现在以下几方面：

（1）对产品的物理保护性 物理保护性包括隔热、防尘、阻光、阻氧、阻水蒸气及阻隔异味等。

（2）对产品的化学保护性 化学保护性包括防止乳制品氧化、变色，防止包装老化、分解、锈蚀及有毒物质的迁移等。

（3）对产品的生物保护性　生物保护性主要是防止微生物的侵染。

（4）对产品的其他相关保护性　相关保护性是指防盗、防伪等。

2. 包装的方便与适销性

包装应具有良好的方便和促销功能，体现产品的价值和吸引力。

3. 加工适应性好

包装材料应易加工成型，包装操作简单易行，包装工艺应与产品生产工艺相配套。

4. 包装的卫生与安全

包装产品的卫生与安全直接关系到消费者的健康和安全。

5. 包装的成本要合理

包装成本应指包装材料成本、包装操作成本及运输包装及操作等成本在内的综合成本。

除上述几点外，还应考虑包装废弃物易回收利用，不污染环境及符合包装标准及法规等。包装质量的标准体系应由包装质量的管理体系来实施和保证。企业应使员工人人树立起质量意识，把质量的意识和管理贯穿于产品企业生产经营活动的全过程，以过硬的产品质量、美好的包装形象征服市场、赢得消费者。

三、包装与商品条形码

当人们到超市购买产品时，往往在产品的包装上，可以见到一组粗细平行的黑色线条，下面配有数字的图形，这就是当今世界通用的条形码，产品的身份证。

条形码一般由13位数字条形码组成，第一至第三位数为国别代码，第四至第七位数为制造厂商代码，第八至第十二位数为商品代码，第十三位是校验码。这组宽度不同，平行相邻的黑色线条和空白，是人与计算机通话联系的一种特定语言，大量丰富的信息就藏在其中了。例如：国家、制造厂家、产品名称、重量、体积、规格型号、单价等，只要用一种特制的条码阅读器，便能迅速读出这些信息。顾客进入超市购买产品时，只要把每一产品的条码通过阅读扫描器，计算机就可自动阅读、识别、确定产品代码所包含的信息内容，及时输出顾客应付的总金额，既节约时间，又方便顾客。它的运用，为企业和商家实现生产、经营、销售等自动化管理创造了有利条件，并为厂商架起了信息网络的桥梁。

条码作为一种可印制的计算机语言，未来学家称之为"计算机文化"，国际流通领域将条码誉为商品进入国际市场的身份证。目前世界各国间的贸易，要求对方必须在产品的包装上使用条形码标志，如今国内外超级市场明确表示，没有条形码的产品不得在该市场上销售。

可见，在包装上印刷条形码，已成为产品进入国内外超级市场和其他采用自动扫描系统商店的必备条件。然而我们也看到相当一部分有竞争能力的乳类制品，由于没有采用国际通用的条形码标志，成为未能进入国内外超级市场的一个重要制约因素。

为了进一步推动我国产品的出口，提高市场占有率，为企业创造条件到国内外市场上去争高低，积极采用条形码技术已成必然趋势。按规定凡加入国际条码组织协会

（EAN）成为会员制造商，可获得该会分给一个唯一的制造厂商编号。我国已正式加入EAN，并分给三组国别代码。今后买产品时凡看见标有字头为"690""691""692"条码的产品，都是中国生产。

四、包装的质量控制

提供安全与卫生的包装产品是人们对产品厂商的最基本要求。包装各个环节的安全与卫生问题，可大致从三个方面去考察，即包装材料本身的安全与卫生性、包装后产品的安全与卫生性以及包装废弃物对环境的安全与卫生性。世界各国对包装的安全与卫生制订了系统的标准和法规，用于解决和控制包装的安全与卫生问题。

近年来 HACCP（Hazard Analysis Critical Control Point）管理体系在世界范围内得到应用。HACCP 直译为危害分析与关键控制点，就是通过对产品加工过程的关键环节实施有效地监控，从而将产品安全卫生危害消除或降低至安全的水平。它是目前世界上极为关注的一种产品安全卫生监督管理方式。HACCP 原来只限用于产品企业，近年来已推广到产品供应点和家庭。

危害分析和确定相应控制措施的工作可分三步进行：第一步，找出潜在危害。HACCP 小组进行危害分析时，要从原料的种养环节开始，顺着产品的生产流程，逐个分析每个生产环节，列出各环节可能存在的生物的、化学的和物理的危害，即潜在危害。第二步，判断潜在危害是否显著危害。并非所有潜在的危害都要纳入 HACCP 计划的监控范围，要通过 HACCP 实施监控的，只有当其有以下特性，才纳入监控：有比较充分的证据表明其存在的可能；其产生和存在的可能性比较大。我们把这些对于保证产品的安全卫生质量来说具有显著意义的危害，称为显著危害。要判断潜在危害是否是显著危害，需要各企业 HACCP 计划的制定者结合本企业产品生产的实际情况，如原料的来源，加工的方式、方法和流程等，在调查研究的基础上进行分析判断。危害的显著性在不同的产品、不同的工艺之间有着很大的差异，甚至同一种产品也会因规格、包装方式、食用方法的不同而有所不同。因此，在对危害的显著性进行分析判断的时候，要具体情况具体分析，切不可生搬硬套。第三步，确定控制危害的相应措施。显著危害一经确定，接着就要选定用于控制危害的措施，通过采取这些措施，将危害的产生和影响消除和减少至可以接受的水平，如对原料进行验收和筛选，控制产品加工进程的时间和环境温度严格控制添加剂的使用量，对产品进行严格的加热处理，控制包装质量等。

有时控制一个危害可能需要多项措施。然而，有时一项措施也可以控制多个危害，各项控制措施应该有明确的操作执行程序，并形成文字，以保证其得到有效地实施。

总之，HACCP 是一种控制危害的预防体系，不是反映体系。产品加工者可以使用它来确保提供给消费者更安全的产品，为确保这一点，就要设计 HACCP 来确定危害。HACCP 是一种用于保护产品防止生物的、化学的、物理危害的管理工具。另外要明确ISO 9000 与 HACCP 的关系，一般人们认为 ISO 9000 与 HACCP 是不同的，但实际上两者有许多共同之处，共同点在于：均需要全体员工参与；两者均结构严谨，重点明确；目的均是使消费者（用户）信任；不同点在于：HACCP 是产品安全控制系统，ISO 9000 是适用于所有工业整体质量控制体系；ISO 9000 是企业质量保证体系；

HACCP 源于企业内部，其原理为危害预防而非针对最终产品检验。HACCP 将成为产品生产厂家及销售商安全管理的重要工具，并将向法律形式发展。同时，HACCP 是个系统工程，必须各方重视，全员投入，共同协调，才能保证 HACCP 的正常运转，才能取得预期效果。HACCP 是用于分析和测定关键控制点的一项专门技术，它不是一个死板的体系，必需根据产品的生产加工及设备等因素相应制定。HACCP 需要得到其他质量管理措施及卫生规范的支持，如供应商质量保证、统计质量控制及良好实验室操作规范等。这些均与 ISO 9000 原理相连，只有把二者有机结合，才能使企业向全面质量管理方向发展。

第五节　包装工业、包装工程和包装管理

一、包装工业

一般认为，包装成为一种工业，是在 18 世纪英国产业革命之后。

包装工业是为各种工农业产品研究、设计和制造包装的工业部门，其产品是包装材料、容器及其辅助物，是由容器加工和包装印刷等企业组成的总体。广义上讲，包装工业是指为各物质生产部门和流通部门提供包装材料、包装辅助物料、包装容器和包装机械的部门，包括：包装原材料工业、包装制品工业、包装印刷工业和包装机械工业等。

包装工业所涉及和依托的工业和部门很多，如轻工、化工、林业、冶金、机械等工业和部门。中国包装工业近年来飞速发展，已从 20 世纪 80 年代初产值不足 100 亿元发展到 2015 年包装工业总产值 14000 亿元人民币左右，仅次于美国，成为世界第二包装大国。当前，中国包装工业正处于转轨升级的关键时刻，经历了由小变大的发展历程。从 20 世纪 80 年代初的单一包装产品发展到现在的六大包装门类俱全。

二、包装工程

1. 定义

包装工程是指应用科学和工程原理，对包装施加各种必要的技术手段的总称；是由自然科学、社会科学和应用技术相交叉形成的一门综合学科，涉及的领域很多，主要包括：包装材料科学、包装工艺学、包装设计学、包装印刷学、智能包装、包装检测学、包装动力学、包装经济学、包装管理学以及包装标准化等分支。

2. 基本特点

（1）系统性　涉及学科门类多，环环相扣，缺一不可。

（2）广泛性　涉及国民经济中各个行业，应用范围广。

（3）依附性　一般依附于其他行业或企业并为之服务。

（4）多科性和交叉性　由于其系统性和广泛性，决定了包装知识结构的多科性和交叉性。

包装工程可以简化为由包装设计、包装材料、包装机械和包装工艺四个大的主要子系统组成。如图 1-1 所示。

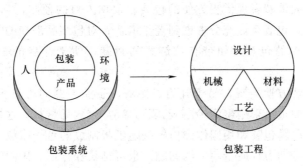

图 1-1　包装系统与包装工程的关系

三、包 装 管 理

包装管理是一项较复杂的综合性工作，即按客观经济规律办事，将包装过程中的业务活动进行合理组织、统一计划、调节平衡和加强监督，充分发挥人、财、物的作用，使包装在产品生产和流通过程中发挥更大的作用。

包装行业管理，是指为实现产品包装的合理化而开展的各项工作的总和。

第六节　包装未来发展的趋势

一、新的包装理念的形成

1. 环保化

充分利用废弃物生产新型包装材料，积极开发可降解包装材料。

近年来，国外大力提倡废纸回收，其成效显著。据报道，美国 E-Tech 公司最近生产的 E-cubeTM 包装材料，就是用回收废纸制成，似方块形，充填后可使易损货物如鸡蛋在箱内不移动，避免破裂。与泡沫塑料相比，E-cubes 在填充使用中更为方便，可填充任何形状产品，可回收，可生物分解，无毒。美国 LongView 公司最近推出一种高质量带柄零售包装纸袋，可做三至四色印刷，用回收的牛皮纸袋生产，分成牛皮色、漂白及其他颜色的纸袋。这种纸袋价格虽比塑料袋贵，但使用周期长，完全可与之竞争。

美国 Biocope 公司是物质合成与生物分解物质生产企业，最近率先推出由谷物合成的塑料——PLA 聚合物材料生产的水杯。该产品最先提供给悉尼奥运会，目前已投放美国市场，深受欢迎。该公司称这种新材料做的杯子，其物理性能可与石油合成塑料相媲美，但因源于植物，能完全分解，其环保性能与石油合成塑料无法比拟。它可以不加任何处理，与食品垃圾一起扔掉，该杯子可与食品垃圾一起分解成水、二氧化碳和有机物。

2. 多样化

现今人们对食品消费需求向多规格、多样化的方向变化，故食品加工业已将费用投向开发具有更灵活和机动的包装生产线，通常开发一种新包装产品需 2 年，现只需半年，产品便可上市。这充分说明，包装企业开发新品种、新产品的速度快，时间短。同时，包装企业致力向消费者提供更方便的包装。根据人口的预测，到 2020 年许多国家将进入高龄化社会，包装企业充分考虑到老年消费者对包装品潜在的需求，开始研制适应未来老龄社会特点的包装，如带有拉链式的封盖，便于开启的金属顶盖、双指拉环等。

为了让食品包装方便美观，易于开启、储藏，企业不断向市场推出新食品包装产品。在小食品包装的边沿采用聚丙烯/亚乙醛乙烯醇/聚丙烯材料，这样易于开启；快餐小甜面包采用聚酯薄膜包装和用固体漂白硫酸盐纸板制成的盘子盛放，可解决过去需就地烘焙，花费大量劳动力且质量不一的问题，也可延长保存期。用固体漂白硫酸盐纸板制成的盘子上有可防油脂外溢的涂层，既能耐烘焙炉的高温，又能经后处理冷却的低温。

为确保消费者安全，防盗开封口包装趋向为多种产品所用。一些制药企业率先采用了防盗开封口包装。现在这种确保产品品质的安全包装也应用于食品加工业、乳品、饮料等包装。

3. 软包装化

今天的市场上约有 20％消费品以软包装形式出现。调查显示，1996 年柔印占有美国 75％的薄膜材料的软包装市场，到 2000 年已占 85％，2002 年占 95％。调查指出，在美国软包装市场是价值 200 亿美元的行业，占包装市场总量 1140 亿美元的 17％，成为包装市场的第二大部门，而美国纸制品加工软包装行业市场至今为止仍是最大的。软包装行业有很多增长领域如收缩管包装、杀菌软袋、立式袋和食品包装等。

未来最具发展潜力的软包装三大市场：一是新鲜农产品，目前已有一半农产品采用软包装，但同时指出，也有部分农产品由于冷冻设备及技术改进，会向无菌包装方向发展。二是医药品，虽然泡罩包装在意义上不属于完全的软包装，只是顶部区域铝箔或胶合层属于该包装范围，但其发展势头迅猛。三是食品市场，宠物食品市场是其中一个亮点。

近年来由于 PET 瓶的快速发展，金属罐装软饮料的数量占全部软饮料的比例呈下降之势，由 1991 年的 55％降为 1999 年的 48.3％，玻璃瓶用量也连续大幅下降，由 1990 年的饮料用瓶总量的 12％剧降至 1999 年的 0.8％。美国软饮料包装由金属罐和 PET 瓶平分秋色，但 PET 瓶前景更为广阔。在饮料容器中，PET 瓶增长最快，由 1992 年 114 亿只增至 2001 年的 242 亿只。玻璃瓶数量则由 1992 年的 142 亿只，降至 2001 年的 82 亿只。另外用于饮料产品包装的立体袋增长也较为迅猛。

4. 包装的信息化

包装自动化操作程序已获得广泛应用，如数据收集系统等。为迎合消费者，包装企业趋向大量使用信息标贴系统，由于政府要求包装产品标有营养成分、使用说明、条形码，因此，标贴系统朝向具有多功能信息发展。

最近科学家研制出一种全新的集成电路检测器，它能测出某种食品或某种饮料的变质时间。这种食品保质检测新装置，由传感器和扫描仪构成，其能量来自扫描仪发出的无线电波，传感器的主要材料是铅，包装食品时，将它一同置于食品盒内。在进行检测时，检测人员只需将扫描仪对准食品发射无线电波，扫描仪发出的无线电波讯号会使食品产生震动，同时发出乐谱波，乐谱波先反射到食品盒的盒壁上，后再传导给传感器，通过用标准的数据库标定震动程度，震动传导的时间和乐谱的传导速度，瞬间即可确定所检测食品变质的时间，其检测结果相当准确。

5. 无菌包装

无菌包装的进一步发展将减少冷藏设备的需要。无菌包装可以事半功倍，很好地保存食品，是一种物美价廉的包装方法。

6. 包装轻型化将会继续取得进展

降低包装质量是未来发展的趋势。以重量较小的柔性包装及塑料罐、塑料瓶代替玻璃和金属容器，就能大幅度地减少运输费用。

7. 为电商服务的快递包装将快速发展

包装是快递运输的重要环节，快递量的高速增长提升了对包装的需求。2015年全国投送快递206.7亿件，随着"大众创业，万众创新"深入人心，将出现大量的中小企业，其定制化包装印刷需求将不断涌现，将为包装企业带来战略性发展机遇。

8. 智能包装

随着产品价格的下降和性能的提高，智能包装将取得更大发展。此外，公众对食品安全的高度重视以及对易腐食品的保护需求将为智能包装的增长提供强劲动力。除了要延长食品、饮料、药品和其他产品的保质期以外，这些智能包装还承担着提高产品可追溯性的重任。

9. 未来包装行业必将加快集中度的发展

据中国包装联合会统计，我国包装企业总数达30万家，其中规模以上企业只有2万多家，90%为中小企业。包装行业上市公司中大多数企业的营收规模在20亿元左右，相对于行业万亿市场总量来说体量很小。而美国TOP5的包装企业市场占比超过70%，与成熟市场相比，我国包装行业产业集中度还非常低。未来包装行业必将加快集中度的发展，为包装龙头企业借机加快行业整合、实现外延式扩张、扩大市场份额带来便利条件。

二、食品包装的发展趋势

1. 塑料容器代替其他材料容器

大多数新型食品包装主要以石油化工产物为原材料，愿意使用塑料罐和塑料瓶者越来越多，将会取代玻璃制品，在某些情况下还可代替金属制品，原因在于他们重量较轻，可减少运输费用。传统纤维质包装材料有逐步被淘汰的趋势，最有可能完全代替玻璃纸的是聚丙烯薄膜。

2. 包装的小型化、拆零化

例如，在杭州，炒货业流传着小核桃"一锤砸出3000万元"的故事。传统的小核桃吃起来费时费力，去壳留肉制成小包装后，杭州小核桃一年销售增加3000万元；而上海老城隍庙五香豆，多少年的包装还是老面孔，哪个姑娘会捧着一大包五香豆在大街上啃？淀粉包装，不是250g装、就是500g装，何不制成每包10g、20g左右的小包装，一次两次就能用完呢？

3. 食品包装设计注入文化理念

例如，中国酿造厂的"上海老酒"一改老面孔，采用富含上海人文特色的石库门图案作为外包装设计，一炮打响；某品牌盒装巧克力，每一块上印制了不同的地方名胜，成为走俏的旅游产品。

4. 包装适度、环保包装的理念将加强

保健品包装里三层、外三层，月饼包装盒一年比一年奢华精美，过度包装现象依然严重。不少"绿色食品"的包装居然也采用不可降解的塑料制品。月饼包装盒近几年开始流行中密度板材包装盒，专家指出，中密度板含有甲醛，甲醛对人体的危害已经众所周知，这样的材质难道是环保的？入世以后，包装企业必须从"绿色壁垒"的高度来认识产品的包装。

三、包装业将伴随其他行业的发展而发展

例如，食品工业，食品工业产品需要包装，包装的好坏直接影响到食品工业产品的质量、档次和市场销售。食品包装虽然不能代表食品的内在质量，但良好的包装可以保证和延长食品质量的生命，延长食品的货架期，优秀的包装可以为产品赢得声誉，为消费者优先选择。因此，食品企业十分重视产品的包装选择，包括对灌装、包装机械以及包装材料、包装装潢的设计和选择。

食品工业行业很多，相应产品的包装需求已形成一定的格局，相应的包装企业应通过市场调研提出相应的发展对策，包括包装机械、包装材料、包装规格等方面。

包装伴随食品行业的发展而发展。一是方便食品，方便食品是一个广义的概念，其产品从属于食品工业各个行业，发展速度相当快，潜在需求量很大，其品种多样，形式、规格不一，对包装业的需求，无疑是新型的，也是最大的；二是乳制品，其潜在需求量大，是目前食品工业发展较快的行业，但乳制品包装单一，不能适应市场变化需要，特别是供应城市的液体奶，对包装需求潜力很大；三是农副产品加工产品，现在很多地区正在加快农产品保鲜加工力度。涌现出一批食品龙头企业，但这些企业产品包装普遍落后，包装工业向乡镇食品企业发展将是大有可为的。

随着食品工业产品结构的进一步调整和产品的升级更新换代，对包装也将提出新的要求，一是食品质量安全保证，对包装技术和包装材料要求更为严格；二是灌装、包装形式和速度、规格更加多样化，并力求包装材料和容器做到标准化、系列化、通用化；三是对包装装潢和包装形象要求更高；四是包装的防伪要有新的突破；五是努力降低包装成本。由于食品工业各行业产品不同，对上述要求有所侧重，如奶类、肉类、水产品加工品、果蔬产品，对保鲜、保质要求更为严格，糖果类对包装机械和包装规格要求更加多样化，包装装潢要求更高；而一些高档食品和单一量大的产品对防伪识别要求则更高。

发展包装工业将需要食品工业的发展来带动，发展食品工业也将需要包装工业的发展给予大力支持。包装工业与其他行业的关系同食品工业的关系一样，伴随着共同发展。动力和机会伴随着共同产生。

第二章　包装系统设计

第一节　包装系统设计基础知识

一、包装系统设计的原则及要素

包装系统设计的原则是：科学性、经济性、可靠性和美观性。上述四项原则紧密联系，必须综合考虑，使四者有机结合，才能设计出好的包装。

包装系统设计的要素是：产品、包装件流通环境条件、包装材料、消费者、包装操作工艺和包装成本。

二、包装系统设计的体系

包装系统设计包括：运输包装设计、包装结构设计、包装造型设计、包装装潢设计和包装工艺设计等。包装系统设计是将技术与艺术结合为一体而应用到工业领域中进行的产品保护与美化的设计。它不是单纯的"艺术"和"装潢"，而是包含材料、工艺技术、艺术表现等多方面的综合，最终形成适合产品销售的包装形式。一般来讲，包装系统设计分为以包装结构功能为主的设计和以外观表面处理为主的装潢设计等两大类。但广义上讲，还应包括产品的保护技术设计，如防潮、防虫、缓冲包装设计等。

1. 包装结构设计

包装的结构，指组成包装的各部分之间相互联系、相互作用的方式。包装结构设计，指根据科学原理和工程技术原理，根据不同的包装材料、不同的成型方式以及包装的各部分结构要求，对包装的外形结构和内部结构所进行的设计。

（1）从功能上讲　主要体现容装性和保护性。

（2）从目的上讲　主要解决科学性和技术性。

（3）从内容上讲　主要考虑包装与商品、环境、消费者之间的关系以及包装的内部结构要素。

（4）对结构设计的要求　应有足够的强度、刚度、硬度和抵抗其他环境因素的能力。

另外，包装结构设计还应考虑以下因素：①现有科技水平与实际生产情况；②生产企业现有设备的可生产的尺寸、产量及生产效益；③包装企业的实际生产情况。商品经济，不能忽视了经济核算，因此要尽量降低包装成本。在进行包装结构设计的时候，应尽可能用简单的方法，制作大批量生产的包装。如纸盒结构，应考虑用一张纸即可完成，这种包装，在大量生产的情况下，从印刷、成型以及运输等方面，都是很方便的，这样可以大大降低包装成本。

2. 包装造型设计

造型是将材料加工、组装成具有特定使用目的的器物。包装造型设计是指对于造型的构思和设想。它是运用美学法则，用有型材料制作成占有一定空间、具有实用价值和美感作用的包装型体。

包装造型设计属于工业造型，既注重实用，又注重美学、心理上的设计，同时应结合人机工程学的理论。

（1）从功能上讲　主要体现显示性和陈列性。

（2）从目的上讲　主要解决艺术性和心理性。

（3）从内容上讲　主要利用造型的美学原则与形式规律，对包装进行型体外观的构思与创造。

3. 包装装潢设计

包装装潢设计是运用艺术手段对包装进行外观的平面设计，包括图案、文字、商标、色彩、编排构成、浮雕、肌理等方式。

（1）包装装潢设计的目的　不仅在于美化商品，而且在于积极能动地传递信息、促进销售。

（2）应注意包装装潢设计与一般艺术的区别　包装装潢设计是运用艺术手段对包装进行的外观设计，是属于经济美术，一般艺术在这里属于纯美术。

（3）现代包装装潢设计的三种倾向　写实画面（如摄影、描绘）、民族形式画面、抽象画面。

包装系统设计是一个系统，是一个有机的整体，其最基本的特征是整体性。也就是说，只有把结构设计、装潢设计和造型设计等有机的结合起来，才能发挥包装系统设计的功能和作用。现代包装系统设计的新特点：包装系统设计的电脑化；包装系统设计新思想的借鉴和组合。

另外，包装的目的，一是为了保护商品，二是便于流通销售，三是有利于促销展示。所以，从某种意义上来说，包装是为销售服务。因而，包装系统设计必须从心理学角度加以考虑，符合消费者心理特点的包装将产生显然不同的效果，定会受到欢迎。一般来说，消费者进入商店，有三种心理状态：急于购买商品；希望能买到名牌商品；并未决定购买商品，而是逛逛商店，这种人还不少，如果有一种独特的包装设计，可能会刺激消费者购买欲望。所以在包装系统设计还要考虑各类消费者的心理特点。例如，一般说，儿童喜爱动物，因此在一些儿童食品中，如在巧克力豆的包装容器设计时，可以采用动物造型结构，在目前许多超市中，常常可以看到这类包装容器。

三、包装系统设计的功能性

包装系统设计的功能性包括：容装性、保护性、方便性、显示性（展示性）、陈列性和宜人性。当然，对于不同的产品包装，有不同的功能性要求。

1. 容装性

要实现包装的容装性，在包装系统设计时应注意：①满足定量计量的要求（容装所规定的产品数量或质量）；②可靠地容装；③包装的大小、形状以及大小与形状的关系；

④尺寸误差的范围。

2. 保护性

要实现包装的保护性，在包装系统设计时应注意：①包装材料的选择与容器形状的设计；②包装过程中的各种破坏（冲、拉压、挤等）；③储运过程中各种机械作用的破坏（振动、冲击、碰撞、挤压、摩擦等）；④其他影响因素，如污染、气候、光照、虫害、潮湿、异味、偷窃等。

3. 方便性

方便性应考虑到包装在各个生产和流通环节，为各类人员提供方便，一般体现在以下方面：①方便充填、封口；②方便运输、装卸；③方便陈列、销售；④方便携带、开启；⑤方便使用（说明和结构）；⑥方便复用和处理；⑦宜人性（符合人机工程的原理）。

其中：①是针对生产；②是针对储运；③是针对销售；④、⑤、⑥是针对消费；⑦是针对各个过程。

4. 显示性

所谓显示性是指包装在货架上的外观显示性，它是实现包装销售功能的重要手段。

具有较好显示性的包装系统设计，才能在心理上迎合消费者，在众多同类产品中凸显出自己，从而抓住消费者的心理，为实现销售功能创造前提条件。

5. 陈列性

陈列性与显示性有着相似的功能，都具有传递信息的功能，都是为实现包装的销售功能服务的。陈列性是在显示性的基础上实现的，既包括在货架上的陈列性，也包括在消费场所的陈列性（如化妆品在化妆台上的陈列性）。

实现陈列性的展示技术和手段：

① 多个相同包装的商品，在货架上排列时，采用不同的排列方式，可以产生不同的效果；

② 利用开窗式、透明式、贴体、泡罩等特殊的包装结构设计，以凸显产品、增强陈列性。

6. 宜人性

另外，包装系统设计的宜人性也是应该考虑的。包装系统设计的宜人性问题实质就是人机工程学问题。

人机工程学是研究人与机械或器物及环境相互关系的一门科学。它的主要研究对象是：在设计中与人体有关的问题。例如，人体形体特征参数，人的感知特性，人的反应特性以及人的心理特征等。研究的目的是解决各种用具和用品的设计如何与人的生理、心理特点相适应，为使用者创造安全、舒适、健康、高效的工作条件。

包装系统设计应考虑装卸、运输、储存、销售等一系列流通环节，这些环节无一不是与人相关的，甚至是由人来直接完成的。因而必须从人的生理特点，即消费者便于携带等出发，考虑包装重量、外形尺寸大小等。例如，为了消费者方便携带，在食品的纸盒包装设计中经常要设计提手。在提手的设计中，要考虑多数人手掌的尺寸，尺寸过小，手掌根本伸不进去，提手形同虚设。同时，还要考虑人手的功能高度，否则，手提商品时还得弯肘才不至于包装底部碰着地面。

第二节　运输包装设计

一、运输包装设计的基本要求

运输包装设计，应具有对产品的保护功能，以保证内装物在流通过程中储存、运输、装卸的安全；尽可能降低包装成本；应使包装易于制造、包装作业方便；包装材料、容器便于回收利用、废弃物易于处理。运输包装是以便利运输、储存为主要目的的包装。

在国际贸易中，产品的运输包装比国内贸易产品的运输包装要求更高，它应当体现下列要求：必须适应产品的特性；必须适应各种不同运输方式的要求；必须考虑有关国家的法律规定和客户的要求；要便于各环节有关人员进行操作；要在保证包装牢固的前提下节省费用。

二、运输包装设计应具备的条件

1. 牢固耐用

保护产品在运输、装卸和储存中不发生破损是运输包装的首要任务。否则，必将由于运输包装牢固度不够，在长途运输过程中发生破损而使产品受损。

2. 包装材料及技法的适用性

根据产品特性选用适宜的包装，才能保护内装产品。选择合适的包装材料或容器，研究包装方法和措施。

3. 包装的体积重量要适当

在符合牢固的条件下，包装的重量应尽量可能减轻，包装体积要适当，轻泡类产品应当尽可能地压缩体积。

4. 运输包装要统一规格，实现标准化

产品包装标准化，是根据产品的要求，对包装的类型、规格、容量、材料、容器的结构造型、印刷标志、封装及衬垫、检验方法等统一规定和贯彻实施。

包装标准化对提高我国产品在国际市场上的竞争力，发展对外贸易有重要意义。

国际间贸易往来要求加速实行产品包装标准化、通用化、系列化，为使用集装箱、托盘创造条件，当实行产品包装标准化后，使运输包装的体积与集装箱的容积或托盘的面积相适应，保证充分利用集装箱和托盘以及产品安全。提高了产品身价，促进产品销售，增加产品在国际市场上的竞争能力。

5. 约定包装条件的意义

在国际货物买卖中，包装是说明货物的重要组成部分，包装条件是买卖合同中的一项主要条件。按照某些国家的法律规定，如卖方交付的货物未按约定的条件包装，或者货物的包装与行业习惯不符，买方有权拒收货物。如果货物虽按约定的方式包装，但却与其他货物混杂在一起时，买方可以拒收违反规定包装的那部分货物，甚至可以拒收整

批货物。由此可见，搞好包装工作和按约定的条件包装，具有重要的意义。

三、运输包装的标志

运输包装的方式和造型有多种多样，包装用料和质地各不相同，包装程度也有差异，这就导致运输包装的多样性。

运输包装上的标志，按其用途可分为以下三种。

1. 运输标志

运输标志通常是由一个简单的几何图形和一些字母、数字及简单的文字组成，其主要内容包括：目的地的名称或代号；收、发货人的代号；件号、批号。

此外，有的运输标志还包括原产地、合同号、许可证号和体积与重量等内容。运输标志的内容繁简不一，由买卖双方根据商品特点和具体要求商定。

鉴于运输标志的内容差异较大，有的过于繁杂，不适应货运量增加、运输方式变革和电子计算机在运输与单据流转方面应用的需要。因此，联合国欧洲经济委员会简化国际贸易程序工作组，在国际标准化组织和国际货物装卸协调协会的支持下，制定了一项标准运输标志向各国推荐使用。该标准运输标志包括：收货人或买方名称的英文缩写字母或简称；参考号，如运单号，订单号或发票号；目的地；件号。

至于根据某种需要而须在运输包装上刷写的其他内容，如许可证号等，则不作为运输标志必要的组成部分。

2. 指示性标志

指示性标志是提示人们在装卸、运输和保管过程中需要注意的事项，一般都是以简单、醒目的图形和文字在包装上标出，故又称其为注意标志。

3. 警告性标志

警告性标志又称危险货物包装标志。凡在运输包装内装有爆炸品、易燃物品、有毒物品、腐蚀物品、氧化剂和放射性物资等危险货物时，都必须在运输包装上标明用于各种危险品的标志，以示警告，便于装卸、运输和保管人员按货物特性采取相应的防护措施，以保护物资和人身的安全。

四、运输包装设计方法简述

运输包装的基本功能是保护产品，保证产品在投入使用时能执行其预定的功能，换言之，包装必须使被包装物品从出厂起，经运输、储存、装卸最终送到用户手中为止的全过程得到保护。因此所采用的包装不仅要防止产品在运输过程中因振动、冲击产生的损坏，而且还要防止因自然界、地域等造成的有害影响。

包装方式包括：防水包装、防潮包装、防锈包装、防尘包装、防虫包装、脱氧包装、防辐射包装、危险品包装、军用品包装、儿童包装、防盗包装、罐体包装等。

美国密执安州立大学包装工程学院研究成功运输包装的五步设计法，这五个步骤具体是：确定环境特性；确定产品脆值；选择适当的缓冲材料衬垫；设计并制造原型包装；试验、测试原型包装。

在五步设计法之后，美国 Lansmont 公司又提出了缓冲包装设计六步法，并列出每个步骤应贯彻的 ASTM 标准。六步法较之五步法更为具体，可操作性更强。迄今为止，六步法不仅被美国工程界采用，而且被世界各国所接受，成为指导包装系统设计的经典性文件。

六步法的具体步骤：流通环境的确定；确定产品特性；产品的重新设计；评估缓冲材料的性能；缓冲包装设计；包装件试验。

1. 确定流通环境

对物流环境的残酷程度的判断是缓冲包装设计的重要一步，主要判定存在何种运输危险和危险情况，它包括搬运过程中的偶然跌落、汽车振动、冲击、温湿度极限和堆码压力。这里主要涉及冲击和振动，但是其他的因素在包装系统设计中也是非常重要。

（1）冲击　冲击可能出现在运输过程中的任何一个环节，最严重的冲击是出现在搬运环节上。它包括一个包装件在装、卸、中转过程中跌落的次数，最关键的是要知道包装件的可能跌落的高度。

（2）振动　在汽车运输过程中一定会经历振动，汽车引擎的转动和车轮的转动也会引起车厢的振动。不确定的振动会引起车辆悬浮系统的反应和车厢的变形。这些不确定的振动可能是周期的，还有一些振动也可能是随机性的。

2. 确定产品特性

（1）冲击　作为设计基础，必须输入诸如物态、理化特性，由此来决定采用何种包装方式，确定产品的结构特征，如尺寸、重量、重心、形状等以及产品的机械特性，如脆值、固有频率、抗压强度等。

（2）振动　通常认为在产品不敏感的频率上振动，不会使产品损坏，因此，找到这一产品敏感频率是缓冲包装设计的关键。对产品进行振动实验的目的，就是要找到产品的固有频率或者共振频率。

3. 产品的重新设计

根据测试的产品脆值，有时增加产品本身的强度比把它用昂贵的包装包起来更理想。这时候就必须在产品的成本、产品的可靠性和包装的成本之间进行权衡。有时对产品进行小的改进和重新设计，可以适当增加产品脆值。虽然这样每个产品的成本稍微地升高了，但如果这样做能大大降低产品的包装成本，那整个包装件的成本也就相对降低了。根据生产企业对包装设计的反馈意见，对产品进行的可行性的改进，会有很大的变化。对一些企业来说，这种给包装设计者的反馈意见是新产品设计的重要步骤。这样做能使他们的产品质量更高，包装费用更低。

4. 评估缓冲材料性能

材料的性能应该由生产该材料的企业提供。特殊情况下，必须由自己测试得出这些数据，它们包括材料吸收冲击的能力和对振动的传递特性。

缓冲材料可以使包装件跌落时传递到产品上的冲击力减小，冲击缓冲曲线就是描述不同重量的货物跌落到缓冲材料上时，冲击力是如何通过该材料来传递的。它是由材料的类型、厚度和跌落高度来决定的。

一条缓冲材料的振动曲线描述了在不同的频率下，材料对振动的扩大和削弱，它由材料的类型和厚度决定。

通常情况下，缓冲材料的曲线图随静压载荷的增加而呈下降趋势。这是由其缓冲特性决定的。当静压不断增加时，质量块得到的缓冲力也在增加，由于材料的缓冲特性没有改变，所以整个包装件的固有频率下降了。

5. 缓冲包装设计

缓冲包装设计者掌握了所有的能给产品提供保护的资料。第一步确定了包装件输入运输环境的类型，第二步判定了产品能承受这种运输环境的强度和能力，第三步评价了对产品进行改进后的强度承受能力，第四步确定了包装材料的性能。现在就可以使用上述资料进行缓冲包装设计。

6. 包装件试验

当缓冲包装设计结束后，需要对包装进行实验来检查是否达到预期效果。

运输包装设计可以分六步来完成，每一步都对设计一个最佳的包装提供了帮助。运输包装设计只是整个包装系统发展过程的一小部分，一定要重视包装如何能对产品提供适当保护的正确判断上。明确了这一点后就能从产品的运输环境中的危险和包装材料的特性的计算中得到最理想的结果。

第三节　销售包装设计

一、销售包装设计基本知识

1. 销售包装的概念及其功能

产品销售包装又称小包装、零售包装，是以销售为目的，与产品一起出售给消费者的小型包装。它具有如下功能：识别功能、便利功能、美化功能、想象和联想功能。

销售包装设计的主要内容是包装装潢设计和方便性设计，包装装潢是指对商品销售包装的装饰和美化。使包装的外形、色彩、文字、装帧、图案、肌理、商标品牌等各要素构成一个艺术整体，起到传递商品信息、宣传商品、美化商品、表现商品特色、促进销售和方便消费等作用。销售包装装潢是商品在市场上随处可见的广告，是直接向现有市场和潜在市场传递信息的工具，是提高商品竞争力的有力武器，是促进市场营销的典型方式。一个成功的销售包装对增强销售和提高售价所产生的作用无疑是巨大的。

销售包装设计的基本要求是：符合有关国家标准及法规的要求；应根据项目任务书或合同书中规定的内容和要求进行；内装物与包装材料相适应；充分考虑社会经济效益、尽量降低包装成本；应考虑包装材料、容器的回收利用或废弃物的处理；应保证包装件的刚度、强度、密封性和安全卫生要求；应有利于包装操作、陈列、携带、开启、保存和使用；应考虑包装的形状、容积要符合标准化、系列化，便于进行运输包装；应充分考虑其货架效应和信息传递功能；设计方案中的技术要求应能用实验方法验证。

2. 设计原则与设计特征

为最大限度地发挥产品包装功能，充分发挥包装对市场营销的影响，产品包装设计应遵循以下原则：

（1）科学性与安全性　销售包装设计要根据内装物的特性和需要保护的等级以及销

售、环保等方面的要求，合理地选择包装材料，科学地确定包装造型结构和防护方法，运用先进的包装技术与工艺，使包装整体结构具有最大的合理性和足够的强度，充分保证内装商品的安全，并取得各包装功能间的综合平衡。

（2）经济性　包装与产品成本、流通费用密切相关。在保证包装所要求的必要功能条件下，包装设计应选择价格便宜的包装材料；在不影响包装质量的前提下，包装设计应选择价格合理的包装材料；在不影响包装质量的前提下，应采用经济、简单的工艺方法以降低包装成本，从而降低商品价格；在满足强度要求的前提下，应选用重量较轻的包装材料，尽可能减少包装重量，缩小包装体积，实现包装规格标准化，减少流通费用。

（3）方便性　要根据产品生产、销售和使用的要求，便于生产者实现连续化、自动化包装，便于销售者陈列展销，便于消费者使用、携带、启闭等。同时，还要根据不同的消费对象采用不同数量、容量、规格的包装，采用相关产品配套包装。

（4）创新性　产品销售包装设计要适应市场和时代发展变化的需要，不断创新，使产品包装独特、新颖，与其他同类产品包装有鲜明区别，从而可以提高产品的市场竞争能力，有利于产品占领市场，扩大销路。

（5）美观促销性　要有美的造型、色彩和图案，满足消费者的审美心理需要，促使消费者产生对商品的美感，使包装装潢能够迎合消费者的心理，在产品销售中起到促销作用。

（6）卫生性　在食品、化妆品、药品、卫生用品等产品的销售包装设计中，要特别注意包装产品的卫生安全要求，一方面要求包装能隔绝各种不卫生因素的污染，尤其是微生物、害虫、鼠类的污染；另一方面要求包装材料不应含有有毒物质和有害化学变化。

（7）环保性　在设计包装时，要考虑环境保护的要求，增加无污染意识和环保意识，适应世界市场因各国对包装材料及包装废弃物提出的新标准和新法规而引起的新竞争，大力发展废弃物少、能回收复用、易于回收再生或自行降解的绿色包装。同时，在销售包装设计中还要注意合理开发那些节省资源的包装。

销售包装设计的范围包括三个方面的内容：容器造型设计；结构设计；装潢设计。三个方面互相联系、互相交叉，不能截然分开。

销售包装设计的总原则是："科学、经济、牢固、美观、适销"。这个原则是围绕包装的基本功能提出来的，是对销售包装设计整体上的要求。在这个原则下，作为侧重于传达功能和促销功能的包装装潢设计，还应符合以下四项基本要求：易于辨认；引人注目；具有好感；恰如其分。以上四个方面都是促进商品销售必不可少的，它们之间互相制约，协调好四者之间关系，是销售包装设计的关键。

包装装潢设计的主要工作对象是产品的销售包装，它在提高产品价值和竞争能力、扩大市场增加销售方面起着极为重要的作用。随着经济的发展，包装装潢设计从原来的产品附属物，发展到与产品具有同等价值意义，有时甚至比产品还重要。

包装装潢设计主要具有艺术和实用的两重性。实用性是第一位的，艺术性寓于实用性之中，这是实用美术的共性特征。包装装潢设计以促进产品销售为主要目的在艺术性与实用性的关系上还有一些鲜明的个性特征。同时，包装装潢设计还具有艺术性与商业性；艺术性与科学性；艺术性与功能性；艺术性与时效性的特征。

3. 设计定位

设计定位就是与设计构思紧密联系的一种方法，它强调设计的针对性、目的性、功利性，为设计的构思与表现，确立主要内容与方向。关于设计定位有着各种不同的理解，它虽然不是构思的本身，但作为设计构思的前提与依据是具有重要意义的。

设计定位的主要意义在于把自己优于其他产品的特点强调出来，把别人没有考虑到的重要方面在自己的包装中突出出来，确立设计的主题和重点。设计定位可以分为两个阶段：

（1）收集资料　收集资料是设计定位的准备阶段。现代社会把市场竞争比喻为"商战"是很形象的。作战打仗要取胜，知己知彼是首要条件。包装装潢设计在市场竞争中主要面临两个方面的挑战：一是消费者的选择，二是同类产品的竞争。了解设计对象、竞争对象的有关情况，是设计定位的基础。收集资料就是要达到知己知彼的目的，这是设计定位必须进行的一项工作。

收集资料要从设计对象和竞争对象两个方面同时展开，具体内容可分市场销售、产品、包装装潢设计三个部分进行。

① 市场销售包括：消费对象；供需关系；市场占有量；销售区域及时节；销售方式。

② 产品包括：品牌与档次；特点与功能；质量与使用价值；生命周期；材料、工艺与技术；成本与利润。

③ 包装装潢设计包括：包装材料、技术与工艺；包装形式与结构；表现手法与表现风格；包装成本；存在问题。

产品与市场销售方面的资料可以向委托设计方了解和索取，包装装潢设计部分的资料应由设计者亲自参与调查研究。收集资料要尽可能的充分和准确，它直接关系到设计定位的决策和设计表现的实施。

（2）定位决策　定位决策是把收集的全部资料集中起来，围绕销售包装设计的基本要素进行逐项的对比分析，然后在扬长避短的基础上进行筛选，最后确立应该表现什么和重点突出什么。

设计定位的三个基本要素是品牌、产品、消费者。这三个基本要素在销售包装设计中都是必须体现的内容，问题是每一个基本要素都包含着大量丰富的信息内容，设计定位在于明确主次关系、确立设计主题与重点。

在产品定位、品牌定位和消费者定位的基础上，还可依据产品与市场的具体情况进行各种不同的组合，也就是在设计主题中同时包含多方面的内容。例如，产品与品牌，产品与消费者，品牌与消费者等。不管采用什么样的设计定位，关键在于确立表现的重点。没有重点，等于没有内容；重点过多，等于没有重点，两者都失去设计定位的意义。

二、销售包装设计的基本内容

销售包装设计的基本内容有造型设计、文字设计、色彩设计、图案设计和方便设计等。

1. 包装造型设计

销售包装设计的造型一是要实用，二是要美观，三是要富于变化。销售包装的造型一般有堆叠式、开窗式、携带式、可挂式、透明式、易开式、复用式、礼品式等。还可在包装容器外部与内部附加彩带、花结等，以突出和增强包装造型的艺术效果。需要说明的是，简化原则对包装造型尤为重要，这是大批量生产和包装的实用性所决定的。首先繁杂的造型不适于大批量生产，不符合经济节约原则，也不便于使用；其次也与消费者的审美情趣有关，简洁明快的造型易于被感知，流畅、自然、有创意的造型是消费者所青睐的。

2. 销售包装文字设计

文字设计是包装装潢表面设计的重要组成部分，它的主要作用是宣传产品，介绍产品，同时在画面中起到装饰作用。文字的构思和设计应根据产品特质和销售地的特点，尽量做到既形美又达意，语言要简练真实，用词要严谨，文字和译文要准确，字体风格和装饰画面要统一协调，并合理布局。商标和品牌名是包装装潢画面的灵魂，要设计在画面的主要部位；产品名称可以放在次要位置；其他资料文字、说明文字、广告文字等要依主次合理安排。目前，许多销售地国家要求产品包装使用两套或两套以上文字，因此要根据不同国家的特点和要求，合理选用文字，要在书法布局、字的大小、字体选用、疏密关系等方面认真构思，正确抉择。

3. 包装色彩设计

色彩是包装装潢画面先声夺人的艺术语言，是消费者选购商品的视觉向导。色彩能传递各种信息，表达丰富的寓意，唤起人们的美好想象，从而给商品销售带来直接的影响。色彩设计要服从画面主题，要根据商品性质、特点去表现，尤其要考虑本色、流行色和习惯色的运用。

每个国家和地区都有其喜好的传统色彩，即基本色。各国人民对色彩的感觉和爱好，往往受地理条件、民族传统、宗教信仰、政治因素、生活方式等的影响。

包装流行色是某一地区、某一时期为广大群众所接受、所喜爱的带有倾向性的色彩。流行色的产生是人的新鲜感提出要求而形成的必然结果，它的发展具有一定规律性。消费者对流行色的追求，反映了消费者渴望变化，完善自我，顺应潮流，勇于追求的精神状态，是消费者生活的一个特征。销售包装色彩设计应不失时机地捕捉流行信息，设计出具有流行风格和时代感的色彩来。

包装习惯色是不同商品长期以来习惯采用且消费者习惯接受的色彩。如用暖色强调食品的美味营养；用冷色调强调机械产品的结实耐用。包装习惯色在消费者心目中有根深蒂固的印象。包装习惯色的选用有时容易造成商品之间的雷同，雷同是不利于销售的。所以，选择色彩，既要善于吸收传统，也要敢于创新。

4. 包装装潢图案造型

包装装潢正面中的绘画、照片、装饰纹样及浮雕等形式，称为包装画面的图案。透明包装和开窗包装中所显示出来的产品实物，也是装潢画面的一个组成部分。图案设计常常运用多种设计手法，如装饰画、卡通画、素描、国画、油画、水彩画、书法雕塑、篆刻、剪纸、摄影等，并采用多种多样的设计技巧，使设计主题得以淋漓尽致地发挥和创造。

三、销售包装设计的基本要求

（1）销售包装设计要风格独特，不落俗套　在商标、图案的设计、色彩的应用及整体造型等方面力求新颖和美观。

（2）销售包装设计要突出内装产品，主题分明　包装装潢应以内装产品为主体，以简练准确地传递与产品质量特征、作用功能、使用保管方法等有关的信息为首要目的。图案应简洁醒目，色彩应明快悦目，文字说明应易懂、明确、流畅，选材应适当，造型应实用、美观。

（3）销售包装设计要寓意美好，且含蓄深远　整体设计效果，除必要的明示之外，应能巧妙运用图、文、形、彩的结合给消费者以暗示，引发联想，诱导消费。

（4）销售包装设计要注意对不同民族、不同地区文化背景的研究　包装装潢设计中的图案和色彩的应用，一定要注意遵从不同地区、不同民族、不同国家的风俗习惯、道德规范等文化背景，投其所好，避其禁忌。

（5）销售包装设计要注意实用与美化相结合　无论怎样去美化、装饰，始终不应忘记销售包装设计要方便消费，要有利于促销等实用性目的。

（6）销售包装设计要注意各部分的协调一致　好的销售包装设计，应是形、文、材、图、色等方面的完美统一，在整体上形成强大的艺术冲击力和情感亲和力，使消费者在其感染之下，接受内装产品。

四、出口销售包装

为了使销售包装适应国际市场的需要，在设计和制作销售包装时，应体现下列要求：便于陈列展示；便于识别商品；便于携带及使用；具有艺术吸引力。

1. 出口销售包装简介

出口销售包装可采用不同的包装材料和不同的造型结构，这就决定了销售包装的多样性。究竟采用何种销售包装，主要依据商品特性和形状而定。在出口销售包装上，一般都附有装潢画面和文字说明，并印有条形码的标志。

2. 中性包装和定牌生产

采用中性包装（Neutral Packing）和定牌生产，是国际贸易中常有的习惯做法。

（1）中性包装　中性包装是指既不标明生产国别、地名和厂商名称，也不标明商标或品牌的包装，也就是说，在出口商品包装的内外，都没有原产地和出口厂商的标记。中性包装包括无牌中性包装和定牌中性包装两种，前者是指包装上既无生产国别和厂商名称，又无商标、品牌；后者是指包装上仅有买方指定的商标或品牌，但无生产国别和厂商名称。

采用中性包装，是为了打破某些进口国家与地区的关税和非关税壁垒以及适应交易的特殊需要（如转口销售等），它是出口国家厂商加强对外竞销和扩大出口的一种手段。

（2）定牌生产　定牌是指卖方按买方要求在其出售的商品或包装上标明买方指定的

商标或牌号，这种做法叫定牌生产。

当前，世界上许多国家的超级市场、大百货公司和专业商店，对其经营出售的商品，都要在商品上或包装上标有本商店使用的商标或品牌，以扩大本店知名度和显示该商品的身价。许多国家的出口厂商，为了利用买主的经营能力及其商业信誉和品牌声誉，以提高商品售价和扩大销路，也愿意接受定牌生产。

3. 出口包装条款的规定

包装条款一般包括包装材料、包装规格、包装方式、包装标志和包装费用的负担等内容。

在商订包装条款时，需要注意下列事项：

（1）要考虑商品特点和不同运输方式的要求。

（2）对包装的规定要明确具体　一般不宜采用"海运包装"和"习惯包装"之类的术语。

（3）明确包装由谁供应和包装费由谁负担　包装由谁供应，通常有下列三种做法：①由卖方供应包装，包装连同商品一块交付买方；②由卖方供应包装，但交货后，卖方将原包装收回。关于原包装返回给卖方的运费由何方负担，应做具体规定；③由买方供应包装或包装物料。采用此种做法时，应明确规定买方提供包装或包装物料的时间，以及由于包装或包装物料未能及时提供而影响发运时买卖双方所负的责任。

关于包装费用，一般包括在货价之中，不另计收。但也有不计在货价之内，而规定由买方另行支付的。

第四节　防伪包装设计

目前市场上假冒伪劣产品无奇不有。调查表明，市场上很多产品被假冒，如假酒、假烟、假食品、假化妆品、假药、假化肥、假种子、假农药等，应有尽有，只要是一些市场销路好，利润可观的商品都不同程度地被假冒。任何制假仿冒都是首先从其真品包装开始的。制假者利用假包装、假商标制假售假，利用假的包装商标，以假乱真、以次充好、以假充真，欺骗消费者，从中牟取暴利，严重地扰乱正常的市场秩序，危害了消费者利益和身心健康。

各个生产厂家为了保证自己的产品不被别人假冒，采用了许多防伪包装技术和方法，大多起到了良好的效果，达到了保护自己产品，维护消费者利益的目的。

一、防伪包装

防伪包装就是借助于包装，防止商品从生产厂家到经销商，以及从经销商到消费者手中的流通过程中被人为有意识的窃换和假冒的技术与方法。其目的是防止商品在流通和转移的过程中被窃换和假冒。

防伪包装主要是对销售包装而言的，即那些需要进入商场，并在货架上由消费者进行挑选的产品包装，对于那些大批量的工业品包装及运输包装，防伪包装的意义相对小些。

二、防伪包装的作用及特点

1. 防伪包装的作用

防伪包装既能保护商品生产企业的利益和声誉，又能保护消费者利益和身心健康。同时能遏制假冒伪劣商品的行为。科学而可靠的防伪包装可以促进新技术、新工艺、新的经营意识在产品开发、生产和改进方面的应用和推广。防伪包装可为一些产品真伪的识别提供科学的验证，还可以为所包装的产品增加信任度和安全感．

2. 防伪包装的特点

防伪包装是一般包装的延伸和发展，它最大的特点是防止人为的某些有目的的损害而对商品进行保护。防伪包装有时与一般包装直观上看，无任何区别，它的加密只有在特定条件下才显示出其防伪功能。防伪包装所实现的功能多，传递的信息量大。防伪包装的生产、设计和使用更科学、难度更大、更注意方法和技巧。

三、防伪包装的分类

1. 按识别真伪方法分类

（1）一线防伪包装指大众化的识别真伪，只需借助于简单的方法或不需任何特殊技术便可判别真伪的包装。

（2）二线防伪包装指由专业人员或需用专门仪器识别，将特殊材料和信息经特殊工艺加入到包装中。

（3）组合防伪包装将上述两种防伪包装技术组合使用，以方便大众消费者识别，同时还可通过仪器作科学评判验证的包装。

2. 按包装种类分类

（1）防伪内包装指在内包装上施以防伪技术。

（2）防伪外包装指在外包装上施以防伪技术。

（3）标贴防伪将做了防伪处理的特殊贴签，放入包装中或贴于包装上。

四、防伪包装设计

防伪包装设计主要是针对人为的各种不正当行为而进行防护的技术设计。防伪包装设计技术有很多种。归纳起来大体有：材质防伪包装设计、方位防伪包装设计、色彩防伪包装设计、结构防伪包装设计、理化效应防伪包装设计、非复位性防伪包装设计、电码电话防伪包装设计、重复式防伪包装设计、专利技术防伪包装设计、独有（专有）技术防伪包装设计、商标防伪包装设计、比较技术防伪包装设计等。下面对各个防伪包装设计做简要介绍。

1. 材质防伪包装设计

材质防伪包装设计是利用包装材料的特殊功能而使产品得到保护，防止假冒。包装材料的特殊功能是通过特殊的技术来实现的。少数特殊功能是材料本身所具有的，更多的是通过二次加工后而具有的。其防伪功能具有保密性能好和难以破密的特点，而消费者却能很方便地进行真伪识别。

2. 方位防伪包装设计

方位防伪设计的原理是在包装的不同部位采取各种不同的防伪措施，以达到保护真品防止假冒之目的。

其方法类似于在物体表面或某一局部很特殊地作某种标志。这种标志可能是隐秘的，也可能是显见的，但无论是隐秘的，还是显见的，对于模仿者或者制假者来说，都有很大难度。但这种防伪方法对于消费者来说则是十分方便和易于识别判断真伪的。

3. 色彩防伪包装设计

色彩防伪包装设计是通过颜料的选择与组合来实现的。在特定的条件下，经包装防伪处理的部位表现出特定的色彩。有的在肉眼观察下便可得到，有的需要特殊的仪器才能发现。

很多包装的色彩防伪是借助于发光材料在包装的某部位发挥作用。如常见的发光涂料、发光粉、发光纤维、发光油墨等。例如，人民币的防伪就加入了发光材料。

常见的发光材料、在防伪包装中用得最多的是发光油墨。它又称磷光油墨或夜光油墨。这种油墨印刷在包装表面，受日光或其他光源照射激发，能在一个时期内发出淡绿色磷光。

4. 结构防伪包装设计

结构防伪包装设计是利用包装的特殊结构来防止假冒的技术与方法。由于包装有各种结构及要求，因此，防伪包装的结构也是多种多样的。

（1）整体结构防伪　整体结构防伪是把包装的整个外形或整个包装材料设计得与众不同。例如特殊的造型结构、全封闭式结构、整体功能性包装材料结构等均为整体结构防伪包装。

特殊的造型结构是一种在广泛市场调查的基础上进行的设计。如对一般酒瓶包装，多以上面小下面大的圆柱形结构出现，而且均开口在上，并且口均为圆口，这在多少年来已习以为常。但如果将其瓶体改变旧观，设计成异形（有动物形、球形、圆形、棱形、组合形等），并把开口设在侧面或底部，这样就是一种特殊的整体结构防伪包装。

全封闭式结构是将物品装入后，将盖封牢，一旦打开便恢复不了原形。如，现在市场上的易拉罐饮料就是属于这一类防伪结构。

整体功能性包装材料结构是将过去的防伪标识扩展到整个包装材料制成包装容器的防伪设计方法，从而增加防伪的可靠性。例如将激光全息防伪标签设计成大面积的包装材料，使整个包装（袋或箱、盒）成为激光全息画面，或在包装纸箱的表面复合上全息激光膜。

（2）局部结构防伪　局部结构防伪是在包装的某一部位采用特殊的结构进行防伪。最常见的局部结构防伪是在包装封口和包装出口结构进行防伪，还有就是在包装的局部加特殊的结构标志和附加结构。如在包装盒的表面某部位增设特殊的提手、开孔，加密于内层（刮开表面便可识别真伪）。

5. 理化效应防伪包装设计

理化效应防伪包装指在包装中加入特殊的化学成分，待外界某些条件发生变化时，包装便产生某些物理变化，从而以识别包装物品的真伪。

包装条件的物理变化主要是：热变、声变、色变、光变（发光）、味变等，让人感觉出的物理现象。加入的化学物质主要是可能变性的物质，如变色剂、发热剂等。这些物质必须在特定条件下方可变性，而在非特定条件下则为稳定的成分。特定条件是提供给消费者的识别真伪的方法或技术。它要求易于掌握实现。

常见的理化效应防伪识别方法，是通过颜色变化，得到信息而实现的。也有通过其他信息变化来实现的，如磁性等。

6. 非复位性防伪包装设计

非复位性防伪包装是利用人们在使用商品时，需要开启包装，而在开启包装过程中，会使包装内物品位置或包装开启部位发生变化，这种位置变化有的能再重新包装后恢复原有位置，而有的则很难恢复。而我们在进行防伪包装设计与制作时，就是通过专门的设计、使之包装开启后难以恢复原有位置。

7. 电码电话防伪包装设计

电码电话防伪包装是一种防伪系统，也是一种封闭型防伪链。产品出厂进入流通环节后，最终到达消费者手中，而消费者又可通过有关信息查询到该产品的原始"档案"凭据，从而得知所购商品的真伪。

电码电话防伪是根据存档式二元防伪原理，利用电脑及现代电信网络而达到商品防伪，并且在商品包装上通过破坏性的方式取出密码号后，再经电话识别系统查证。

8. 重复式防伪包装设计

重复式防伪包装是利用包装上的特殊标记与原有的存档标志，在特征上的重复，也就是说在包装印刷或制作时，有一个样品，这个样品具有特殊的特征，而用它制作出来的包装标志是否真实，就可通过最简单的方法，重复与否来进行判别。如果不是真品，则其与样品的特征重复性就差。

重复式防伪包装在很多地方可以看到。例如在银行的印章鉴别，就是属于重复式防伪包装。还有我们过去开介绍信及单位证明，加盖章部位分开成两部分，一部分保留作存根，而另一部分撕下让使用者带走，如要鉴别其介绍信或证明是否真实，只要将两部分按原位比较，如果印章分开处重合，则表明了该证明或介绍信是真实的。

9. 专利技术防伪包装设计

专利技术防伪包装设计是利用专利制度保护商品、维护企业和消费者利益的包装设计策略。

防伪包装设计中的专利技术主要根据发明专利、实用新型专利和外观设计专利来确定，作为包装设计而言，更多的是外观设计专利。发明专利技术用作防伪包装主要指包装中的材质、结构及包装部件的制作方法等。实用新型专利主要指结构和使用方法，以及包装的组合形式。外观设计专利主要是包装的造型、包装画面图案。凡是在包装设计中采用专利便可防止被假冒，同时可使包装更好保护商品和企业与消费者的合法权益。

防伪包装采用专利技术后，可使其商品得到法律的保护。可利用所申请的专利技术去制造、使用和销售包装专利产品。

10. 独有技术防伪包装设计

独有或专有技术指自己所拥有的而不为公众所知悉的技术，属于商业秘密一类。

独有技术防伪包装就是利用技术信息进行科学分析、研究和加工试验或凭经验和技能生产而总结出的适用数据与知识应用于包装设计与制作。主要包括包装的生产工艺、制作中的科学配方、操作规程、技术秘诀、设计图纸及相关要求。

独有技术防伪包装设计着重点是包装原材料的选择、试验条件、性能参数、制造过程及环境要求、设备型号与规格、供料渠道与途径、控制方式等。有很多是凭工艺技术人员的长期摸索出的经验而实现。

独有技术防伪包装的主要特点是：秘密性、风险性。秘密性表现有两个方面：一是不为公众所熟悉，既没有在国内外出版物上公开发表过，也没有在国内公开使用过或以其他方式为公众所知。二是拥有人通过采取适当保密措施，使他人通过正当方式方法获取或探明。风险性表现在其缺乏充分的保护。也就是说不禁止他人用正当、合法的手段或途径来获取并使用相同的秘诀技术。有时自身保密不当会透露技术秘密。

另外独有技术防伪包装其秘密有其时效性。一旦某种技术发展到一定程度，这种秘诀技术可能成为公知的技术，从而无法保密，最后失去防伪功能。

11. 商标防伪包装设计

商标是重要的工业产权，又是参与市场竞争的重要武器，同时也是防止商品被假冒的重要手段。随着科学技术的发展，新产品不断涌现，保护新产品的开发权和市场占有权非常重要，依靠注册商标来保护则是最有效的途径之一。在参与国际市场竞争中显得更为必要。

商标防伪包装设计是利用商标在包装中或与包装相关的活动中发挥其防止假冒的方法与策略。在具体设计时，商标标识应置于产品、产品说明书、产品广告宣传资料，特别是产品销售包装的突出位置。而产品名称则宜置于注释、陪衬位置，整个商品包装应以商标为核心，把商标与商品名称、产地名称等很好地协调。这样可使消费者在购买商品时，对商品产生深刻的印象，形成良好的商标信誉，让不法者不敢轻易仿制冒假，从而达到保护商品的目的。

商标设计好后及时注册才能得到法律保护。企业应在商品未投放市场之前就应注册设计的商标，然后在各种场合进行宣传。当商标知名度提高到一定程度，已激起消费者购买欲望时，及时将其投入市场。这样既打开了市场，提高了商标及商品知名度，又能及时依据商标法制止市场上的侵权假冒行为。

12. 比较技术防伪包装设计

比较技术防伪源于人们传统的购物心理和行为。人们一般在购买或选择商品时，总是通过借鉴于已有的经验或该商品的信息而进行比较后做出决定的，而最先打动他购买之心的是产品的包装，也就是首先通过产品包装作参照物进行比较。

比较技术防伪包装就是要使包装有较为突出的比较特征，包括变化的非变化的，让选购商品的消费者能很好地比较并增加其可信度。

比较技术防伪包装设计首先要将包装的比较特征在包装上加以说明，以便让消费者能根据其说明去进行比较操作，对于一些相对较难比较的，需要配备比较器具和比较样板，以便消费者快速和准确比较与鉴别。比较技术防伪包装有必要与广告相结合，在销售与流通中做好防伪基础工作，通过宣传使其比较防伪知识使消费者得以接受。

五、防伪包装的发展趋势

作为现代防伪包装，总的发展趋势是：高的安全可靠性和识别的简易方便性。

　　安全可靠性指所采用的防伪包装技术要有较高的技术含量和较高的工艺难度，而且这种技术的可知度要低、最好为独有的专有技术及工艺。

　　识别方便性指识别真伪的方法简单而快捷。特别是对广大消费者来讲，最好不需要任何仪器或工具便可识别，如需要工具来识别，这种工具也应是特制的并在包装中配备，或既可用人的各种本能（如视、听、摸、闻等）来识别，也可用专用仪器或设备来加以检验与判别。

　　防伪包装将朝如下几个方面发展：

　　（1）已广泛使用并推广的防伪技术将被新的专有防伪包装技术所取代。

　　（2）任何一种防伪包装技术都将会在一段时间后被新的防伪包装技术所取代。任何一种防伪包装技术都不可能一劳永逸，绝对可靠，如同钞票在不断更新防伪措施和技术一样，商品包装也应如此。

　　（3）随着防伪意识的增强，不同的企业生产的商品会将自己独有的自行研制的技术用于包装防伪。

　　（4）未来的防伪包装朝着"一线防伪"与"二线防伪"相结合的方向发展。

　　（5）多种防伪技术相结合的防伪包装将不断出现，这对于那些缺乏防伪技术能力的企业更为有利。

第五节　礼品包装设计

　　礼品作为具有特殊用途的商品，在包装设计上有别于一般商品的包装，一般商品只是购买者自己消费，往往讲究经济实惠，而礼品是用来赠送给别人的，它要体现送礼者的心意，所以礼品包装应比一般商品包装更为讲究，礼品包装的设计也得更为用心。

　　最初人们要包装礼品，一方面是出于保护礼品的目的，另一方面也是为了使所送的礼品显得更为庄重。一件合意的礼品，配上得体的包装，更是"锦上添花"，一份包装美观的礼物，对收送双方都是件赏心悦目的事。何况，现在不少商品原有的包装也差强人意，这就更需要我们费一番心思。

一、礼品包装设计要点

　　成功的礼品包装，应注重以下几个方面：

　　1. 针对性

　　礼品包装一般多用于婚、寿、节、庆、访问、慰问等场合，在其包装设计上应突出针对性，并体现各类不同礼品的特殊性及用途。如为男性设计的礼品包装应该考虑突出的阳刚气息；而为女性设计的包装则应体现温柔之感；为儿童设计的礼品包装应该具有活泼的特点。在中秋佳节的月饼礼盒包装，礼品是用来送亲朋好友的，当然在设计时要考虑不同的对象。圣诞节到了，糖果、珠宝饰品店就推出圣诞礼品盒，有圣诞树、圣诞老人、小雪人等造型，小小的礼品包装也能烘托出节日的气氛。

　　2. 情调性

　　送礼本身就是传情，因此礼品本身包装不可忽视情调性。珠宝首饰往往是传情的使者，它的包装便是非同一般，过去的包装只是一个掀开式的塑料盒或是丝织品小锦袋，现在发现有许多具有情调的包装出现。如圆形礼盒配有红色蛇皮纹纸封面，盒顶有红色蝴蝶结，温馨浪漫。

3. 高档性

礼品作为馈赠物品，既表达被馈赠者的尊贵，也体现馈赠者的身份，因此，礼品包装应注重包装的形态和包装的材料。现在的包装已从过去的天然材料发展到合成材料，由单一材料发展到复合材料，大大丰富了包装对材料的选择。所以，在相对比较广泛的领域里，在诸多包装材料中，如何选择合适的材料来体现礼品包装的高档性，是需要努力研究和探讨的。作为设计者，除应当具有创新意识的设计理念之外，需要对各种材料的结构、性能以及一般加工方法等有所了解、分析，以期达到礼品包装的最佳效果。

作为高档礼品包装的材料有纸、金属等。纸有许多品种，可分为即时性包装礼品的纸和礼品本身的外包装用纸，前者是将商品礼品化，这种纸有铜版纸、铝箔纸、皱纹纸和美术纸等，它们都有不同的质感、弹性、柔软性、韧性和撕不破、防水等特点。它们常与装饰带及卡片、贴花搭配，不同的礼品应该选择合适的纸材才能将礼品包装发挥的淋漓尽致。而礼品本身的外包装用纸多需要进行精美的印刷。要使礼品具有高档性，许多礼品包装还喜欢选择金属材料，如铁、铝等，因为它挺括、有光泽，具有金银器般的贵重感，且利于加工造型和印刷，高档次的材料不一定都能体现礼品的高档性，这要看设计者是否用得恰到好处；反之，低档次的材料也不一定不能体现礼品的高档性，运用适当，既有特色也会具有高档感。如选用毛竹做礼品包装材料，经过精细处理可使礼品既经济实惠又显得高档。

4. 特色性

不同的礼品产自不同的地方，因此礼品包装应强调设计创意，突出民族或地方风格，体现具有文化品位的个性特点。

二、包装礼品的基本步骤

一般而言，自制纸包装礼品的步骤如下：依照挑好的礼品，选购或自制礼品盒或礼品袋；礼品装入礼品盒；用包装纸包装礼品盒；缎带捆扎，打上花结；点缀配饰物，例如，小巧的人造花饰或贴纸等；附上贺卡。

当然，上面几个步骤并不是要完全照搬。例如，有的礼盒本身已十分精美，就没有必要再用纸包装，只要扎上缎带就可以了；有的礼品用合适的包装纸包装后，并非一定要扎上缎带不可；至于配饰物和附贺卡，可以根据具体情况决定，灵活掌握。最主要的是包装要和礼品和谐相配，能表现出送礼人的一片心意。

第六节　绿色包装设计

一、绿色包装的特点

采用对环境和人体无污染，可回收重用或可再生的包装材料及其制品的包装称为绿色包装。绿色包装应当具有以下特点：

（1）材料省，废弃物少，且节省资源和能源　绿色包装在满足保护、方便、销售、提供信息功能的条件下，应当是使用材料最少而又文明的适度包装。

（2）包装材料可自行降解且降解周期短　为了不形成永久垃圾，不可回收利用的包装废弃物要能分解腐化，进而达到改善土壤的目的。能降解还必须有短的降解周期，以免形成堆积。当前世界各国均重视发展利用生物或光降解的降解包装材料。

（3）易于回收利用和再循环　产品包装及其包装制品的多次重复使用或利用回收废弃物生产再生制品，焚烧利用能源，堆肥化改善土壤等，达到再利用的目的，既不污染环境，又可充分利用资源。

（4）包装材料对人体和生物系统应无毒和无害　要求包装所用材料中不含有毒性元素、卤素、重金属，或将其含量应控制在有关标准以下。

（5）包装产品在其生命周期全程中，均不应产生环境污染　包装产品从原材料采集、材料加工、产品制造、使用、废弃物回收再生等均不产生环境污染。包装废弃物燃烧产生新能源时也不产生二次污染。

二、绿色包装材料

绿色包装材料主要包括以下几类：

1. 重复再用和再生的包装材料

包装材料的重复利用和再生利用是绿色包装材料重要特征，是保护环境、促进包装材料再循环使用的一种最积极的废弃物回收处理方法，如饮料、酱油、啤酒、醋等玻璃瓶的多次使用，国外一些国家实行聚酯 PET 饮料瓶和 PC 奶瓶的重复使用可达 20 次以上。再生利用是解决固体废弃物的好方法，并且在部分国家已成为解决材料来源、缓解环境污染的有效途径。再生树脂的成本一般均高于原生树脂，而且质量和用途也不如原生树脂，只能用作一些廉价的材料。

2. 轻量化、无氟化、高性能的包装材料

这类材料是绿色包装材料发展迈出的重要一步，主要是对现有的包装材料进行开发、深加工，在保证实现产品包装基本功能的基础上，改革过度包装，发展适度包装，尽量减少包装材料，降低包装成本，节约包装材料资源，减少包装材料废弃物的产生量，努力研制开发出轻量化、无氟化、高性能的新型包装材料。

3. 可降解包装材料

发展可降解塑料包装材料，逐渐淘汰不可降解的塑料包装材料，是目前世界范围内包装业发展的必然趋势，是材料研究与开发的热点之一。可降解塑料可广泛用于食品包装、周转箱、杂货箱、工具包装及部分机电产品的外包装箱。可降解塑料包装材料既具有传统塑料的功能和特性，又可以在完成使用寿命以后，通过土壤和水的微生物作用，或通过阳光中紫外线的作用，在自然环境中分裂降解和还原，最终以无毒形式重新进入生态环境中，回归大自然。可降解塑料一般可分为生物降解塑料、生物分裂塑料、光降解塑料和生物/光双降解塑料。

4. 天然生物包装材料

塑料、玻璃和金属包装材料的废弃物已成为污染环境的重要因素，并且因资源不可再生，能源消耗大而导致生产成本高。然而用于包装的天然生物材料如纸、木材、竹编材料、木屑、麻类棉织品、柳条、芦苇以及农作物茎秆、稻草、麦秸等均可在自然环境中极容易分解，不污染生态环境，而且可资源再生，成本较低。

5. 可食性包装材料

可食性包装材料以其原料丰富齐全，可以食用，对人体无害甚至有利，具有一定强度等特点。可食性包装材料现已广泛地应用于食品、药品包装。可食性包装材料的原料主要有淀粉、蛋白质、植物纤维和其他天然物质。

6. 大力发展纸包装

纸包装具有很多优点，如资源相对丰富，易回收，无污染。发达国家早就开始用纸来包装快餐、汉堡包、饮料等，并有取代塑料软包装之势。由于森林资源贫乏，要探索新的非木纸浆资源，用芦苇、竹子、甘蔗、棉秆、麦秸等代替木材造纸。

三、绿色包装设计

1. 绿色包装设计原则及内容

（1）优化包装结构，减少包装材料消耗，努力实现包装减量化。

（2）研制开发无毒、无污染、可回收利用、可再生或降解的包装原辅材料。

（3）研究现有包装材料有害成分的控制技术与替代技术，以及自然"贫乏材料"的替代技术。

（4）加强包装废弃物的回收处理，主要包括可直接重用的包装、可修复的包装、可再生的废弃物、可降解的废弃物、只能被填埋焚化处理的废弃物等。

2. 开展绿色包装设计应从以下几方面入手

（1）实施绿色包装工程，开发绿色包装技术　绿色包装工程技术主要用于商品包装物的设计、检测和评价，使之更好地保护产品、消费者及环境。

（2）加强绿色包装的宣传教育，树立包装设计人员与消费者的环境意识　其内容包括环境危机与污染源教育、包装废弃物回收教育、环保法规教育。

（3）在进行绿色包装时要树立整体包装概念　在采用少公害、易处理的包装材料的同时，不能忽视绿色包装的基本功能，应在保证其功能的基础上力求简单和再循环利用化。绿色包装材料大多数是新材料，采用新工艺制成的包装物。

（4）要注意发挥绿色包装的宣传作用　绿色包装对企业绿色形象及其绿色产品和品牌的一种直观而有效的广告宣传方式。在包装设计时，应突出绿色包装的特点。如果产品已获绿色标志，则应在包装上显著位置说明；尽可能说明包装废弃物回收或处理方法，说明该产品及包装已完成的法律义务。根据法律要求，不同产品应标明不同的信息，包括生产日期、保质期、主要成分和作用等。

（5）运用法律和政策手段保证绿色包装的推广与实施　制定绿色包装产业发展规划，扶持绿色包装企业，建立绿色包装技术研究中心，培养绿色包装技术人才，并争取全国性的包装法规尽快颁布实施，使包装业行为纳入规范化、法制化轨道。

（6）绿色包装产业化是实现绿色包装系统目标的手段 所谓产业化，既包括组建一批生产绿色包装产品的企业群，也包括为这些企业群服务的决策调控体系、科技支持体系和行业协调体系。

第七节 其他包装设计

一、方便包装设计

方便包装是指能给使用者带来各种方便的包装形态。

开启的方便性是方便包装重点考虑的问题之一，目前常见的带有易开环的金属罐，附有撕开带的玻璃纸，带有 V 形刻纹的塑料袋以及带有饮用口的饮料纸盒，都属于有易开性的"方便包装"。

1. 金属容器的易开结构设计

（1）固体食品包装易开盖 固体包装易开盖罐主要包装粒状食品、奶粉、固体饮料等，其盖可整体打开，这些内装物不需高温灭菌，也不要求较高的强度和密封性，盖内箔片用以防止空气渗入。

（2）液体食品包装易开盖 常见液体食品包装易开盖结构，其易开装置主要由刻痕、拉环和铆钉组成。

2. 纸容器的易开结构设计

现有的纸盒密封性能很好，但开启则比较困难，因此纸盒上往往设计易开结构，以方便消费者开启。

（1）易开启结构的设计要点 设计易开启结构时首先要考虑尽量减少对包装保护功能的影响，同时不破坏和损害包装表面的装饰形象；其二要考虑开启的方法要简单易行，开启的位置要合理并符合使用习惯；最后要考虑的是易于生产，适合加工。

（2）易开启结构的开启方式 易开启结构的开启方式有三种。第一种是撕裂，在盒盖上预先开缺口，然后消费者利用应力集中原理，在缺口处用劲撕裂口，就打开了包装；第二种是半切缝，在纸盒的开启处的纸板内侧上切深达二分之一纸板厚度的切缝，然后也是利用应力集中原理，在切口处压，就会沿着切缝打开包装；第三种是缝纫线，它类似于邮票的齿孔线，可以根据需要选择缝纫线的形状和位置，也是利用应力集中原理，在缝纫线处通过撕拉而打开包装。

易开结构在设计时，为了方便消费者识别开启结构，除了在开启部位使用醒目的标志外，还往往在开启部位设计一些引开结构。

3. 纸盒容器方便取物口结构

当纸盒内包装的商品是粉末或颗粒状时，为了使用的方便，即取出或倒出商品的方便，往往在纸盒上设置取物口。

4. 烹调的方便性

烹调的方便性，用铝箔容器包装的冷冻食品，以及用于高温杀菌食品包装的专用塑料袋，是典型的便于烹调的包装形式。后者用得最多的是聚酯薄膜复合材料，杯形聚苯乙烯容器也是一种方便烹调的包装形式，可用于杯装快餐面，这种容器质轻而具有保温性，是快餐食品包装的主要形式。

5. 携带的方便性

为了方便人们提取和携带，需要在包装上设置提手。提手结构的材料要根据商品的重量和大小以及包装的形态来决定。提手与盒体可以是异体结构，这时提手和盒体的材料可以相同，也可以不同，如盒体为纸板而提手用绳子或织物；但提手与盒体更常见的是整体结构，这时提手孔一般设计在盒盖上或摇翼的延伸部分上，有的也直接开在盒体上。

为了携带方便，有时需进行组合设计，将多个单体商品包装成一个整体。

6. 食用的方便性

供一次性使用的牛奶、咖啡单份包装形式，满足使用者的一次食用量。这种单份包装容器多数是用完就随手扔掉。

二、安全性结构

安全性结构设计主要考虑儿童开启包装时的安全性。美国有一种新的专利"幼儿安全包装"。它依靠成人的智慧而不是体力来开启。多次试验表明，成人甚至是那些有严重手残手伤的人都很容易打开，而幼儿则不能打开，以保障幼儿的安全。

1. 儿童安全盖的要求

儿童安全盖的结构设计要做到5岁以下的儿童在一个合理的时间内难以打开。这就需要从以下两方面考虑。

（1）复杂的开盖动作　开盖时同时作两个动作，这样儿童在短时间内（一般为5min）不易琢磨出开启窍门。

（2）一定的力量　学龄前儿童的握力仅140N左右，利用其手力不足这一特点要求在转动瓶盖前先用足够的力量捏紧瓶盖。

2. 儿童安全盖结构

（1）压-旋盖　压旋盖在旋转盖的同时需用力下压。否则按常规方法旋盖，外盖转动，内盖不转，且外盖凸缘与内盖凹槽摩擦，而发出报警声，提醒家长及时制止儿童开盖，避免发生意外。

（2）挤-旋盖　挤-旋盖由两个独立的内外盖组成，外盖为可自由旋转软塑罩盖，内盖为螺旋盖与瓶口啮合，当按照瓶盖上的指示方向用力挤压外盖盖裙时，内外盖啮合可同时转动。

（3）暗码盖　瓶盖由上下两个相互联系的部件组成，只有两部分的标志点对准后，盖才能开启。

三、系列包装设计

目前，国内商品包装上，系列化包装的运用发展得很快。许多优秀包装都出自于系列化设计手法，冠生园食品集团的"大白兔"奶糖系列，均以其独特的设计，整体的系列形象在市场上取得很大的影响，占有一定的市场销售份额。

　　系列化包装也叫做家族式包装，它是由同一企业或同一商标系统的商品，利用相同商标品牌，对不同规格型号、不同花色品种的产品作统一的包装装潢设计。

　　系列化包装为何如此受到人们的青睐，很显然它比起单个包装有着许多优点：首先它是一种集团型销售包装，以多制胜，整体感强，摆在商品货架上，有良好的展示效果与强大的冲击力。它犹如一支庞大的军队，声势浩荡，气势雄伟，通过一定的形、色、质、快速准确，有成效地传递商品信息，给予消费者一种极其明确而深刻的视觉形象，又由于系列化包装其统一的商标品牌，统合的图案装饰和反复出现的形式，使消费者视觉由一点扩充到一线或一面，加强了识别与记忆，相应地削弱了周围品牌商品的竞争力度。系列化包装还有设计周期短、方便制版印刷，节省广告宣传开支等优点。总之，系列化包装有利于生产管理，有利于广告宣传，有利于增强企业形象的传播，更有利于促进商品销售。

　　由于系列化包装具有以上众多的优点，在国际食品市场上，美国可口可乐公司的可口可乐饮料，法国著名葡萄酒都以极其鲜明的系列化包装形式创立了名牌，开拓了广泛的销售市场。综观市场上销售效果好的商品，大都采用了系列化包装设计，这就充分说明了系列包装的趋势和威力。

第三章　包装材料及容器

第一节　包装材料及容器简述

国家标准 GB/T 4122.1—1996 中对包装材料的定义是指"用于制造包装容器和构成产品包装的材料的总称",包括纸、塑料、金属、玻璃、陶瓷等原材料以及黏合剂、涂覆材料等各种辅助材料。

为运输、仓储或销售而使用的盛装内装物的容器称为包装容器,它起到盛装、保护内装物的作用。

一、包装材料及性能

为了实现包装的功能,包装材料必须在物理性能、化学性能和机械性能等方面具备以下性能:

(1) 物理性能包括　耐热性或耐寒性、透气性或阻气性、对香气或其他气味的阻隔性、透光性或遮光性、对电磁辐射的稳定性或对电磁辐射的屏蔽性等。

(2) 化学性能包括　耐化学药品性、耐腐蚀性以及在特殊环境中的稳定性等。

(3) 机械性能和机械加工性能包括　拉伸强度、抗压强度、耐撕裂和耐戳穿强度、硬度等。

(4) 包装要求的其他特殊性能　如封合性、印刷适性等。

掌握包装材料的性能,对于选择包装用材、合理包装和实现包装的科学防护,都有很重要的意义;在设计包装容器时也需要对所选包装材料的性能有比较深入的了解。因此可以说,包装材料是包装技术发展的基础。

包装材料学是在造纸、高分子材料、玻璃与陶瓷材料、金属材料等工程材料学科基础上发展形成的边缘学科。目前,新型包装材料如可食性、耐蒸煮、纳米技术等的研究正是当前包装材料研究的热点。同时,对包装材料的性能研究、新型包装材料的开发已成为包装科学领域最活跃的领域之一。

二、包装材料的分类

包装材料可以从不同需要的角度进行分类。按照包装材料的作用,可分为主要包装材料和辅助包装材料两个大类。主要包装材料是指用来制造包装容器的本体或包装物结构主体的材料;辅助包装材料是指装潢材料、黏合剂、封闭物和包装辅助物、封缄材和捆扎材等材料。也可以按照以下原材料种类的不同或材料功能的不同进行分类。

1. 按原材料种类分类

按照原材料种类不同,包装材料分为以下几种:

（1）纸质材料包括纸、纸板、瓦楞纸板、蜂窝纸板和纸浆模塑制品等。

（2）合成高分子材料包括塑料、橡胶、黏合剂和涂料等。

（3）玻璃与陶瓷材料。

（4）金属材料包括钢铁、铝、锡和铅等。

（5）复合材料。

（6）木材。

（7）纤维材料包括天然纤维、合成纤维、纺织品等。

（8）其他材料。

按照原材料种类的不同进行分类是目前普遍采用的方法。纸、塑料、玻璃、金属常被称为四大常用包装材料。

2. 按包装材料功能分类

按照包装材料的功能不同，包装材料分为以下几种：

（1）阻隔性包装材料包括气体阻隔型、湿气阻隔型、香味阻隔型和光阻隔型等。

（2）耐热包装材料包括微波炉用包装材料、耐蒸煮塑料材料等。

（3）选择渗透性包装材料包括氧气选择渗透、二氧化碳选择渗透、水蒸气选择渗透、挥发性气体选择渗透等功能。

（4）保鲜性包装材料如既有缓熟保鲜功能又有抑菌功能的材料等。

（5）导电性包装材料包括抗静电包装材料、抗电磁波干扰包装材料等。

（6）分解性包装材料包括生物分解型、光分解型、热分解型包装材料等。

（7）其他功能性包装材料。

除了上述包装材料的一些功能外，根据材料科学中对"功能"材料的定义，包装材料还应包括：环保性包装材料、绝缘性包装材料、阻燃性包装材料、无声性包装材料，耐化学药品性包装材料、防锈蚀包装材料、可食性包装材料、水溶性包装材料、热敏性包装材料、吸水保水性包装材料、抗菌防虫性包装材料、生物适应性包装材料、吸油性包装材料等。此类材料又统称为功能包装材料。

因为，各种功能材料涉及多个学科，大多数属于高新技术开发的新材料领域，他们代表着新型包装材料的一个重要发展方向。

三、包装容器的基本要求

包装容器的基本要求，综合起来应当考虑五个基本因素。

（1）功能因素　包装容器的性能、构造、耐久性等；容器使用方便性和操作的安全性等；满足人类对于型与色的爱好或对于装饰的要求；由于社会的地域性或习俗等原因对于容器造型的要求；环保的要求。

（2）经济因素　注意包装容器与成本的关系，使包装容器与销售价格相匹配。要以包装容器的合理性来减少生产、流通中的破损和浪费。

（3）美感因素　在功能得以满足的基础上，将材料质感与加工工艺的美感充分体现在包装容器造型中。

（4）生产技术因素　必须了解工艺流程及特点要求，使包装容器适合工艺生产。

（5）创造性因素　使包装容器具备独特的风格、便利的功能和新颖的容器造型。

四、包装材料发展趋势

1. 塑料和纸为主体包装材料

据研究报告显示，2015 年美国包装市场中，塑料消费在 17 个分市场中已经超过纸。研究报告指出，纸仅能在运输袋和熟食品携带包装市场上继续保持优势，而塑料在灌装包装薄膜和运输桶那样的硬质容器包装上显出技术优点和方便，塑料包装易加工，生产线速度快增强其竞争力，可重复使用的塑料运输桶比纤维板包装成本便宜，市场前景看好。硬质塑料容器适宜包装食品、大米等，站立式塑料袋将取代折叠纸盒用于糖果包装，镀金属膜和高阻隔性复合膜应用将扩大。另外，软饮料市场也将更多采用塑料瓶，塑料在快餐食品包装和零售市场包装袋的消费也有强劲增长。

美国 PET 材料的消费在多个市场呈上升势头，包括健康及美容、药品、饮料行业。美国最近开发两种新包装材料。杜邦公司推出"特卫克"包装材料，该材料用高度聚乙烯微细纤维经特殊处理成型的一种无纺布，能遮光、防水、耐磨等，兼有纸、薄膜、布的优良特性，应用广泛。美国 Ticona 公司推出 VeetranL.cps 液晶聚合物，对氧、水蒸气、香味都有高度不透过性，可与常规包装树脂和热成型的盘和盖子的材料一起挤出，也可做成 $2.5\mu m$ 的薄膜，应用于需要高度屏蔽的食品及医用包装。

美国研制出一种可替代玻璃容器的塑料容器。它采用透明的苯氧型热塑性塑料制成，故隔氧性能优异，能抗冲击，用以生产单层容器，其性能优于玻璃容器。塑料瓶无菌包装将成为包装业新宠。

2. 代木包装受青睐

超重大型代木包装，则用超强多层瓦楞纸板的复合或组合结构。例如美国 Rexam 公司用两个三层七层瓦楞纸板黏在一起，制作并构成 14 层超重瓦楞纸板箱，可承受大型福特载重汽车，承重 7.5t 以上。未来将有更多的纸箱企业生产重型纸质包装箱。

木制包装的应用遇到了两个障碍：一是木材资源的日益匮乏；二是森林病虫害带来的影响。上述问题使得开发生产代木包装产品成为当前包装材料研究的热点之一。

（1）以塑代木　主要指使用塑料注塑件代替木制包装的方法和技术。目前应用较广的有塑料周转箱或塑料箱、塑料托盘等。

（2）以纸代木　主要包括使用重型瓦楞纸箱或蜂窝纸板箱代替一般木箱包装；瓦楞纸板或蜂窝纸板托盘代替木托盘；使用植物纤维进行直接压制包装产品，如托盘和底盘等。

（3）以钢代木　目前，物流行业开始越来越多地应用钢材加工一次性托盘或可回收使用的托盘。

（4）木塑材料的应用　木塑材料或称塑木材料，是将聚合物树脂和木质纤维材料按一定比例混合，并添加特殊的助剂，经高温、挤压、成型等工艺制成的复合材料，它兼具木材和塑料材料的优点，制成的型材可以替代木材、塑材，用以制作托盘、底盘或小型包装箱等。

3. 包装材料改性

通过改进包装材料性能来降低包装成本，而不是片面追求材料价格的降低，包装件与一般产品不同，需要经常装料，包封，储存，运输等产品流程，顾客买来后往往有一个保管和使用的过程所以必须保证和提高包装质量。

第二节 纸包装材料及其制品

纸包装材料是包装行业中应用最为广泛的一种材料。以纸、纸板或纸纤维等为原料制成的包装称为纸制品包装。纸包装容器包括：纸盒、纸袋、纸管、纸桶、纸板箱、瓦楞纸箱、蜂窝状瓦楞纸板箱和蜂窝纸板箱等，纸浆模塑餐盒和工业包装件、植物纤维托盘或底盘以及纸质缓冲包装结构件等也属于纸质包装制品。

纸包装材料具有独特的优点，其加工方便、成本经济，适合大批量机械化生产，而且成型性和折叠性好，便于机械化生产或者手工生产；纸包装容器具有一定的弹性，尤其是瓦楞纸箱，其弹性明显优于其他包装材料制成的容器；根据需要可以设计出不同样式的箱型，并且卫生、无毒、没有污染；纸包装材料能够吸收油墨和涂料，具有良好的印刷性能，字迹、图案清晰牢固；它容易被回收利用，废弃物少，不产生环境污染。因此纸制包装不仅适用于五金、电讯器材、百货、纺织、家用电器等商品的包装，还适用于医药、食品、军工产品的包装。

一、包装用纸与纸板的分类

纸包装材料基本上可分为纸、纸板、加工纸板三大类。纸和纸板是按定量或厚度来区分的，一般而言，定量小于 $200g/m^2$ 或厚度在 0.1mm 以下的称为纸；定量大于 $200g/m^2$ 或厚度在 0.1mm 以上的纸称为纸板或卡纸。

在包装上，纸主要用于包装商品、制作纸袋和印刷装潢商标等，纸板则主要用于生产纸盒、纸箱、纸桶等包装容器。

1. 纸

包装纸材料一般有三大类：包装用纸、特殊包装纸和包装装潢纸。

（1）包装用纸包括包装纸、牛皮纸、纸袋纸、包裹纸等。

（2）特殊包装纸包括上蜡纸、透明纸、半透明纸、邮封纸、鸡皮纸、羊皮纸、防水带胶纸、沥青纸、油纸、耐酸纸、抗碱纸、接触防锈纸、气相防锈纸等。

（3）包装装潢纸包括铜版纸、凸版纸、书写纸、胶版纸、压花纸等。

2. 纸板

纸板一般包括两大类：普通纸板和加工纸板。

（1）普通纸板包括白板纸、箱板纸、黄板纸、卡纸等。

（2）加工纸板包括瓦楞纸板、蜂窝纸板等。

二、主要包装用纸与纸板

主要包装用纸包括：牛皮纸、中性包装纸、纸袋纸、普通食品包装纸、鸡皮纸、羊皮纸、胶版纸、防潮纸、防锈纸、玻璃纸、瓦楞原纸共 11 种。包装用纸板主要包括：箱纸板、牛皮箱纸板、草纸板、单面白纸板、灰纸板和瓦楞纸板共 6 种。

（1）牛皮纸　牛皮纸为硫酸盐针叶木浆纤维或掺一定比例其他纸浆制成。多用于包裹纺织品、用具及各种小商品。牛皮纸可以分为单面牛皮纸、双面牛皮纸及条纹牛皮纸三种，双面牛皮纸又分为压光和不压光两种。

牛皮纸表面涂有树脂，耐破度和撕裂度特别高，具有打光的表面，纸面可以透明花纹、条纹或磨光，表面适于印刷，未漂浆牛皮纸为浅棕色即纸浆本色。

（2）中性包装纸　中性包装纸用未漂 100％硫酸盐木浆或 100％硫酸盐竹浆制造。这种纸张不腐蚀金属，主要用于军工产品和其他专用产品的包装。中性包装纸分为包装纸与纸板两种。

（3）纸袋纸　纸袋纸一般用本色硫酸盐针叶木浆为原料，长网多缸造纸机或圆网多缸造纸机抄造。常供水泥、化肥、农药等包装之用。

（4）普通食品包装纸　普通食品包装纸是一种不经涂蜡加工可以直接包装入口食品的包装纸。它是以 60％漂白化学木浆和 40％的漂白化学草浆为原料，加入 5％填料制造而成的。

食品包装纸应符合 GB/T 30768—2014 规定的指标，不得采用回收废纸作为原料，不得使用荧光增白剂等有害助剂，纸张纤维组织应均匀，纸面应平整，不许有褶子、皱纹、破损裂口等。

（5）鸡皮纸　鸡皮纸又称白牛皮纸，是一种单面光泽度很高和强度较好的包装用纸，主要供工业品和食品包装用。

（6）羊皮纸　羊皮纸又叫植物羊皮纸或硫酸纸，是一种半透明的高级包装纸，其工艺较为复杂，价格也稍高。

羊皮纸具有高度的抗水和不透水、不透气、不透油等特性，而且经过硫酸处理，已经无细菌，适宜于长期保存的油脂、茶叶及药品的包装。防潮性能好，适用于包装精密仪器和机构零件。

羊皮纸其色泽可以是金黄色、橙色、红褐色、粉红色、蓝色、土黄色、浅黄色、浅棕色等；纸面上斑驳的色纹和轻微的透明感是自然形成的，因而还具有较好的装饰效果。

（7）玻璃纸　玻璃纸分为透明玻璃纸和半透明玻璃纸，半透明玻璃纸是用漂白硫酸盐木浆，经长时间的高黏度打浆而制成的双面光纸。它质薄而柔软，双面光亮呈半透明状，具有防油、抗水性和较高的施胶度，但在水湿后会失去强度。主要用于包装不需久藏的油脂、乳类食品和糖果、卷烟、药品等。

透明玻璃纸，是一种透明度最高的高级包装用纸。用它包装产品，包装物清晰可见，常用于包装化妆品、药品、糖果、糕点以及针棉织品或开窗包装。玻璃纸是用高级漂白硫酸盐木浆制成。其质地柔软，厚薄均匀，有伸缩性，并具有不透气、不透油等阻隔性，以及耐热、不易带静电等优良性能。但是吸湿性大，防潮性差，遇潮后易起皱和粘连。撕裂强度也较小，干燥后易脆，无热封性。

（8）胶版纸　胶版纸是专供印刷包装装潢、商标、标签和糊裱盒面的双面印刷纸。

胶版纸纤维紧密、均匀、洁白、施胶度高、不脱粉和伸缩率小、抗张力、耐折度好，适宜用于多色印刷。

（9）瓦楞原纸　瓦楞原纸是一种低重量的薄纸板。瓦楞原纸与箱纸板贴合制造瓦楞纸板，再制成各类纸箱。按原料不同，可以分为半化学木浆、草浆和废纸浆瓦楞原纸三种。它们在高温下，经机器滚压，成为波纹形的楞纸，与箱纸板黏合成单楞或双楞的纸板，可制作瓦楞纸箱、盒、衬垫和格架。

瓦楞原纸的纤维组织应均匀，厚薄一致，无突出纸面的硬块，纸质坚韧，具有一定的抗张、抗戳穿、耐压、耐折叠的性能。加工时应注意湿度的控制。

（10）防潮纸　为减少纸的吸湿量，常采用油脂、蜡等对纸进行表面处理或者采用沥青涂料进行涂布加工成石蜡纸、沥青纸、油纸等，通称为防潮纸。它主要用于食品内包装材料、武器弹药包装、卷烟包装、水果包装等。

（11）防锈纸　为了使包装金属制品不生锈，可以利用各种防锈剂对包装纸进行处理，一般是将防锈剂溶液涂布或浸涂在包装纸上，干燥后即成为防锈纸。防锈剂一般有挥发性，为延长其防锈时间，将涂有防锈剂的一面直接对包装物，而反面涂石蜡、硬脂酸铝或再用石蜡纸包装。

（12）箱纸板　箱纸板专门用于和瓦楞原纸裱合后制成瓦楞纸盒或瓦楞纸箱。用于日用百货等商品外包装和个别配套的小包装使用。箱纸板的颜色为原料本色，表面平整，适于印刷上油。

（13）牛皮箱纸板　牛皮箱纸板适用于制造外贸包装纸箱，内销高档商品包装纸箱以及军需物品包装纸箱。

（14）草纸板　草纸板又称黄纸板、马粪纸。草纸板主要用于各式商品内外包装的纸盒或纸箱，也可用作精装书籍等的封面衬垫。其成本很低，用途极为广泛。草纸板是用稻草、麦草等草料经石灰法或烧碱法制浆后用多圆网、多烘缸生产线抄制生产，这种纸板吸湿性很强，在使用时要严格控制湿度。

（15）单面白纸板　单面白纸板适用于经单面彩色印刷后制盒，供包装用。单面白纸板是一种白色挂面纸板。

（16）灰纸板　灰纸板又叫青灰纸板。灰纸板的质量低于白纸板，主要用于各种商品的中小包装，用于生产纸板盒的纸板。

三、加 工 纸 板

1. 瓦楞纸板

瓦楞纸板由瓦楞原纸加工而成，是二次加工纸板。先将瓦楞原纸压成瓦楞状，再用黏合剂将两面粘上纸板，使纸板中间呈空心结构。瓦楞的波纹就像一个个拱形门，相互支撑，形成三角形空腔结构，强而有力，能够承受一定的平面压力，而且富有弹性、缓冲性能好，能起到防振和保护商品的作用，如图 3-1 所示。

瓦楞纸板的种类很多，有单面瓦楞纸板、双面瓦楞纸板、双层及多层瓦楞纸板等。瓦楞纸板按结构分，常分为 5 种。

（1）二层瓦楞纸板　一层箱纸板与瓦楞芯纸黏合而成，做包装衬垫用。

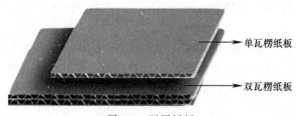

图 3-1　瓦楞纸板

（2）三层瓦楞纸板　两层箱纸板一层瓦楞芯纸黏合而成，用于中包装或外包装用小型纸箱，又称单瓦楞纸板。

（3）五层瓦楞纸板　用面、里及芯三张纸板和两层瓦楞芯纸黏合而成，用于一般纸箱。又称双瓦楞纸板。

（4）七层瓦楞纸板　用面、里及芯、芯四张纸板和三层瓦楞芯纸黏合而成，用于大型或负载特重的纸箱。又叫三瓦楞纸板。

（5）X-PLY 型瓦楞纸板　其瓦楞方向交错排列，又叫高强度瓦楞纸板。

瓦楞纸板的规格还与瓦楞规格有关。目前世界各国的瓦楞规格主要有 A、B、C、E 四种，见表 3-1，生产瓦楞纸箱用的以 A、B、C 型居多。其楞型大小排列为 A、C、B、E。瓦楞的楞型由楞高和单位长度内的瓦楞数确定。一般瓦楞越大，则瓦楞纸板越厚，强度越高。近期国内外瓦楞行业又发展了 K 型特大瓦楞和微瓦楞（F 型、G 型、H 型以及 O 型瓦楞，其楞高越来越小）等，以适应不同包装产品的需要。更多内容可详见 GB/T 6544—2008《瓦楞纸板》标准。

表 3-1　　　　　　　　　　　　　　　　　瓦楞纸板的楞型

楞型	楞高/mm	楞数/（个/300mm）
A	4.5～5	32～36
C	3.5～4	36～40
B	2.5～3	48～52
E	1.1～2	94～98

2. 蜂窝纸板

蜂窝纸板材料是人们模仿自然界蜜蜂筑建的六角形蜂巢的原理研究出来的。蜂窝材料最初应用于军事和航空领域中的铝蜂窝板材，二战以后转向民用，设计和生产出纸蜂窝结构的复合材料。

普通蜂窝纸板是一种由上下两层面纸、中间夹六边形的纸蜂窝芯、粘接而成的轻质复合纸板，如图 3-2 所示。

（1）蜂窝纸板的性能　蜂窝纸板特殊的结构使其具有独特的性能。

蜂窝纸板的主要优点有：有良好的平面抗压性能；有较好的防振、隔音功能；其材料消耗少，比强度和比刚度高，重量轻；其强度、刚度易于调节；易于进行特殊工艺处理从而获得独特的性能；蜂窝纸板制品出口可以免检疫；它属于环保产品，不污染环境。

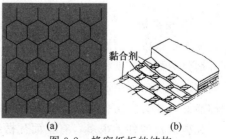

图 3-2　蜂窝纸板的结构
（a）展开的蜂窝芯纸　（b）蜂窝纸板粘合图

但是，作为包装材料，蜂窝纸板也有许多缺点：蜂窝纸板的制造工艺较为复杂，成本高；由于其特殊的内部结构，包装件的加工、成型及成型机械化都比较困难；一般蜂窝纸板的面纸只有一层，其耐戳穿性不强；蜂窝纸板的缓冲性能劣于 EPS 材料（发泡聚苯乙烯），因而在取代 EPS 用作缓冲材料时，其效果不理想；蜂窝纸板虽然也可以作为衬垫充填物，但由于不能任意造型，使用时有一定的局限性。

图 3-3 蜂窝纸板重型托盘

（2）蜂窝纸板及其制品　蜂窝纸板及其制品可有许多用途，例如，制成缓冲衬垫、角撑与护棱、纸托盘、蜂窝复合托盘、蜂窝纸箱等，还可制成其他缓冲构件，如运输包装件或托盘包装单元的垫层、夹层、挡板以及直接成型的缓冲结构件等，如图 3-3 所示。

四、纸包装制品

纸包装制品，一般包括：纸盒、纸箱、纸筒、纸袋、纸浆模塑制品和纸托盘等。

（一）纸盒

纸盒按其结构可分为折叠纸盒和粘贴纸盒两大类。

折叠纸盒通常是把较薄的纸板经过裁切和压痕后，主要通过折叠组合的方式成型的纸盒。在装运商品前，这种纸盒一般可以折叠成平板状进行堆码和运输储存。折叠纸盒有两个显著的特点：一是折叠纸盒与瓦楞纸箱比，最明显的特征是纸板的厚度通常为 0.3～1.1mm，因为小于 0.3mm 的纸板制作的折叠纸盒，其刚度和挺度不足；而大于 1.1mm 的纸板又在一般折叠纸盒加工设备上难以获得满意的压痕。二是折叠纸盒与粘贴纸盒比，最大区别在于折叠纸盒装运商品之前，一般可以折叠成平板状进行堆码和运输储存。

折叠纸盒是一种应用范围最广，结构变化最多的销售包装。在食品包装中，广泛应用于谷物、饼干、冷冻食品、冰淇淋、黄油、咸猪肉、糖果、罐头饮料、旅游食品及干燥的块状食品等。

1. 折叠纸盒

折叠纸盒按折叠方式不同，又可以分为管式、盘式、管盘式、非管非盘式几种，如图 3-4 所示。

折叠纸盒生产成本低，流通费用低，生产效率高，结构变化多，适于大批量及机械化生产，在生产中应用广泛。但其强度较低，一般只适宜于包装 1～2.5kg 以下的商品。目前，关于折叠纸盒包装结构创新和强度分析等方面的设计和研究是热点问题。

在包装创新中，包装形式和结构的创新尤为重要，需要我们认真研究并掌握纸盒的设计规律，了

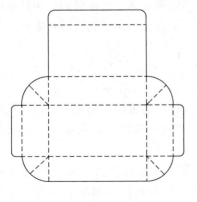

图 3-4　盘式折叠纸盒

解其构造方法才能提出新颖的设计方案。

一般折叠纸盒的生产工序包括以下步骤：

（1）开切　将原材料按盒坯的大小和尺寸裁切成一定大小的纸坯。

（2）印刷　折叠纸盒印刷是利用一定的印刷机械和油墨将印前处理所制得的印版上的图文信息转移到折叠纸盒上。

（3）表面加工　纸板印刷后，一般都要在印刷后或冲切后再进行一次表面加工，以提高其表面的耐摩擦性、耐油性、耐水性和装饰性。

（4）模切　模切是由模切版直接把开切、印刷好的纸坯切成盒坯。使用模切工艺可以裁切普通切纸机无法裁切的圆弧或更加复杂的形状。

（5）落料　模切之后，应把盒坯从整个纸坯中取出，去掉盒坯轮廓线之外的所有废纸边，以及盒坯中间的空余部分。

（6）成盒　将盒坯折叠、粘接或钉合成盒。

2. 粘贴纸盒

用贴面材料将基材纸板粘贴、裱合而成的纸盒称为粘贴纸盒，又称为固定纸盒，如图 3-5 所示。

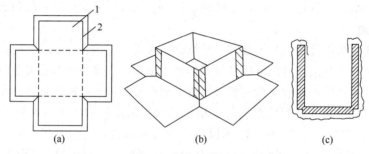

图 3-5　盘式粘贴纸盒

（a）定位　　（b）封合　　（c）成品

1—盒板　2—粘贴面纸

粘贴纸盒的原材料有基材和贴面材料两类。基材主要是非耐折纸板，贴面材料又有内衬和贴面两种。有多种贴面材料可供粘贴纸盒选择。

粘贴纸盒的优点是：用途广泛；抗冲击能力强；堆码强度高；刚性较好；小批量生产时，设备投资少；具有良好的展示、促销功能。它的缺点是：不适宜机械化生产，即不适合大批量生产；不能折叠堆码，流通成本高。

（二）纸箱

1. 瓦楞纸箱

瓦楞纸箱是运输包装中应用最广泛的包装容器，与传统的运输包装相比，瓦楞纸箱特点明显，例如，瓦楞纸箱本身的质量与同体积木箱相比，其原材料质量仅为木箱的 20% 左右，成本仅为木箱的 40%～70%。

瓦楞纸箱主要箱型已形成标准。由欧洲瓦楞纸箱制造商联合会和瑞士纸板协会（FEFCO/ASSCO）制定、国际瓦楞纸箱协会（LCCA）推荐的国际箱型。其箱型代号由两部分组成，前两位表示纸箱类型，后两位是箱型序号，表示同一类箱型中的不同结构形式。如 0201 型纸箱表示是 02 类纸箱中的第一种结构形式。同时可以参照瓦楞纸箱国家标准 GB/T 6543—2008。

（1）02 型——开槽型纸箱如图 3-6 所示，这种箱型应用最为广泛，特点是：一页成型；无独立分离的上下摇盖，接头由生产厂家通过订合、黏合或胶纸黏合，运输时呈平板状。

（2）03 型——套合型纸箱这种纸箱即罩盖型，由箱体、箱盖两个独立的部分组成。正放时箱盖或箱体可以全部或部分盖住箱体。

（3）04 型——折叠型纸箱

（4）05 型——滑盖型纸箱

（5）06 型——固定型纸箱俗称 Bliss 箱。

（6）07 型——自动型纸箱

（7）09 型——内衬件

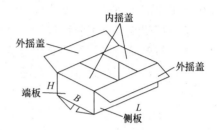

图 3-6　02 型瓦楞纸箱结构图

组合型纸箱是在基本箱型的基础上组合而成的，是由两种或两种以上的基本箱型组成，用多组四位数字或代号表示。例如：瓦楞纸箱上摇盖用 0204 型，下摇盖用 0215 型表示为上摇盖/下摇盖，即 0204/0215。

为了满足市场的需求，各种结构新颖的非标准瓦楞纸箱自 20 世纪 80 年代以来不断涌现。包括包卷式纸箱、分离式纸箱、三角柱型纸箱、大型纸箱等。

一般来说，瓦楞纸箱的设计、制模切版工序与普通纸盒基本相同。但其成箱过程有自己的特点，突出表现在印刷开槽和制箱工艺上。

2. 蜂窝纸箱

蜂窝纸板具有厚度易于控制、平压强度和抗弯强度高等优点。用蜂窝纸板制作纸箱，在一些领域，它可以替代木箱、重型瓦楞纸箱等。例如：用于摩托车包装、大屏幕电视机包装及大型空调器包装等。

（三）纸袋

纸袋是纸质包装容器中使用量仅次于瓦楞纸箱的一大类纸制包装容器，用途甚广，种类繁多。

根据纸袋形状可以将其分为信封式、方底式、携带式、M 型折式、筒式、阀式等几种。

纸袋封口的方法主要有：缝合封口、黏合封口、胶带封口、钉针封口等。

（四）纸杯和纸罐

1. 纸杯

纸杯一般为盛装冷饮的小型纸制容器。通常它的口大底小，可以一只只套叠起来，便于取用仓储、运送。纸杯用纸板通常是用石蜡进行表面涂布过的或浸蜡处理过的纸板。

2. 纸罐

纸罐是以纸板为主要材料制成圆筒并配有纸盖或其他材料制成底盖的容器。纸罐主要用于食品、日用品、印染、纺织、造纸、塑料、化工、音箱、包装等行业，或作为带状材料的卷轴等。由于纸罐重量轻、不生锈、价格便宜，被用来代替马口铁罐作为粉状、晶粒状物体和糕点、干果等的销售包装；在纸罐内壁涂覆防水材料后也可用作液体油料的包装。

（五）纸浆模塑制品

以纸浆为原料，用带滤网的模具，在压力、时间等条件下，使纸浆脱水、纤维成型而生产出所需产品的加工方法称为纸浆模塑。与造纸的原理基本相同。

纸浆模塑制品应用领域包括：电气包装内衬、种植育苗、医用器具、食品包装、药品包装、易碎品隔离、军品专用包装、一次性卫生用品等。

使用纸包装材料制造的包装还包括：纸板展示架、纸托盘、纸板缓冲结构件等。

第三节　塑料包装材料及容器

塑料包装是指各种以塑料为原料制成的包装容器等。

塑料包装制品包括：塑料桶、塑料瓶、塑料软管、盘、盒、塑料薄膜袋、复合塑料薄膜袋、塑料周转箱、钙塑瓦楞箱、塑料编织袋以及泡沫塑料缓冲包装等。

塑料包装适用于食品、五金交电产品、各种器材、服装、医药品、纺织品、日杂用品等的包装。

塑料包装材料与其他包装材料相比有如下优点：

（1）机械性能好　塑料包装材料的一些强度指标比纸包装材料高得多，而且塑料抗冲击性优于玻璃，制成的泡沫塑料具有很好的缓冲性能。

（2）质量轻　塑料的密度一般为 $0.9\sim2.0\mathrm{g/cm^3}$，是钢的 $1/8\sim1/4$，是铝和玻璃的 $1/3\sim2/3$。制成同样容积的包装制品，使用塑料材料将比使用玻璃、金属材料轻。

（3）化学稳定性好　塑料对一般的酸、碱、盐等介质均有良好的耐受能力，可以抵抗来自被包装物的酸性成分、油脂等和包装外部环境的水、氧气、二氧化碳及各种化学介质的腐蚀，这一点比金属有优势。

（4）适宜的阻隔性与渗透性　塑料材料大都有良好的阻隔性，可以用于阻气包装、防潮包装、防水包装、保香包装等。

（5）光学性能优良　许多塑料包装材料都具有良好的透明性，制成包装容器可以看清内装物，具有良好的展示、促销效果。

（6）良好的加工性能和装饰性　塑料包装制品可以用挤出、注射、吸塑等方法成型，可以制成各种形式的包装容器或包装薄膜；大部分塑料材料还易于着色或印刷，以满足包装装潢的需要。塑料薄膜可以很方便地在高速自动包装机上自动成型、灌装、热封，生产效率高。

（7）卫生性良好　纯的聚合物树脂几乎没有毒性，可以安全地用于食品包装。对于某些含有有毒单体的塑料，例如，聚氯乙烯的单体氯乙烯等，可在树脂聚合过程中尽量将单体控制在一定数量之内，同样可以保证其卫生性。

但是，塑料包装材料也有许多缺点，如强度和硬度不如金属材料高，耐热性和耐寒性比较差，材料容易老化，某些塑料难于回收，包装废弃物容易造成环境污染等。

一、塑料的组成和一般性能

塑料是以合成的或天然的高分子化合物如合成树脂、天然树脂等为主要成分，在一定温度和压力下可塑制成型，并在常温下保持其形状不变的材料。

塑料的主要成分包括：

（1）合成树脂 由人工合成的高分子化合物称为合成树脂，又称高聚物或聚合物。它是塑料的主要成分，在塑料中起胶结作用。塑料的性能主要取决于所采用的合成树脂。

（2）稳定剂 凡能阻缓材料老化变质的物质即称为稳定剂，又叫防老化剂。它能阻止或抑制聚合物在成型加工或使用中因受热、光、氧、微生物等因素的影响所引起的破坏作用，它包括热稳定剂、光稳定剂及抗氧化剂等。其用量一般低于 2%。

（3）增塑剂 为了改进塑料成型加工时的流动性和增进制品的柔顺性而加入的一类物质叫增塑剂。其用量一般在 40% 以下。

（4）填充剂 能改善塑料的某些性能的惰性物质称为填充剂，又称填料。如碳酸钙、硅酸盐、黏土、滑石粉、木粉、金属粉等。塑料中加入填充剂，能改善其成型加工性能，降低成本。填充剂的用量一般在 40% 以下。

（5）增强剂 为了提高塑料制品的机械强度而加入的纤维类材料称为增强剂。最常用的增强剂有玻璃纤维、石棉纤维、合成纤维和麻纤维等。

（6）润滑剂 为了改进塑料熔体的流动性及制品表面的光洁度而加入的物质叫润滑剂。例如，脂肪酸皂类、脂肪酯类、脂肪醇类、石蜡、低分子量聚乙烯等。其用量一般低于 1%。

（7）着色剂 能使塑料具有色彩或特殊光学性能的物质称为着色剂。它不仅能使制品鲜艳、美观，有时也能改善塑料的耐候性，常用的着色剂是无机颜料、有机颜料和染料。

二、塑料的分类

塑料的分类方法很多，按其受热加工时的性能特点，可以分为热塑性塑料和热固性塑料两大类。通常，国内把厚度不超过 0.2mm 作为区分片材和薄膜的界限。

热塑性塑料加热时可以塑制成型，冷却后固化保持其形状。这种过程能反复进行，即可以反复塑制。热塑性塑料的主要品种有：聚乙烯、聚苯乙烯、聚氯乙烯、聚丙烯、聚酰胺、聚酯等。

热固性塑料加热时可以塑制成一定形状，一旦定型后即成为最终产品，再次加热时也不会软化，温度升高则会引起它的分解破坏，即不能反复塑制。热固性塑料的主要品种有酚醛塑料、蜜胺塑料等。

1. 常见包装用热塑性塑料

（1）PE（聚乙烯） 聚乙烯是乙烯的高分子聚合物的总称。它是产量最大、用量最大的塑料包装材料。

聚乙烯透湿率低，具有良好的防潮性，而且化学性质稳定，能耐水、酸碱水溶液和

60℃以下的大多数溶剂。聚乙烯具有较好的耐寒性、较好的耐辐射和电绝缘性。

但是，聚乙烯气密性不良、耐热性较差、强度较低；不耐浓硫酸、浓硝酸及其他氧化剂的侵蚀；耐环境应力开裂性较差，而且容易受光、热和氧的作用而引起降解。

聚乙烯在印刷或黏结前必须经过化学处理、火焰处理或电晕处理，以提高其黏结性和对油墨的亲和性。它主要用来制造各种包装薄膜、容器和泡沫缓冲材料等。

聚乙烯可用于水果的裹包物，化妆品的包装均采用聚乙烯材料；也可以做成塑料气泡膜，气泡膜适合于各种电子仪器、玻璃制品、家电、卫生洁具、灭火器、电讯器材、计算机、各种机器、汽车、摩托车配件等的包装，也可以用于各种易碎物品的保护、防振。

（2）PS（聚苯乙烯）　聚苯乙烯是苯乙烯单体的高分子聚合物。它是一种无色透明、类似于玻璃状的材料，无味、无毒。

聚苯乙烯具有优良的透明度和光泽度，纯净美观，透气性能良好，着色性和印刷性好，可以制作各种色彩鲜艳的制品。吸水率低，具有较好的尺寸稳定性、刚挺而且无延展性。

但是，聚苯乙烯耐冲击强度低、表面硬度小，防潮性、耐热性较差，易划痕磨毛，易受烃类、酮类、高级脂肪酸及苯烃等的作用而软化甚至溶解，而且耐油性不好。

聚苯乙烯膜广泛用于制作食品、医药品以及日用品等小型包装容器，如盒、杯等和食品包装用薄膜，一次性快餐盒大多是由聚苯乙烯原料加上发泡剂加热发泡而成。另外，聚苯乙烯是制作泡沫塑料缓冲材料的主要原料。

（3）PVC（聚氯乙烯）　聚氯乙烯是产量仅次于聚乙烯的塑料品种，也是价格最便宜的塑料品种之一。聚氯乙烯塑料的透明度高。

聚氯乙烯塑料具有优良的机械强度、耐压性能、耐磨、防潮性、抗水性和气密性良好，可以热封合，并且具有优良的印刷性能和难燃性，能耐强酸、强碱和非极性溶剂。

但是，聚氯乙烯塑料耐热性差，在85℃时会析出氯化氢，引起降解，使性能变差。容易受极性有机溶剂的侵蚀。单体氯乙烯的析出具有一定的毒性，在食品级聚氯乙烯的产品标准中规定了氯乙烯单体的含量。

聚氯乙烯的价格便宜，用途广泛。多用做制造硬质包装容器、透明片材和软质包装薄膜，泡沫塑料缓冲材料。聚氯乙烯膜多以单膜使用，它主要用于纺织品、服装等物品的包装。其经定向拉伸后制成的热收缩薄膜，多用于蔬菜、水果、点心等的收缩包装。

（4）PP（聚丙烯）　聚丙烯的外观与聚乙烯相似，但比聚乙烯透明轻快，是通用塑料中最轻的一种。

聚丙烯具有较好的防潮性、抗水性和防止异味透过性。抗张强度和硬度均优于聚乙烯，可以在100～120℃温度下长期使用。聚丙烯具有极好的耐弯曲疲劳强度，常用作各种容器盖子上的铰链。

但是，聚丙烯塑料的耐寒性、耐老化性差，气密性不良，不适宜在低温下使用，易受光、氧的影响使其性能变差。

聚丙烯在黏结或印刷前也需要经过表面处理。它广泛用于制作食品、化工产品、化妆品等的包装容器，如周转箱、瓶子、编织袋以及包装用薄膜、打包带和泡沫缓冲材料等。双向拉伸聚丙烯薄膜（BOPP）是广泛应用的包装薄膜，用于食品、日用品和香烟的包装。

（5）PA（聚酰胺） 聚酰胺又名尼龙（NYLON），它们大都是坚韧、不甚透明的角质材料，无味、无毒。

聚酰胺的熔点高，能耐油、耐一般溶剂，机械性能优异，具有较高的耐弯曲疲劳强度。可以在 $-40 \sim 100 ℃$ 温度范围使用。尼龙的气密性较聚乙烯、聚丙烯好，能耐碱和稀酸，不带静电，印刷性能良好。

但是，聚酰胺的吸水性强，透湿率大，在高温情况下，尺寸稳定性差，吸水后使气密性急剧下降，不耐甲酸、苯酚和醇类，浓碱对其也有侵蚀作用。

聚酰胺主要用于食品的软包装，特别适用于油腻性食品的包装。尼龙容器也常用于化学试剂等的包装。

（6）PVDC（聚偏二氯乙烯） 聚偏二氯乙烯是一种略带有浅棕色的强韧材料。

聚偏二氯乙烯的结晶性强，对水蒸气、气体的透过率极低，是很好的阻隔材料。机械强度较好，能耐强酸、强碱和有机溶剂，耐油性优良，有自黏性，难以燃烧，具有自燃性。

但是，它的耐老化性差，容易受紫外线的影响，容易分解出氯化氢，其单体也有毒性。

聚偏二氯乙烯价格较贵，所以使用时主要是发挥其气密性好的特性，用它和其他塑料材料制成复合薄膜。

（7）PVA（聚乙烯醇） 聚乙烯醇具有良好的透明度和韧性，无味、无毒，具有优良的气密性和保香性，是通用塑料中阻隔性最好的品种之一。聚乙烯醇的机械强度、耐应力开裂性、耐化学药品性和耐油性均较好，不带静电，印刷性能好，并具有热合性。但吸水性大，吸水后阻气性和机械强度下降；透湿率大，为聚乙烯的 $5 \sim 10$ 倍，易受醇类、酯类等溶剂的侵蚀。

聚乙烯醇主要以薄膜的形式用于食品包装，以充分利用其气密性和保香性好这一特点。

（8）PET（聚对苯二甲酸乙二醇酯） 聚对苯二甲酸乙二醇酯又称聚酯，是一种无色透明、坚韧的材料。

在热塑性塑料中，聚酯的机械性能最好。耐热、耐寒性好，可以在 $-40 \sim 120 ℃$ 范围内使用；它还具有较好的防潮性、气密性和防止异味透过性；能耐弱酸、弱碱和大多数溶剂，耐油性好，适于印刷。但这种材料不耐强碱、强酸，氯化烃等对其也有侵蚀作用；易带静电，而且尚无适当的防止带静电的方法；热封合性能差；价格比较昂贵。

聚酯主要用于制作包装容器和薄膜，冷冻食品和蒸煮食品的包装。聚酯瓶则大量用于饮料的包装，例如可乐、矿泉水等。目前，PET 打包带已经成为包装捆扎材料的新宠，它以强度高、外观漂亮、不易老化等优点，开始部分取代了钢制打包带。

（9）PVP（聚氨基甲酸酯） 聚氨基甲酸酯简称聚氨酯。聚氨酯泡沫塑料具有极佳的弹性，符合要求的密度、柔软性、伸长率和压缩强度，其化学稳定性好，耐许多溶剂和油类，其耐磨性比天然海绵大 20 倍左右，并且具有优良的隔音、绝热、防振以及黏合性等。

由于聚氨酯的价格较高，一般只用于精密仪器、贵重器械、工艺品等的防振包装或衬垫缓冲材料。聚氨酯可以采用现场发泡的方法进行防振包装。

2. 常见包装用热固性塑料

（1）PF（酚醛塑料）　酚醛塑料俗称"电木"。它具有较高的机械强度、耐磨性和优良的电器绝缘性能，耐温度高，不易变形，能耐某些稀酸，耐油性好。但是，酚醛塑料弹性较差，脆性大、制品颜色较暗，多为黑色或棕色，具有微毒。

酚醛塑料的价格低廉，其在包装上主要用来制作瓶盖、箱盒以及化工产品的耐酸容器。

用酚醛塑料制作的瓶盖，能够承受装盖机的扭力，并能长期保持密封。

（2）UF（脲醛塑料）　脲醛塑料又称"电玉"。它的表面硬度大，具有良好的光泽和适宜的半透明态，其着色性好，不易吸附灰尘，具有良好的电器绝缘性。脲醛塑料的化学性质稳定，耐油脂性能优良。但是，脲醛塑料的耐水性差，易吸水变形，抗冲击强度也稍有不足，不耐碱和强酸的侵蚀。

脲醛塑料在包装上主要用于制作精致的包装盒、化妆品容器和瓶盖等。因在醋酸或100℃沸水中浸泡时有游离的有毒物质甲醛析出，故不适于包装食品。

（3）MF（蜜胺塑料）　蜜胺塑料强度大，不易变形，表面光滑而坚硬，外观似陶瓷，无味、无毒。它的着色性好，可以制成各种色彩鲜艳的制品。蜜胺塑料的耐热、耐水性好，在−20～100℃的范围内其性能变化很小，能耐沸水、耐酸、碱、耐油脂性好。蜜胺塑料的价格较好，多用于制作食品容器，也可以制作精美的食品包装容器及家用器皿等。

三、塑料材料在包装中的应用

1. 塑料薄膜

塑料薄膜是使用最早、用量最大的塑料包装材料。目前塑料包装薄膜的消耗量约占塑料包装材料总消耗量的40%以上。

塑料薄膜一般具有透明、柔韧，良好的耐水性、防潮性和阻气性，机械强度较好，化学性质稳定、耐油脂，可以热封制袋等优点，能满足多种物品的包装要求。

薄膜主要用于制造各种手提塑料袋、外包装、食品包装、工业品包装及垃圾袋等。

片材主要用于直接加工成各类容器或采用热成型工艺加工成容器（吸塑、压塑等）。

塑料薄膜的品种很多，通常按成型方法、化学成分、包装功能等几种方法进行分类。

（1）按成型方法可以将塑料薄膜分为挤出吹塑薄膜、挤出流延薄膜、压延薄膜、溶液流延薄膜、单向或双向拉伸薄膜、共挤出复合薄膜、涂布薄膜等多种。

（2）按化学组成可以将塑料薄膜分为 PE、PVC、PVDC、PP、PS、PA、PET、EVA、PVA 薄膜等多种。

（3）按包装功能可以将塑料包装薄膜分为保鲜膜、防潮膜、防锈膜、热收缩膜、扭结膜、弹性膜、隔氧膜、耐蒸煮膜等多种。

另外，还可以按塑料薄膜的结构将其分为单层薄膜和复合薄膜两大类。

塑料薄膜以挤出吹塑法应用最广，其次是双向拉伸法（BO）和 T 型模法等。

2. 塑料包装容器

（1）塑料包装容器的分类　塑料包装容器通常按以下几种方法进行分类：

① 按成型方法可以分为吹塑、注射、模压、挤出、热成型、旋转、缠绕成型容器等。

② 按化学组成可以分为 PE、PVC、PET、PS、PP、PA、PC、PF、UF 容器等。

③ 按容器的形状和用途可以分为箱盒类、瓶罐类、袋类、软管类等。

（2）塑料包装容器的成型　按常用的成型方法分为：

① 模压成型。模压成型是将粉状、粒状或纤维状塑料放入成型温度下的模具型腔中，然后闭模加压使其成型并固化，开模取出制品。这种成型方法历史最长。模压成型设备和模具结构简单，费用低；但成型效率低，而且制品的尺寸精度一般较低。因此主要用于热固性塑料材料如酚醛塑料、脲醛塑料。模压成型可以制得塑料包装箱、盒以及桶盖、瓶盖等容器附件等。

② 注射成型。注射成型又称注塑，它是将粒状或粉状塑料从注射机的料斗加入料筒中，经加热塑化呈熔融状态后，借助螺杆或柱塞的推力，将其通过料筒端部的喷嘴注入温度较低的闭合模具中，经冷却定型后，开模取出制品。此种方法成型周期短、效率高，易于实现全自动化生产。但是其设备投资大，模具制造成本高，一般适于大批量生产。由于可制得外形复杂、尺寸精确、美观精致以及带嵌件的容器，一般均为广口容器如盒、杯、塑料箱、托盘、盘等，容器的壁一般比较厚。还可以用于制作容器附件，如桶盖、瓶盖、内塞、帽罩等。

③ 中空吹塑成型。中空吹塑成型是将挤出或注射成型制得的型坯预热后置于吹塑模中，然后在型坯中通入压缩空气将其吹胀，使之紧贴于模腔壁面上，再经冷却定型、脱模即得到制品。

中空吹塑成型可以制得各种不同容量、不同壁厚的塑料瓶、桶、罐等包装容器。适于中空吹塑成型的塑料有 PE、PS、PET、PVC、PP、PA、PC 等。

④ 热成型。热成型属于二次加工成型，是用热塑性塑料片材作为原料来制造塑料容器的一种方法，制成的容器壁比较薄。

与注射成型相比，热成型工艺简单，设备投资少，模具制造周期短，而且费用低。适合生产小批量的产品，而且对产品设计的变换比任何其他成型方法都快。热成型模具可以用钢材、铝材、硬木、塑料以及石膏等材料。但热成型制品的结构不宜太复杂，而且壁厚的均匀度较差。热成型加工的塑料制品包括各类杯、碗、盘和碟等。

⑤ 旋转成型。旋转成型又称滚塑成型。它是将定量的液状、糊状或粉状塑料加入模具中，通过对模具的加热以及纵横向的滚动旋转，使塑料熔融塑化并借助塑料的自重均匀地布满整个模腔表面，经冷却定型后，脱模即可得到中空容器。

滚塑成型所使用的设备比较简单；容器的壁厚较挤出中空吹塑均匀，废料少；而且容器几乎无内应力，不易出现变形、凹陷等。滚塑成型适于制作大容量的储槽、储罐、桶等包装容器。

⑥ **缠绕成型**。缠绕成型是制作增强塑料中空容器的主要成型方法。

这种方法只适合于制作圆柱形和球形等回转体，可制得大型储罐、储槽、高压容器等。适用的树脂有 PF、PE、PVC 和不饱和树脂等。

3. 泡沫塑料

泡沫塑料是内部含有大量微孔结构的塑料制品，又称多孔性塑料。它是以树脂为主体、加入发泡剂等其他助剂经发泡成型制得的。泡沫塑料是主要的缓冲包装材料。

（1）**泡沫塑料的特点**　密度很低，可以减轻包装重量，降低运输费用；具有优良的冲击、振动能量的吸收性；对温、湿度的变化适应性强，能够满足一般包装要求；吸水率低、吸湿性小，化学稳定性好，本身不会对内装物产生腐蚀，而且对酸、碱等化学药品有较强的耐受性；导热率低，可以用于保温隔热包装；成型加工方便，可以采用模压、挤出、注射等成型方法制成各种泡沫衬垫、泡沫块、片材等。容易进行二次成型加工，比如使用热成型、黏结等方法可以制成各种形状的制品。

（2）**泡沫塑料的分类**　①按密度不同可以分为低发泡、中发泡和高发泡泡沫塑料。密度分别是大于 $0.4g/cm^3$、$0.1\sim0.4g/cm^3$ 及小于 $0.1g/cm^3$；②按化学成分不同可以分为 PE、PVC、PS、聚氨酯（PVP）、PP 泡沫塑料等。包装中以 PS 泡沫塑料使用量最大，简称 EPS，例如，电机缓冲衬垫就是 EPS 制品；③按机械性能不同可以分为软质、半硬质和硬质泡沫塑料三种；④按泡沫结构不同可以分为开孔型泡沫塑料和闭孔型泡沫塑料。

4. 塑料编织袋

塑料编织袋是指用塑料扁丝编织成的袋。塑料扁丝主要是以聚乙烯或聚丙烯树脂为原料经挤出成型制得平膜或管膜，然后切割成一定宽度的窄条，再经单向拉伸制成。例如，常见的 PP 扁丝塑料编织袋。

塑料编织袋具有重量轻、强度高、耐腐蚀等特点。加入塑料薄膜内衬后能防潮、防湿，适用于化工原料、农药、化肥、谷物等重型包装，特别适于外贸出口包装。

按装载量不同，可以分为轻型袋、中型袋和重型袋三种。轻型袋装载量在 25kg 以下；中型袋为 25~50kg；重型袋为 50~100kg。

5. 塑料网

塑料网主要是挤出网，挤出网又分为普通挤出网和挤出发泡网。

（1）**普通挤出网**　普通挤出网简称挤出网，它是将聚乙烯或聚丙烯树脂放入挤出机中，使其熔融塑化后从特殊旋转机头挤出成网状，经冷却定型后即成。

塑料挤出网的成型工艺及设备简单，易于操作，从原料到成网一次成型，生产效率高，成本低。挤出网经加工制成网袋，广泛用于包装食品、蔬菜、机械零件以及玩具等。

（2）**挤出发泡网**　挤出发泡网是一种新型的缓冲衬垫材料，它是在挤出网的基础上发展起来的。挤出发泡网是以聚乙烯树脂为原料，加入交联剂、发泡剂等助剂，经挤出发泡成网。

挤出发泡网质轻，有一定的强度和弹性，并且具有缓冲和防振性能。在玻璃瓶装化学药品、小型精密仪器、电子产品以及水果等物品的包装中得到了广泛的应用。

第四节　玻璃、陶瓷包装材料及容器

玻璃与陶瓷同属于硅酸盐类材料。玻璃包装和陶瓷包装是两种古老的包装方式。

玻璃与陶瓷包装的相同之处是：材质相仿、化学稳定性好。但是由于成型、烧制方式不同，它们又有区别。前者是先成材后成型，后者是先成型后成材。

一、玻璃包装材料

1. 玻璃包装材料的组成

由无机熔融体冷却而成的非结晶态固体称为玻璃。它的化学成分基本上是 SiO_2 和各种金属氧化物。金属氧化物包括氧化钙、氧化钠、氧化铝、氧化硼、氧化钡、氧化铬和氧化镍等。这些金属氧化物与二氧化硅主要由长石、硅砂、方解石、白云石、纯碱和芒硝等原料提供。

2. 玻璃包装材料的性能

（1）玻璃的热稳定性　玻璃有一定的耐热性，但不耐温度急剧变化。作为容器玻璃，在成分中加入硼、硅、铅、镁、锌等的氧化物，可以提高其耐热性，以适应玻璃容器的高温消毒和杀菌处理。

容器玻璃的厚度不均匀，或存在气泡、结石、微小裂纹和不均匀的内应力，都会影响玻璃容器的热稳定性。

（2）玻璃的物理性能　玻璃的透明性好，阻隔性强，是良好的密封容器材料，如果加入 NiO 能制成棕色玻璃，加入 Cr_2O_3 能制成绿色玻璃。

玻璃的抗张强度一般为 $7kgf/mm^2$ 左右，热塑时抗拉强度则显著提高，增加 CaO 含量也可使抗拉强度提高，但 Na_2O、K_2O 的含量则会降低其抗拉强度。玻璃表面若有微小裂痕，其抗张强度会大大降低。

玻璃的抗压强度高，一般比抗拉强度高 15 倍左右。玻璃的弹性和韧性很差，属于脆性材料，超过其强度极限会立刻破裂。玻璃的硬度很高，约为莫氏 6 级。

（3）玻璃的阻隔性　对于所有溶液、气体，玻璃是完全不渗透的。因而经常把玻璃作为溶液和气体的理想包装材料。

（4）玻璃的光学性能　玻璃的光学性能体现为透明性和折光性。当使用不透明的玻璃或琥珀玻璃时，光的破坏作用大大降低。玻璃的厚度与种类均影响其滤光性。

玻璃还具有较大的折光性，利用这一性质，使工艺品玻璃容器具光彩夺目的装潢效果。

（5）玻璃的化学稳定性　玻璃具有良好的化学稳定性，耐化学腐蚀性强。因此，玻璃容器能够盛装酸性或碱性食品以及针剂药液。

3. 玻璃包装材料的种类

玻璃包装材料有普通瓶罐玻璃和特种玻璃，如中性玻璃、石英玻璃、钠化玻璃等。

4. 玻璃包装容器及用途

玻璃瓶罐主要可分为以下几种：

（1）按瓶颈形状　可分为有颈瓶与无颈瓶、长颈瓶和短颈瓶、粗颈瓶与细颈瓶等。

（2）按瓶身造型　可分为有肩瓶与无肩瓶、高装瓶和矮装瓶、圆形瓶、方形瓶和异形瓶等。

（3）按瓶口直径　可分小口瓶、广口瓶两类。一般瓶口直径与瓶身内径之比小于1/2的称为小口瓶，大于1/2的称广口瓶。

（4）按色泽　可分为无色透明瓶、半透明乳白瓶、绿色瓶、茶色瓶及不透明的色瓶等。

（5）按用途不同

① 酒类用瓶。汽酒瓶、啤酒瓶、白酒瓶等，其中啤酒瓶和汽酒瓶要气压，瓶型以圆形瓶为主。

② 食品用瓶。奶粉瓶、罐头瓶、汽水瓶、酱油瓶等。

③ 医药用瓶。又有水剂、粉剂瓶、内服与外用瓶、管状瓶、安瓿等。

④化妆品用瓶。如香水、花露水、雪花膏、珍珠霜瓶等。

⑤化学试剂用瓶。有棕色或透明螺口大口瓶，广口细口瓶等。

⑥ 文具用瓶。糨糊瓶、墨水瓶、胶水瓶等。

（6）按制造方法不同

① 模制瓶。直接用模具成型。

② 管制瓶。先制造成玻璃管，再用吹制的方法制成瓶子。

5. 强化玻璃与轻量玻璃容器

强化玻璃又叫钢化玻璃。玻璃的强化技术是根据玻璃的抗压强度比抗拉强度高的原理而设计的。采用物理的或化学的方法，将能抵抗拉应力的压应力层预先置入玻璃表面，使玻璃在受到拉应力时，首先抵消表面层的压应力，从而提高玻璃的抗拉强度。

玻璃的强化技术与双层涂敷工艺相结合，可以开发研制出高强度轻量玻璃容器，这已成为玻璃包装材料发展的热点之一。

二、陶瓷包装材料及容器

以黏土、长石、石英等天然矿物为主要原料，经粉碎、混合和塑化，按用途成型，并经装饰、涂釉，然后在高温下烧制而成的制品称为陶瓷。

1. 陶瓷的性能

陶瓷的化学稳定性与热稳定性都很好，能够耐各种化学物品的侵蚀，热稳定性比玻璃好，在250~300℃时也不开裂，并且可以耐温度剧变。

一般来说，包装用陶瓷材料主要考虑的是其化学稳定性和机械强度。

2. 包装陶瓷的种类

包装陶瓷主要有精陶器、粗陶器、瓷器和炻器、特种陶瓷。

（1）精陶器　精陶器又分为硬质精陶和普通精陶。精陶器比粗陶器精细，灰白色，气孔率和吸水率均小于粗陶器，它们常作为坛、罐和陶瓶。

（2）粗陶器　粗陶器具有多孔、表面较为粗糙，带有颜色和不透明的特点，并有较大的吸水率和透气性，主要用作缸器。

（3）瓷器　瓷器比陶器结构紧密均匀，为白色，表面光滑，吸水率低；极薄的瓷器还具有半透明的特性。瓷器主要作包装容器和家用器皿。

（4）炻器　炻器是介于瓷器与陶器之间的一种陶瓷制品，有粗炻器和细炻器两种，主要用作缸、坛等容器。

3. 陶瓷包装容器的品种、用途和结构

陶瓷按其包装造型可以分为缸、坛、罐、钵和瓶等多种。

（1）陶缸大多为炻质容器，下小上大，敞口，内外施釉，缸盖是木制的，封口常用纸裱糊。在出口包装中，陶缸是咸蛋、皮蛋、咸菜等的专用包装。

（2）坛和罐是可封口的容器，坛较大，罐较小，有平口和小口之分；有的坛两侧或一侧有耳环，便于搬运，坛外围多套有较稀疏但质地较坚实的竹筐或柳条、荆条筐。这类容器主要用于盛装酒、酱油、酱腌菜、硫酸、腐乳等商品，陶瓷的坛、罐一般都采用纸胶粘封口或胶泥封口。

（3）陶瓷瓶是盛装酒类和其他饮料的销售包装，其造型、结构、瓶口等与玻璃瓶相似，材料既有陶瓷也有瓷质，构型有鼓腰形、壶形、葫芦形等艺术形象，陶瓷瓶古朴典雅，施釉和装潢比较美观，主要用于国内高级名酒的包装。

第五节　金属包装材料及制品

金属包装材料是目前包装领域中四种主要包装材料之一。

一、金属包装材料的分类

1. 按材料厚度分类

按材料厚度可以分为板材和箔材。板材主要用于制造包装容器；箔材是复合材料的主要组成部分。

2. 按材质分类

按材质可以分为钢系和铝系两大类。钢系主要有镀锡薄钢板、无锡薄钢板、低碳薄钢板、镀铬薄钢板、镀铝薄钢板、镀锌薄钢板等；铝系主要有铝箔和铝合金薄板。

二、金属包装材料的性能

1. 金属包装材料的优点

（1）金属包装材料强度高　用金属材料制造的包装容器的壁厚可以很薄，这样重量轻，强度较高，加工和运输过程中不易破损，便于仓储运输。

（2）金属包装材料具有良好的综合保护性能　金属对水、气等透过率低、不透光，能有效地避免紫外线等有害影响。能够长时间保持商品的质量，因此，广泛应用于粉状食品、罐头、饮料、药品等的包装。

（3）金属包装材料具有独特的光泽，便于印刷、装饰。

（4）金属罐生产工艺成熟，适合自动化生产，效率高。

（5）金属包装材料资源丰富，加工性能好　可以用不同的方法加工出形状、大小各异的容器。

（6）金属包装废弃物回收处理较为简便。

2. 金属包装材料的缺点

（1）当金属容器采用酚醛树脂作为内壁涂料时，若加工工艺不当，会影响食品的质量。

（2）金属及焊料中的铅、砷等容易渗入食品中，污染食品；另外，金属离子还会影响食品的风味。

（3）与纸、塑料和木材等材料相比，其价格、加工成本、运输成本方面都不占优势。

（4）金属材料的化学稳定性差，容易受腐蚀而生锈、损坏。

3. 几种金属包装材料的主要性能特点

（1）钢材　钢材在金属包装材料中用量居首位。包装材料对钢材的主要要求，具有良好的综合机械性能和一定的耐腐蚀性。

包装用钢板主要采用低碳薄钢板，用于制造集装箱、普通钢桶，也可以作为捆扎材料，广泛应用于运输包装。

为了保证耐蚀性的要求，可以在低碳薄钢板的基础上，进行镀锡、镀铬、镀锌及施涂相应的涂料等处理，提高其耐蚀性。也可以制成销售包装容器，广泛用于食品、医药等包装。

（2）金属箔　用铝、钢、铜等做成金属箔，在包装行业中有着独特的作用。

铝箔作为阻隔层和纸、塑料等复合使用成为最常用的金属包装材料，广泛用于食品、饮料等的软包装；与耐热塑料薄膜复合制成的容器可用于高温消毒食品的包装等。

（3）铝材　铝质包装材料有独特的优点，所以在食品包装中得到了广泛的应用。

铝材的主要性能是重量轻、无味、无毒、美观、加工性能良好、表面具有光泽。另外，因为在铝的表面能生成一层致密的氧化铝薄膜，它能有效地隔绝铝和氧的接触，从而阻止铝表面进一步氧化。

铝材在酸、碱、盐介质中容易腐蚀，因此几乎所有的铝容器均应在喷涂后使用。它的强度比钢低，生产成本比钢高，约为钢的五倍。所以铝材主要用于销售包装，如铝罐主要用于有一定内压的含汽饮料等包装，少量用于运输包装。

三、金属包装容器

目前，常用的包装金属容器主要有：金属罐、金属软管、金属桶及金属箔制品等。

（1）金属罐　金属罐有多种分类方法：按照材料可以分为低碳薄钢板罐、镀锡钢板罐、镀铬钢板罐和铝罐等；按照形状可以分为圆罐、方罐、椭圆罐、扁罐和异形罐等；按照开启方法可以分为普通罐、易开罐等；按照结构和加工工艺可以分为三片罐、二片罐等；按照用途可以分为食品罐、通用罐、18L罐和喷雾罐等。

目前包装常用的是二片罐、三片罐、食品罐、通用罐、18L罐以及喷雾罐等。

（2）金属软管　金属软管已经成为半流体、膏体产品的主要包装容器之一。其特点是：易加工、防水、防潮、耐酸碱、防污染、防紫外线、可以进行高温杀菌处理，适宜长期保存内装物。

金属软管携带方便，使用时挤出内装物而无回吸现象，内装物不易受污染，特别适合重复使用的药膏、颜料、油彩、黏结剂等。

有延展性的金属均可制作软管。常用的是锡、铝及铅。锡的价格贵，但性能好。目前包装中软管已大量使用塑料，但重要的场合仍需使用金属材料。

（3）金属桶等　金属桶是常用的金属容器。分为敞口和闭口两种。其中 200L 以上的大桶已经形成标准，例如，汽油桶等。

（4）金属箔制品　金属箔有铁箔、硬（软）质铝箔、铜箔、钢箔等五类。它们可以制成形状多样、精巧美观的包装容器。目前常用的是铝箔容器。

铝箔容器是指以铝箔为主体的箔容器，在食品包装方面的应用日益增多，同时也广泛应用于医药、化妆品、工业产品的包装。

铝箔包装容器的特点是质轻、外表美观；隔绝性能好，可以制成形式、种类、容量各不相同的容器；传热性好，既能高温加热又能低温冷冻，并能承受温度的急剧变化；可以进行彩色包装印刷；开启方便，使用后容易处理。

铝箔包装容器的用途：冷冻食品、方便食品、军需食品、焙烤类糕饼、餐后甜食、应急食品以及可加热食用的蒸煮袋、盒式容器、旅行食品等。

铝箔用于包装容器的形式有两类：一类是以铝箔为主体经成型加工制得的成型容器，又称刚性或半刚性容器，有盒式、浅盘式等；另一类是袋式容器，又称软性容器，是以纸/铝箔、塑料/铝箔及纸/铝箔/塑料黏结的复合材料制成袋式容器，例如蒸煮袋等。

第六节　木　制　包　装

以木材制品和人造木材板材制成的包装称为木制包装。

木制包装一般适用于大型或较笨重的机械、五金交电、自行车以及怕压、怕摔的仪器、仪表等商品的外包装。

木质材料作为包装材料，能够很好地满足各种商品的仓储运输要求。

一、木制包装容器

各种木制容器是最古老的包装之一。

木制包装容器的形式有密封木桶、不密封木桶、盒、普通木箱、滑板箱、框架箱、钢丝捆扎箱等。

1. 木盒

木盒是一种十分古老的容器。它多用于礼品包装。木盒表面可以采用多种工艺加工处理，以得到满意的包装装饰效果。

2. 木桶

木桶是一种古老的包装容器。主要用来包装化工类、酒类商品。

3. 普通木箱

普通木箱通常在载重为 200kg 以下时使用。它载重量小，通常采用板式结构，其装卸、搬运操作多为人工方式，因而常须设置手柄、手孔等操作构件，不必考虑滑木、绳口及叉车插口等结构。

4. 滑木箱

滑木箱通常在载重量小于 1500kg 时使用。由于必须靠机械起吊，或沿地面拖动，因而必须设置滑木。滑木箱的承重靠底座、侧壁和端壁组成刚性联结来共同完成。

5. 框架木箱

框架木箱通常在载重量大于 1500kg 时使用。这种木箱也必须设置滑木，供机械装卸、起吊操作使用。框架木箱的承重主要靠构件组成的刚度很好的桁架来完成，壁板在多数情况下仅起密封保护的作用。

6. 胶合板箱

胶合板箱也称为框档胶合板箱。由胶合板及框档组合而成，这是一种自重很小、外观整洁精致的小型包装箱，适用于空运。其主要优点是构件标准化，适合工业化成批生产。

7. 丝捆箱

丝捆箱是一种特殊结构的包装箱。用钢丝将薄板连缀，再用箱档适当加固，依靠钢丝捆扎并扭合成结，完成封箱。主要优点在于它利用钢丝与箱档的巧妙组合形成有足够刚度的骨架来承重，薄板仅起遮盖和密封保护内装物的作用。其设计结构合理、新颖、耐压、耐振、自重轻、弹性好、表面光洁，兼备了传统木箱和纸箱包装的双重优势，价格接近普通木箱。

丝捆箱在运输和储藏时折叠存放，使用时只需简单的工具便可迅速组装，缩小了运输和储藏时的仓储空间，降低了成本，并且可以回收再利用。丝捆箱可以大量节约木材。包装同样的产品，丝捆箱用木材只是普通木箱的三分之一。此外，丝捆箱更宜于工业化大量生产。

二、木制运输包装制品

木制运输包装制品的形式有底盘、托盘、滑板托盘等。

1. 底盘

底盘通常是木制的坚固构件，直接和具有足够的强度和刚度的产品固结在一起。适用于塔、罐、机械设备等大型产品。用底盘作为包装处理，主要是为了运输、装卸的方便。底盘载重通常在 500kg 以上、6000kg 以下。

2. 托盘

托盘是一种集合装卸工具。托盘包装的产品本身不是很重、尺寸也不是很大，而集约包装就是把若干数量的单件物品归并成一个整体，使用托盘进行装卸运输。其主要优点是简化了包装，能有效降低包装成本，方便运输和装卸。

第七节　复合包装材料及制品

包装领域所指的复合包装材料主要是指层合型，即用层合、挤出贴面、共挤塑等技术将几种不同性能的基材结合在一起形成的多层结构。使用多层结构形成的包装可以有效地发挥防污、防尘、阻隔气体、保持香味、防紫外线、透明、装潢、印刷、易于用机械加工封合等功能。

一、复合包装材料的组成

复合包装材料分为基材、层合黏合剂、封闭物及热封合材料、印刷与保护性涂料等组分。

1. 基材

在多层复合结构中，基材通常由纸张、玻璃纸、铝箔、双向聚丙烯、双向拉伸聚酯、尼龙与取向尼龙、共挤塑材料、蒸镀金属膜等构成。

例如，用蜡或聚偏二氯乙烯涂布的加工纸和防潮纸广泛地用于糖果、快餐、小吃和脱水食品的包装。印刷精美、用聚乙烯贴面的纸复合材料在食品包装和其他领域也有广泛的应用。

为了节省铝材，可以用蒸镀铝代替铝箔。可以使耗铝量降为 1/300，耗能降为 1/20。蒸镀铝层厚度只有 10～20nm，附着力好，有优良的耐折性及韧性，并且可以部分透明。适合真空镀铝的基材有玻璃纸、纸、聚氯乙烯、聚酯、拉伸聚丙烯、聚乙烯、聚酰胺等。例如，聚乙烯蒸镀铝薄膜防潮包装袋。又如，常用挤出涂布方法将尼龙与具有阻隔潮气和热封合功能的材料复合。这种层合结构常用来包装鲜肉及块状干酪。

2. 层合黏合剂

常用的层合黏合剂包括：

（1）溶剂型和乳液型黏合剂　用于纸和铝箔层合。

（2）挤塑黏合剂　聚乙烯和乙烯共聚物是广泛应用的挤塑黏合剂，它还能起防潮作用。

（3）热塑性和热固性黏合剂　热塑性黏合剂层合的材料缺少耐热性；热固性黏合剂抗热性、抗化学性、抗渗性都较好。广泛用于塑料、纸及纸板等基材。

（4）蜡及蜡混合物　石蜡常用于不需要高黏合强度和高耐热性情况下的黏合。

3. 包装封闭物与热封合材料

封闭包装的方法有热封合、冷封合和黏合剂封合。热封合是利用多层结构中的热塑性内层组分，加热时软化封合，移掉热源就固化。蜡和热封合塑料薄膜是常用的热封合材料。

热封合涂料及热熔融体也是常用的热封合材料。而改性橡胶基物质则不用加热只要加压就能封合，称为冷封合涂料或压敏胶。

4. 印刷与保护性涂料

多层软包装的保护性涂料可以提供下列功能：保护印刷表面、防止卷筒粘连、光泽、控制摩擦系数、热封合性、阻隔性等。硝酸纤维素、乙基纤维素、丙烯酸系塑料、聚酰胺等树脂都可用作保护性涂料。

二、复 合 纸 罐

复合纸罐常用于盛装粉末状固体食品，如可可粉、茶叶、砂糖、盐、麦片、咖啡及各类固体饮料。而更多的是用于盛装各种液态食品，如果汁、酒、矿泉水、牛奶等；也可用于盛装防潮要求较高的保健食品、油料食品、冷冬浓缩食品等。例如，美国约有85％的浓缩柑橘汁采用复合纸罐包装，日本50％以上的软饮料是采用铝质易开盖的复合纸罐包装。

根据材料质地、厚度以及结构的不同，复合罐可有多种造型，但都由罐体、罐底、罐盖三部分组成。

1. 罐体的结构及材料

罐体按其材料卷绕方式的不同，有两种结构。

（1）螺旋式　螺旋式卷绕方式是先将原纸按纸罐直径大小切成带状纸盘，然后在纸管机上卷绕，卷绕时层与层之间互成一个斜角，形成一个连续的积层筒体，然后再按纸罐高度切成所需罐体，这种罐体生产方式效率高，质量也较好。

螺旋式卷绕形成的罐体构造可分为内衬、壁体和标签三层。内衬作为产品内部的阻隔层，常用铝箔或各种纸塑复合材料；壁体又有多层，常用大定量的牛皮纸，以保证罐的强度和刚度；标签则为整个罐体提供了高质量的装潢。罐体材料的选择取决于所包装的物品，对渗透性较强且保存期要求长的液体食品，一般采用PE/铝箔/PE/纸；而冷冻浓缩及装入袋内的食品，则可采用PE/纸材料。

（2）平卷式　这种卷绕方法也称直卷法，是将一定规格的纸一层层完全卷叠在转动的芯轴上，直到所需厚度为止。

平卷式罐体的造型可多样化，但需使用不同形状的轴芯。罐体的最外层也可另加装潢用表面纸或塑料薄膜。中间层也即壁体，一般选用具有一定定量、厚度以及拉伸、压缩、破裂强度的原纸即可，因夹在中间，故各性能要求不高。罐体的内衬因直接接触物品，所以一般要求采用优质的原纸、羊皮纸、塑料薄膜、加工纸或铝箔等。

2. 罐底、罐盖材料及封合方式

复合纸罐的底和盖多用镀锡铁皮或铝板模压制造，也可用铝箔、塑料薄膜与纸板复合制成。

罐底、罐盖与罐体的结合方式，视它们的材质而定。如果罐底、罐盖为金属等硬质材料，罐体的壁厚与刚性比较大，则可采用与金属一样的卷边的方法。

底、盖外层为聚乙烯材料时，可用粘结法。气密性要求高的复合罐，可用聚酯/铝箔复合材料作为底、盖，然后用点焊或热辊压封。

3. 复合纸罐加工用黏合剂

目前，绝大多数复合纸罐采用树脂或各种热熔胶作为黏合剂，因其更适合于粘结质地软、易吸水的纸。

纸罐多数用于食品包装，所以要求黏合剂无毒、无味、稳定、粘结强度，密封性能好。同时应具有干燥速度快等良好的工艺性能。

三、多层复合塑料容器及纸容器

（1）多层塑料瓶　在多层塑料瓶中，强度高而且成本低的树脂能够满足机械强度方面的要求，阻隔性能好的树脂作为阻隔层，由于阻隔层很薄，因而可降低整体成本。多层塑料瓶由阻隔层树脂、结构层树脂、黏合剂和黏合材料组成。

例如，以 EVOH 为阻隔层的多层瓶广泛地用来包装农药、药品及橘汁等产品的包装。

（2）层合软管　层合软管与层合薄膜一样都是多层复合包装材料新的应用领域。

（3）塑料-金属箔复合容器　由于钢箔比铝箔刚性好、不易变形，消除了铝箔形成容器时常见的褶皱现象，外形美观。典型的钢箔塑料复合结构为 PP（$40\mu m$）/钢箔（$75\mu m$）/PP（$70\mu m$）。

钢塑复合容器可以用于甜冻食品、烧鸡、田螺、咸鳕鱼以及婴儿食品包装。在制罐工艺中，于罐口凸缘及侧壁处涂上专用涂料，底面的镀锡层裸露。它是利用锡极易氧化的原理，有效地消除包装内部残留的氧，从而提高食品的货架寿命。

（4）复合材料纸杯　如表 3-2 是几种复合材料纸杯的应用例子。

表 3-2　　　　　　　　　　　几种复合材料纸杯的应用

纸杯类型	适用食品
纸、AL/纸、纸/AL、纸/AL/PE	快餐类
蜡/纸、纸/蜡、蜡/纸/PE	冰淇淋、冷饮料、乳制品
PE/纸/PE、纸/PE、皱纹纸/纸/PE	热饮料、乳制品、快餐类

第八节　食品用包装材料的安全性

一、塑料包装材料的安全性

塑料包装材料的安全性主要表现为材料内部残留的有毒有害物质迁移、溶出而导致内装食品的污染，其主要来源有以下几个方面：①树脂本身具有一定毒性；②树脂中残留的有害单体、裂解物及老化产生的有毒物质；③塑料制品在制造过程中添加的稳定剂、增塑剂、着色剂等助剂的毒性；④塑料包装容器表面的微生物及微尘杂质污染；⑤非法使用的回收塑料中的大量有毒添加剂、重金属、色素、病毒等对食品造成的污染。

例如，对各地塑料食品包装袋抽检合格率普遍偏低，只有 50％～60％，主要不合格项是苯残留超标等，而造成苯超标的主要原因是在塑料包装印刷过程中为了稀释油墨使用含苯类溶剂。

二、纸包装材料的安全性

我国目前纸包装材料占总包装材料的 40％左右，主要安全问题是：①原料本身的问题，如原材料本身不清洁、存在重金属、农药残留等污染，或采用了霉变的原材料使成品染上大量霉菌，甚至使用社会回收废纸作为原料，造成化学物质残留；②生产过程中添加了荧光增白剂；③含有过高的多环芳烃化合物；④包装材料上的油墨污染等。

三、金属、玻璃和陶瓷包装材料的安全性

1. 金属包装材料

金属包装材料化学稳定性差，特别在包装酸性内装物时，金属离子易析出，而影响

食品风味造成不同程度污染。

2. 玻璃包装材料

玻璃作为包装材料，用量占包装材料总量的 10％左右，存在的主要安全问题是：①重金属超标；②有色玻璃中着色剂的毒性；③盛放含汽饮料时发生的爆瓶现象。

3. 陶瓷包装材料

大众普遍认为陶瓷包装容器是无毒、卫生、安全的，不会与所包装食品发生任何不良反应。但长期研究表明：釉料，特别是各种彩釉中所含的有毒重金属如铅、砷、镉等易溶入到食品中，对人体造成危害。

第四章 包 装 机 械

第一节 包装机械的分类、作用、趋势和特点

中华人民共和国国家标准（以下简称国家标准）GB/T 4122.2—2010《包装术语第2部分：机械》中对包装机械的定义是："完成全部或部分包装过程的机器，包装过程包括成型、充填、裹包等主要包装工序，以及与其相关的前后工序，以及清洗、干燥、杀菌、贴标、捆扎、集装和拆卸等前后包装工序，转送、选别等其他辅助工序。"

一、包装机械的分类

1. 按包装机械的自动化程度分类

（1）半自动包装机　半自动包装机是由人工供送包装材料和内装物，并能自动完成其他包装工序的机器。

（2）全自动包装机　全自动包装机是自动供送包装材料和内装物，并能自动完成其他包装工序的机器。

2. 按包装机械的功能分类

包装机械按功能不同可分为：充填机械、灌装机械、裹包机械、封口机械、贴标机械、清洗机械、干燥机械、杀菌机械、捆扎机械、集装机械、多功能包装机械、包装材料制造机械、包装容器制造机械，以及完成其他包装作业的辅助包装机械。我国目前国家标准采用的就是这种分类方法。

3. 按包装产品的类型分类

（1）通用包装机　通用包装机是在指定范围内适用于包装两种或两种以上不同类型产品的机器。

（2）专用包装机　专用包装机是专门用于包装某一种产品的机器。

（3）多用包装机　多用包装机是通过调整或更换有关工作部件，可以包装两种或两种以上产品的机器。

4. 包装生产线

由数台包装机和其他辅助设备联成的能完成一系列包装作业的生产线，即包装生产线。虽然各类包装机械的功能和机构千差万别，但其基本构成一般均包括四个部分：输运、计量、成型部分；动力和传动部分；控制部分；包装工作执行机构。

5. 其他分类方法

从广义的角度来看，也可以把与包装生产有关的整个生产过程（如包装材料和容器的生产、包装印刷）中所使用的机械设备归入包装机械的范畴。主要有以下两种分类方法：①分为三类：制造包装材料和容器的机械；实现产品包装的机械；包装印刷机械。

②分为四类：包装材料、容器的生产制备机械；包装印刷机械；销售包装用包装机械；运输包装用包装机械。

二、包装机械的作用

目前，在工业生产中，主要包括三大基本环节，即原料处理、中间加工和包装。包装是工业生产中非常重要的环节。包装机械是实现包装机械化、自动化的根本保证，因此包装机械在现代工业生产中起着重要的作用。

（1）保证了包装产品的卫生和安全，提高了产品包装质量，增强市场销售的竞争力。如药品的卫生和安全性要求很严格，采用机械化包装，避免了人手和药品的直接接触，减少了对药品的污染。同时由于机械化包装速度快，药品在空气中停留时间短，从而也减少了污染的机会，有利于药品的卫生和安全。

（2）延长产品的保质期，方便产品的流通。采用真空、充气、无菌等包装机，可使产品的流通范围更加广泛，延长产品的保质期。

（3）可减少包装场地面积，节约基建投资。当产品采用手工包装时，由于包装工人多，工序不紧凑，所以包装作业占地面积大，基建投资多，而采用机械包装，物品和包装材料的供给比较集中，各包装工序安排比较紧凑，减少了包装的占地面积，可以节约费用。

（4）包装机械实现了包装生产的专业化，大幅度地提高生产效率，如啤酒灌装机的生产率可高达 60000 瓶/h。

（5）包装机械化降低了工人的劳动强度，改善劳动条件，保护环境，节约原材料，降低产品成本。如手工包装液体产品时，易造成产品外溅；包装粉状产品时，往往造成粉尘飞扬。采用包装机械能防止产品的散失，既保护了环境，又节约了原材料。

三、我国包装机械的发展趋势

我国包装机械工业历史短，总体技术水平和生产能力还比较低，但近年来在国内巨大包装市场需求的促进下，并受国外先进技术的影响，发展速度很快，局部技术水平有了明显提高。根据我国国情，包装机械工业呈现以下发展趋势：

（1）在包装机械生产中，大量引入高新技术，如微电子技术、信息处理技术、传感技术、激光技术，新的机械结构、新的光纤材料以及运用可靠性、优化设计方法和计算机辅助设计，研制组合式、模块式等先进结构，使包装机械产品设计先进、使用可靠，使其性能指标、多功能化、高速化、自动化水平高，向机电结合、主辅机结合、成套联线方向发展。

（2）以满足重点商品的包装为出发点，发展包装机械新品种。目前，我国重点发展食品、医药、化工、日用品以及易碎、易腐烂变质等商品的包装技术和包装机械。重点开发的包装机械设备及其研究方向为以下几个方面：

① 灌装设备。着重发展自动连续作业的多工位充填-封口设备，以解决食用油、化妆品等具有一定黏度的内装物的包装，解决气溶胶等物料的喷雾包装。

② 贴标设备。重点开发研制适用于各种瓶形的压敏胶标签贴标机、卷带标签贴标

机。提高各种贴标机的贴标质量和速度。

③ 袋成型-充填-封口机。大力开发适用于不同状态的内装物、不同重量的系列包装设备；开发各种配套辅助设备，如物品整理分送装置，以扩大主机功能，使之向多功能化、高速化、自动化方向发展。目前，重点解决奶粉、洗衣粉、饼干、糕点、糖果、速冻食品等的高速连续包装问题。

④ 折叠式裹包设备。着重开发包装不同规格长方体内装物的折叠式包装设备，如卷烟、香皂、磁带、小型盒装物品的包装设备，提高包装产品外观质量和防护性能。

⑤ 真空、充气包装设备。重点开发适用于袋容量较大的连续或半连续式真空包装设备。将各种气体按比例充入袋内的高级换气包装设备。

⑥ 热收缩包装机和拉伸包装设备。重点研制可连续自动完成产品供送、薄膜裹包封口、切断、热收缩等工序的大型集装用收缩包装设备，解决玻璃、陶瓷等易碎物品以及零碎货物集装运输问题。

重点研制对小型浅盘和大型托盘进行集装的设备。

⑦ 无菌包装设备。重点研制液体、半流体食品的无菌包装设备。

（3）引进、消化、吸收国外先进技术，建立一批包装机械骨干企业，包括个别中外合资企业。这是缩短我国包装机械技术水平与世界先进水平差距的有效途径，可满足大型包装生产线以及高精度、高自动化程度的单机或机组生产的需要，进而可加快包装机械国产化的速度。

（4）大多数企业要重点发展中、小型包装机械。我国大多数企业技术水平不高，生产能力较低，生产以单机为主的中、小型包装机械比较适宜，但要在此基础上不断提高制造精度、自动化程度和配套能力。

四、国外包装机械的发展趋势

1. 概况

20 世纪 80 年代以来，包装机械行业大量地应用高新技术，如：微电子技术、激光技术、超声波技术及光电纤维等。从而使包装机及生产线高度自动化，使用效果更加理想可靠，包装质量更加提高。

美国是世界上包装机械发展历史比较悠久的国家，包装机械的品种和数量均居世界领先地位。

日本是包装机械的后起之秀。它是第二次世界大战结束后才发展起来的，但是发展速度很快，20 世纪 60 年代至 70 年代，包装机械工业的产值每年平均增长 20%。70 年代初期达到世界先进水平，成为第二包装大国，包装机械的平均年产量为 60 万台（套），其年增长率为 10%。发展速度快的原因是日本善于引进、仿制、创新和经营。

德国的包装机械工业也很发达。它拥有几家在世界上号称规模最大的包装机械厂，它的包装机械产品大量用于出口。

此外，意大利、英国、法国、瑞典、瑞士等国家的包装机械工业也各有优势，它们都在不断研制新型包装机，都有久享盛誉的包装机械供应国内外市场。特别应该指出的是，近年来意大利包装机械工业发展尤为突出，在世界同行业中已占据主导地位，它和德国是世界上包装机械出口额最高的国家，出口额均为总产值的 70％左右。

就整个包装机械体系而言，国外包装机械包括两个部分：

（1）直接完成包装过程的各种机械，如灌装机、充填机、裹包机、贴标机、封口机、多功能包装机、干燥机、捆扎机、清洗机、杀菌机等。

（2）包装材料、包装容器的制造设备，如纸、塑料、复合材料、玻璃及金属等材料和容器的制造机械。

包装机械的品种不断增加。据统计国外包装机械品种已达 140 多种，并已形成系列产品，近年还出现了一大批高度技术密集型的包装生产线。

（3）包装机械生产自成体系，并向专业化生产方向发展。在美国、德国、瑞典等经济发达国家，主要的包装机械工业企业几乎都有近百年的历史。它们在进行基础技术研究的基础上向专业化生产发展，生产出各具特色、享有盛誉的包装设备。如美国 AN-CELUS 公司的封罐机、德国 SEITZ 公司的啤酒灌装机、瑞典 TETRAPAK 公司的无菌包装机等。

2. 发展趋势

（1）在包装机械系统优化设计的基础上，包装单机向高速化方向发展。提高包装机的速度，相应地对包装材料、包装容器的要求也高了。同时，还要满足寿命、噪声、工作稳定性的要求。通过系统的优化设计，把技术的先进性、可行性与经济合理性有机地结合起来。从而实现包装单机向高速化方向发展。

（2）在包装机械上广泛应用计算机技术。例如，用电子计算机控制被包装物的计量精度，使精确度大大提高；用可编程序控制器控制安瓿多头高速灌装机，按指令程序控制安瓿惰性气体冲洗以及灌装、充氮和封口等；在贴标机、制袋-充填-封口机、捆扎机中采用电子计算机打印、记录并进行故障诊断等。

（3）重点发展食品包装机械。国外一些发达国家食品包装机械占包装机械的比重往往在 50％以上。据世界包装机械联合会统计，1992 年日本和美国用于食品包装的包装机械产值占包装机械总产值的 60％以上。在市场上，粮食、蔬菜、水果、焙烤食品、糖果、饮料、肉、禽、水产品及各种熟食和方便食品均有方便适用、美观大方的包装。这样既保护了商品，又美化了商品。而这些商品的包装都是通过包装机械来实现的，所以食品包装机械的应用特别普遍。

国外在包装机械的发展中，特别注意了以下几个问题：

① 十分注意食品的卫生。在食品包装机械中凡是与食品相接触的部位均由不锈钢制造，或者进行表面处理。食品包装机要便于清洗。目前成套设备的清洗逐渐采用了原位清洗系统，不必打开设备即可采用适当的洗涤液定期按工序循环清洗。这样既保证了设备的卫生要求，又提高了工效。

② 研制与食品工艺相适应的各种相关辅助设备，如饼干包装机的饼干整理机构、供送机构、裹包夹持机构等。

③ 选用既合乎包装技术要求又经济的包装材料。近几年来，欧美国家一些酿酒公司开始采用无菌包装机，用六层纸基复合材料制成的容器盛放各种酒，其容器美观、挺括、蔽光、阻氧、防潮，便于储运，而且价格便宜，零售价比玻璃瓶低 30％～50％，

深受零售商和消费者欢迎。

（4）一方面为满足现代商品包装多样化的需求，发展适应多品种、小批量的通用包装技术及设备；另一方面又紧跟当代高新技术的发展步伐，不断研究和开发现代的先进包装技术，发展应用高新技术的现代化专用型包装机械。

（5）包装机械生产企业向专业化和大型化发展，形成若干垄断性生产基地，以低廉的投入换取高额的利润，实现企业快速发展。

（6）包装生产线向柔性自动化和"无人化"过渡。在某些包装生产线中更多地引入微机、智能机器人等先进技术，用于包装生产线中物料供送控制、产品质量检测、故障诊断和管理等方面，使包装生产线向柔性自动化和"无人化"自动包装车间、工厂过渡。从而使包装机和包装生产线的效率更高、成本更低、包装产品质量更稳定。

五、包装机械的组成和特点

1. 包装机械的组成

包装机械属于自动机范畴，它的种类繁多，结构复杂，新型包装机构不断涌现，它们的组成不尽相同。但通过对大量包装机械的工作原理和结构性能的分析，可找出其组成的共同点。即包装机械都是由八个部分组成的，又称为包装机械组成的八大要素。

（1）包装材料及容器的整理与供送系统　该系统是将包装材料（包括挠性、半刚性、刚性包装材料和包装容器及辅助物）进行定长切断或整理排列，并逐个输送到预定工位的系统，如糖果包装机中包装纸的供送、切断机构。有的系统在供送过程中还能完成制袋或包装容器的竖起、定型、定位等工作；有的封罐机的供送系统还可完成罐盖的定向、供送等工作。

（2）被包装物品的计量与供送系统　该系统是将被包装物品进行计量、整理、排列，并输送到预定工位的系统。有的还可完成被包装物品的定型、分割。如饮料灌装机的计量和液料供送系统；饼干包装机的饼干整理、排列和供送系统。

（3）主传送系统　该系统是将包装材料和被包装物品由一个包装工位顺序传送到下一个包装工位的系统。单工位包装机没有传送系统。全部包装工序在包装机上往往分散成几个工位来协同完成，所以必须有专门的机构来传送包装材料和被包装物品，直到把产品输出。主传送机构的形式，一般决定了包装机的形式并影响其外形。

（4）包装执行机构　包装执行机构是直接完成包装操作的机构，即完成裹包、灌装、封口、贴标、捆扎等操作的机构。如糖果裹包机的前、后推糖板，抄纸板，糖钳手和扭结手等组成的机构就是包装执行机构；封罐机中的卷封滚轮也是包装执行机构。

（5）成品输出机构　成品输出机构是把包装好的产品从包装机上卸下、定向排列并输出的机构。有的包装机械的成品输出是由主传送机构完成的或是靠包装产品的自重卸下的。

（6）动力机与传动系统　动力机是机械工作的原动力，在包装机械中通常为电动机和空气压缩机，个别情况也有采用燃动机或其他动力机的。传动系统是指将动力机的动力与运动传给执行机构和控制系统，使其实现预定动作的装置。通常由传动零件，如带轮、齿轮、链轮、凸轮、蜗轮蜗杆等组成，或者由机、电、液、气等多种形式的传动组成。

（7）控制系统　控制系统由各种手动、自动装置组成。在包装机中从动力的输出、传动系统的运转、包装执行机构的动作及相互配合以及包装产品的输出，都是由控制系统指令操纵的。它包括包装过程、包装质量、故障与安全的控制。

现代包装机械的控制方法除机械形式外，还有电控制、气动控制、光电控制、电子控制、射流控制和智能控制等，可根据包装机械的自动化水平和生产要求选择。

（8）机身　机身用于安装、固定、支承包装机所有的零部件，满足其相互运动和相互位置的要求。因此，机身必须具有足够的强度、刚度和稳定性。

2. 包装机械的特点

通过对大量包装机械的分析，我们看到包装机多属于自动机。它既具有一般自动机的共性，也具有其自身的特性，包装机械的主要特点是：

（1）用于食品和药品的包装机要便于清洗，与药品和食品接触的部位要用不锈钢或经化学处理的无毒材料制成，符合药品和食品的卫生和安全要求。

（2）包装执行机构的工作力一般都较小，所以包装机的电机功率较小。

（3）大多数包装机械结构和机构复杂，运动速度快且动作配合要求高。为满足性能要求，对零部件的刚度和表面质量等都有较高的要求。

（4）包装机械是特殊类型的专业机械，种类繁多，生产数量有限。为便于制造和维修，减少设备投资，在包装机的设计中应注意标准化、通用性及多功能性。

（5）包装机械的自动化程度高，大部分已采用单片机控制，实现了智能化。

（6）包装机一般都采用无级变速装置，以便灵活调整包装速度、调节包装机的生产能力。因为影响包装质量的因素很多，诸如包装机的工作状态、包装材料的供送和包装物的计量等。所以，为便于机器的调整，满足质量和生产能力的需要，包装机大多采用无级变速装置。

第二节　充填机械

充填机是将产品按预定量充填到包装容器内的机器。充填液体产品的包装机器通常为灌装机（灌装机将在第三节介绍）。

一、充填机的分类

充填机种类很多。按计量方式不同，可分为容积式充填机、称重式充填机和计数充填机。按充填物的物理状态可分为粉料充填机、颗粒物料充填机、块状物料充填机、膏状物料充填机、液体灌装机；按功能可分为制袋充填机、成型充填机、仅完成充填功能的充填机等。

国家标准 GB/T 4122.2—2010《包装术语　第2部分：机械》中对充填机是按计量方式来分类的，因此，本书按此种方式的分类介绍各种充填包装机。

二、容积式充填机

将产品按预定的容量充填至包装容器内的充填机叫作容积式充填机。根据物料容积计量的方式不同，容积式充填机可分为量杯式充填机、螺杆式充填机、气流式充填机、柱塞式充填机、计量泵式充填机、插管式充填机等。

容积式充填机适合于散体或稠状流体物料的充填。它的特点是结构简单、计算速度快、造价低，但计量精度较低。因此，它适用于价格比较便宜的物品的充填包装。

（1）螺杆式充填机　螺杆式充填机是通过控制螺杆旋转的转数或时间来量取物料，并将其充填到包装容器内的机器。

按包装容器的运动形式，螺杆式充填机可分为直线型和旋转型两种。

（2）量杯式充填机　量杯式充填机是采用定量的量杯量取产品，并将其充填到包装容器内的机器。

（3）气流式充填机　气流式充填机是利用真空吸附原理量取定量容积的产品，并采用净化压缩空气将产品充填到包装容器内的机器。

气流分装原理就是利用真空吸取定量容积粉剂，再通过净化干燥压缩空气将粉剂吹入玻璃瓶中。气流分装的特点是在粉腔中形成的粉末块直径幅度较大，装填速度快，一般可达 300～400 瓶/min，装量精度高，自动化程度高，因此，气流分装得到广泛使用。国外在 20 世纪 60 年代就已开始研制气流分装机，并逐步形成系列化。如德国 Bosch 公司的 AFG160、AFG320A 气流分装机，意大利 Zanasi 公司的 ZETA-100、ZETA-150、ZETA-300 气流分装机，中国引进最多的也是这两个公司的气流分装机。通过引进、消化吸收，20 世纪 80 年代中国开始生产气流分装机，主要型号有 FZQ-120、FZQ-140 和 FZH320 型等。粉剂分装机是将无菌的粉剂药品定量分装在经过灭菌干燥的玻璃瓶内，并盖紧胶塞密封。药在无菌室内以恒温（20±2）℃和一定相对湿度（45%～60%），洁净度≤1 万级的情况下分装。

（4）计量泵式充填机　计量泵式充填机是利用计量泵中齿轮的一定转数计量物料，并将其充填到包装容器内的机器。

（5）插管式充填机　插管式充填机是将内径较小的插管插入储料斗中，利用粉末之间的附着力上粉，到卸粉工位由顶杆将插管中的粉末充填到包装容器内的机器。

（6）柱塞式充填机　柱塞式充填机是采用调节柱塞行程而改变产品容量的柱塞筒计量物料，并将其充填到包装容器内的机器。

三、计数充填机

计数充填机是将产品按预定数目充填到包装容器内的机器。按计数的方式不同，可分单件计数充填机、多件计数充填机、转盘计数充填机和履带式计数充填机等。计数法是用来测定每一规定批次的产品数量的方法，在条状、块状、片状、颗粒状产品包装中广泛应用。计数装置由三个基本系统组成，即内装物件数检测、内装物件数显示和产品的充填。

四、称重式充填机

由于容积式充填机计量精度不高，不适于对一些流动性差、密度变化较大或易结块物料的充填包装。因此，对计量精度要求较高的各类物料的充填包装，就采用称重式充填机。

称重式充填机是将产品按预定质量充填到包装容器内的机器。它又分为毛重式充填机和净重式充填机。

第三节　灌　装　机　械

一、灌装机的分类

将液体按预定量灌注到包装容器内的机器称为灌装机械。将液体内装物灌入包装容器内的机械又称为灌装机或灌装设备。用于灌装的容器形式有很多，可以是玻璃瓶、金属罐、塑料瓶等硬质容器，以及用塑料或其他柔性复合材料制成的盒、袋、管等软质容器。

生产中需要商品化包装的液体涉及很多领域，范围很广。包装容器各式各样，包装容量从几十毫升到上百升。食品行业常见的、灌装容量在 $100 \sim 2000mL$ 的各式灌装设备通常按灌装原理、灌装工艺流程、适用的包装容器或封口形式来分类。由于各种不同的灌装原理适应于不同的液体，所以按灌装原理划分灌装机的比较多。

二、根据灌装方法分类

（1）负压灌装机　先将包装容器抽气形成负压，然后再将液体产品充填到包装容器内的机器称负压灌装机。负压灌装机分为两种：

① 压差式负压灌装机。储液箱内处于常压，只对包装容器抽气使之形成负压，依靠储液箱和待灌容器之间的压力差将液体产品充填到包装容器内的机器，称为压差式负压灌装机。

② 重力式负压灌装机。将储液箱和包装容器都抽气形成负压，液体产品依靠本身的自重充填到包装容器内的机器，称为重力式负压灌装机。

负压灌装机适用于灌装含维生素的饮料、有毒的农药和化工试剂等。负压灌装机只能用于流动性好的不含气液体的灌装，如白酒、葡萄酒及饮料。其结构简单，灌装定量准确。而且由于瓶口破损的瓶子无法抽真空而不能形成灌装，也有利于剔除不合格的容器。用于负压灌装的包装容器主要是玻璃瓶和 PET 瓶等具有一定强度的容器。这类灌装机可以保证液面的整齐，但是由于容器形状的误差，不能保证容量的精确。对于要求灌装容量准确的产品，如高档白酒等最好采用带定量斗的容积式负压灌装机。

（2）常压灌装机　在常压下将液体产品充填到包装容器内的机器称常压灌装机，它只适宜灌装低黏度不含气体的液体产品，如白酒、醋、酱油等。

常压灌装与负压灌装的最大区别是不需要抽真空装置，不需要密闭的灌装缸，制造成本大大下降。常压灌装时容器与灌装阀可以不接触或接触并密封，后者可以避免液料滴漏、污染设备。

常压法主要用于灌装低黏度、不含汽的液料，如酒类、乳品、调味品以及矿物油、药品、保健品等化工类产品的灌装。由于是容积定量，重力灌装，其液损很小。

（3）等压灌装机　先向包装容器充气，使其内部的气体压力和储液箱内的气体压力相等。然后将液体产品充填到包装容器内的机器称为等压灌装机。它适用于灌装含汽饮料和含汽酒类，例如汽水、可口可乐、啤酒、汽酒等。它可以保证灌装产品的质量和计量精度。

对于啤酒、碳酸饮料及其他含汽饮料，灌装机应能保证在灌装过程中尽量减少二氧化碳的损失量，这是衡量灌装机性能的重要标志。饮料中的二氧化碳是通过混合机在高于大气压的条件下溶入的，如果按照常规方式灌装，由于压力的变化，必然造成二氧化碳的大量外逸，不仅会使饮料的含汽量降低，而且会产生灌装中的涌瓶冒沫现象，严重时灌装将无法进行。所以含汽饮料的包装必须使用等压法。这种方法也可以灌装不含汽饮料。

（4）压力灌装机　压力灌装机是利用外部的机械压力将液体产品充填到包装容器内的机器。它适用于灌装黏稠性内装物，例如牙膏、番茄酱、豆瓣酱、香脂等。

用于不含汽饮料的液面灌装时，由于其中不含胶体物质，形成泡沫易于消失，故可以依靠本身所具有的气体压力直接灌入未经预先充气的瓶内，从而大大提高了灌装速度。容积式压力灌装机采用背压式（柱塞）灌装，定量准确并可调节，可以用于植物油、洗涤类日用化工产品等低黏稠液体的灌装。

（5）称重式定量灌装机　称重法灌装是指在灌装前先设定如需灌装的液料的重量，然后进行灌装。用于饮料原浆、酒类、药品和植物油等要求定量准确液体的灌装，称量的方法有电子秤和机械秤两种。

三、根据灌装机封口形式分类

（1）塑料盖封口灌装机　塑料盖封口灌装机分为压封式封口灌装机和拧封式封口灌装机两种，压封式封口灌装机用于包装不含汽饮料，瓶盖为撕开式塑料防盗盖；拧封式封口灌装机用于包装含汽或不含汽饮料，塑料防盗盖为爪式盖拧封。

（2）皇冠盖压封灌装机　皇冠盖压封灌装机用来包装含汽或不含汽饮料，采用冠形瓶盖进行玻璃瓶封口。例如，玻璃瓶啤酒包装。

（3）铝质扭断盖压纹封口灌装机　铝质扭断盖压纹封口灌装机用于对玻璃瓶或塑料瓶螺旋口的铝质盖压纹封口，用于含汽或不含汽饮料灌装。

（4）易拉罐二重卷边封口灌装机　易拉罐二重卷边封口灌装机主要用于包装啤酒、含汽饮料或果汁、植物蛋白饮料的易拉罐等压、常压灌装机。

（5）三（四）旋盖旋封灌装机　广口玻璃瓶的封口常使用三（四）旋盖旋封灌装机，用于包装果汁、果酱类产品。

（6）锡箔热封装灌机　锡箔热封装灌机多用在容积式装灌、乳制品塑料包装容器的封口。

（7）锡箔热封—塑料盖拧封装灌机　锡箔热封—塑料盖拧封装灌机属复合封口方式，用于乳制品类饮料包装。

（8）软木塞压封装灌机　软木塞压封装灌机一般用在负压或常压灌装下的干葡萄酒软木塞封口。

（9）压塞—塑料盖拧封灌装机　压塞—塑料盖拧封灌装机是一种复合封口方式，用于洗涤类日化产品包装的灌装机。

四、根据灌装机中包装容器的传送形式分类

（1）直线型灌装机　在灌装时，包装容器由一个工位直线式间歇地运动到另一个工位，并在停歇时完成灌装的机器称直线型灌装机。

（2）旋转型灌装机　这种类型的灌装机在包装容器进入灌装工位后，围绕工作台回转一周，做等速回转运动，并完成灌装。例如，生产量较大的玻璃瓶啤酒包装。

五、根据灌装不同包装容器形式分类

（1）金属二片易拉罐灌装机　金属二片易拉罐灌装机包装啤酒、碳酸饮料等含汽液体的等压灌装机。金属三片易拉罐灌装机包装果汁、蔬菜汁、植物蛋白饮料等不含汽液体的常压灌装机。

（2）复合纸包装灌装机　复合纸包装灌装机采用无菌包装，可以灌装乳品、果汁、蔬菜汁等不含汽饮料。

（3）玻璃瓶装灌机　玻璃瓶装灌机包装含汽或不含汽液体的等压、负压、常见压压力灌装机。例如，玻璃瓶啤酒包装。

（4）聚酯瓶灌装机　聚酯瓶灌装机包装含汽或不含汽饮料、乳品、植物油、调味品、洗涤类日用化学品等液体的等压、负压、常压压力灌装机。

第四节　封口机械

在包装容器内盛装内装物后，对包装容器进行密封封口的机械，称为封口机械。根据包装容器的形式、封口的形式和要求不同，可以有不同的分类方法。例如，可以分类成，无封口材料的封口机、有封口材料的封口机和有辅助封口材料的封口机三类。但是，在实际应用中，一般都是按被封口包装容器进行分类的。

根据被封口包装容器的不同，封口机械可以分为封袋机、封瓶机、封罐机、封箱机四大类。

第五节　裹包机械

裹包是产品包装的主要包装方法之一。它是指采用挠性包装材料（例如纸、塑料薄膜、有压痕的盒和箱的纸板），通过折叠、扭结、缠绕、黏合、热封、热成型和收缩等操作，使包装材料全部或局部包覆被包装物品。

裹包机械即是完成裹包操作的机器。按包装形式，一般又分为半裹包式裹包机、全裹包式裹包机、折叠式裹包机、扭结式裹包机和接缝式裹包机等。按裹包工艺，可以分为覆盖式裹包机、缠绕式裹包机、拉伸裹包机、贴体包装机及收缩包装机等。如图4-1所示为裹包机实物图。

裹包机械主要应用于医药、食品、电器、五金、化工、日用百货及烟草等行业中各种形状物品的自动包装（如糕点、冰棒、冰淇淋、方便面、巧克力、碗面、面包、香烟、香皂、影碟、录音带、电池、盛装颗粒、粉状物托盘、合装物品及箱体等物品的包装）。

图 4-1 裹包机实物图

第六节 成型-充填-封口包装机

在一台机器上直接成型包装容器并完成充填和封口的机械称为成型-充填-封口包装机。一般按功能可分为袋成型-充填-封口包装机和热成型-充填-封口包装机两大类型。有时也直接称为成型充填封口机，它们是多功能包装机的一种。

图 4-2 成型-充填-封口机实物图

一、袋成型-充填-封口包装机

将卷筒状的挠性包装材料制成袋筒，充入内装物后，进行封口的机械称为袋成型-充填-封口包装机。袋成型-充填-封口包装机应用广泛，可以包装液体、糊状物料，也可以包装颗料和固体物料。包装形式有三封袋、四封袋、枕形袋、砖形袋、屋形袋、角形自立袋等多种类型。如图 4-2 所示，为成型-充填-封口机。

二、热成型-充填-封口包装机

热成型-充填-封口包装机是把聚氯乙烯或聚二氯乙烯等热塑性硬质塑料片加热软化，并用真空吸塑或冲模冲压等方法将塑料片成型为容器，然后进行充填和封口的机器。例如，豆腐的包装。

该包装机一般使用两层材料，一层是"成型"材料，另一层是"盖封"材料。"成型"材料经过热成型制成包装容器，由人工或自动充填装置填物料后，再将"盖材"覆盖在容器上，用加热的方式与容器四周凸面密封，再由冲裁装置冲裁成单个的包装盒。

第七节 真空（充气）包装机械

将产品装入包装容器后，抽去容器内部的空气，达到预定的真空度，并完成封口工序的机器称为真空包装机。具体而言，充气包装机是将产品装入包装容器后，用氮气、二氧化碳等气体置换容器中的空气，并完成封口工序的机器。也有的厂家将两机的功能揉为一体，即先抽真空后充气，称为真空充气包装机。其原理相同，都是除去包装容器内的氧气，以实现防氧包装，所以经常把它们归为一类包装机械。

为了满足大规模生产的需要，真空（充气）包装机除了完成上述主要功能外，往往还需要增添部分辅助功能。例如：制备容器、称量、充填、贴标、打印等。

真空（充气）包装机主要用于包装易于氧化、霉变或受潮变质、生锈的产品，如食品、药品、纺织品、文物资料、五金及电子元件等各种固体、散粒体、半流体、液体的包装。真空包装不适用于脆性食品、易结块的食品、易变形的物品和有尖锐棱角的物品等；充气包装则适用于上述所有产品的包装，例如包装炸薯片、蛋糕等产品。

常见的真空（充气）包装机按原理分为插管式、挤压式、腔式；按操作方式又可分手动（单腔、双腔）、半自动式和自动式（回转式、直线式）等三类。

第八节　其他包装工序的机械

一、清 洗 机 械

采用不同的方法清洗包装容器、包装材料、包装辅助材料、包装件，达到预期清洁度的机器称为清洗机械，它主要用于包装的前期工作过程。清洗机械的种类很多，常用的分类方法有以下几种。

1. 按清洗方法分类

通常采用清洗剂配合清洗。主要包括静态浸泡式清洗机、浸泡与机械洗刷式清洗机、动力喷射式清洗机和超声波清洗机等。

2. 按清洗剂不同分类

包装上常用的清洗剂主要有液体、气体或固体三种形态。所以可以将清洗机分成干式、湿式两类。玻璃瓶清洗机和超声波清洗机都属于湿式清洗。

3. 按所采用的能量形式不同分类

各种清洗机使用的能量各不相同。有采用机械能的，有采用化学能的，也有采用电能的（采用电离、电解等方式）。

尽管清洗机的种类很多，但是常用的一般就是液体浸泡（机械刷式或超声波式）类型的。清洗的效率取决于清洗持续的时间、清洗液的温度、浓度和刷洗的压力等。

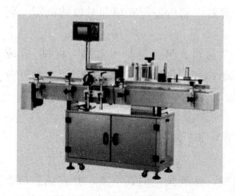

图 4-3　立式贴标机实物图

二、贴 标 机 械

在包装件或产品上贴上标签的机器叫做贴标机械。标签是现代包装不可缺少的部分，它除了对商品起到装潢作用、标识商品的规格、参数、使用说明和商品介绍外，还对商品的管理与销售起着重要作用。标签的品种繁多、贴标要求也各不一样，主要与所用的黏结剂和标签材料有关。如图4-3所示为立式贴标机实物图，图4-4所示为卧式全自动贴标机简图。

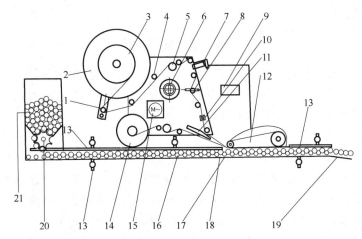

图 4-4　YXY-BA 型卧式全自动贴标机简图

1—缓冲导轮　2—纸卷盘　3—纸卷　4—导轮　5—卷标轮　6—高度调节手轮　7—打码机　8—打码位置调整轮
9—电器控制箱　10—停标光电传感器　11—剥标机　12—卷标机构　13—拦瓶杆　14—收纸盘　15—步进电机
16—输送带　17—启标光电传感器　18—瓶颈调节架　19—出料板　20—梅花轮　21—进料斗

从贴标的要求看，其工艺过程大体包括以下步骤：①取标过程，将标签从标签盒内取出；②标签传达，将标签传达送给贴标部件；③印码过程，在标签上印刷生产日期、批次等信息；④涂胶过程，在标签背面涂上黏结剂（不干胶标签则无须涂胶）；⑤贴标过程，将标签粘贴在容器或包装的指定位置；⑥抚平整理过程，使标签平整、消除皱褶、翘曲、卷边等缺陷。

三、捆 扎 机 械

利用带状或绳状捆扎材料将一个或多个包件紧扎在一起的机器称为捆扎机械，它属于外包装设备。利用机器捆扎替代传统的手工捆扎，不仅可以加固包件，减少体积，便于装卸保管，确保运输安全，更重要的是可以大大降低捆扎劳动强度，提高工效，因此是实现包装机械化、自动化必不可缺的设备。如图4-5所示为捆扎机实物图。

根据包装产品的不同，捆扎机械有很多类型。一般按捆扎材料、设备自动化程度、设备传动形式、包装件性质、接头接合方式和接合位置的不同，捆扎机械可以有各种不同的形式。

按捆扎材料，可以分为塑料带、钢带、聚酯带、纸带捆扎机和塑料绳捆扎机；按自动化程度，可以分为全自动、自动、半自动捆扎机和手

图 4-5　捆扎机实物图

提式捆扎工具；按包件类型，可以分为普通式、压力式、水产式、建材用、环状物捆扎机；按接头接合形式，可以分为热熔搭接式、高频振荡式、超声波式、热钉式、打结式和摩擦焊接式捆扎机；按接合位置，可以分为底封式、侧封式、顶封式、轨道开闭式和水平轨道式捆扎机。

四、集 装 机 械

将若干产品或包装件包装在一起，使其形成一个合适的运输单元，叫作集装。完成这一过程的机械称为集装机械。集装的目的是方便运输、节省运输费用、减少货差和货损事故，还可以提高仓库和货位利用率。

1. 集装方式

根据包装要求和流通环境不同，集装的方式有以下几种：

（1）袋式集装　使用网袋或塑料袋、布袋进行集装，形成一个运输单元。

（2）拉伸集装　使用拉伸膜把产品或包装件缠绕、裹包成一个集装单元。

（3）捆扎集装　用打包带将产品或包装件捆扎成一个运输单元。

（4）箱式集装　将若干产品或包装件盛装在箱式容器中从而形成一个运输单元。

（5）桶式集装　对于液体产品，使用方便运输的集装桶作为一个运输单元。

除了使用集装箱进行集合包装之外，上述捆扎、拉伸、袋式和桶式集装通常都需要使用托盘作为集装器具。

2. 集装机械

根据上述不同的集装方式，使用的集装机械也各有不同。常用的有两类：集装机和堆码机。

（1）集装机　集装机将产品或包装件以预定的方式装到集装器具上或完成集装的过程，集装的类型分有托盘和无托盘两种，因此集装机也可以据此分为有托盘集装机和无托盘集装机两类。

按集装工艺分，有塑膜拉伸集装机、塑膜收缩集装机、集装箱装载机、集装机器人、装箱机和捆扎机等。

（2）堆码机　堆码机将预定数量的产品或包装件按照一定规则进行堆叠，便于进行捆扎或薄膜缠绕。

常用的堆码机包括集装用和仓库用两类。其中集装用的堆码机又包括托盘堆码机、无托盘堆码机和托盘堆码机器人。

集装机械和堆码机械可以大大提高包装的工作效率，因此，发达国家对此十分重视，主要的发展方向是全自动集装与堆码机器和集装与堆码机械手、机器人。

在产品包装过程中，还要用到许多辅助机械，如产品整理机械、包装物重量选别机械和异物检测与去除机械等。

随着包装科学与技术的发展，将产品包装中完成内、外和运输包装的各种相互独立的自动或半自动包装设备以及辅助设备等，按具体产品的包装工艺顺序组合起来，再配置适当的自动控制、检测、调整、供料与输送装置等，就能够使被包装物品按一定的工序和生产节拍自动完成全部包装工艺过程，这就是包装自动生产线。近代包装自动生产线已经能够做到将各个工序的操作通过计算机进行管理，其整个包装过程不需要人直接参与。

包装自动生产线已经在酒类、卷烟、饮料、香皂、农药、牙膏等产品的包装生产方面得到了应用。

五、瓦楞纸板的加工机械

瓦楞纸板是重要的包装材料之一，它是制造瓦楞纸箱和其他瓦楞纸板产品的重要原料。

瓦楞纸板的生产工艺有许多种，按使用设备分类，主要可分为三种方式：间歇式生产、半连续式生产和连续式生产。

（1）间歇式生产　间歇式生产由裁纸、轧瓦、涂胶及贴合加压等工序完成。这种方式多为手工操作，劳动强度高，生产效率低，产品质量差。我国在一些特殊产品的生产中还有应用，如特大瓦楞纸板、微瓦楞纸板和部分彩面瓦楞纸板的生产等。

（2）半连续式生产　半连续式生产设备投资大，中小型厂常选用半连续式生产设备，它使用单面机生产出单面瓦楞纸板，然后再涂胶贴上另一层纸板形成双面纸板，其质量和产量比单机间歇式生产要高得多。一些小厂采用这种方法加工多层瓦楞纸板和微瓦楞纸板。

（3）连续式生产　连续式生产使用瓦楞纸板生产线，轧瓦、涂胶、层合、干燥定型在同一台机器上连续完成。与多台单机组合生产的方法相比不仅生产效率高、劳动强度低、操作集中控制、简便、安全、噪声小，而且生产出的瓦楞纸板质量高，楞型、波形形状规范、标准。连续式生产的瓦楞纸板外观和物理性能均优于单机或组合单机联动线生产出的产品。

六、塑料中空吹塑包装容器的加工机械

利用空气压力使闭合在模具中的热型坯吹胀成为中空塑料容器的方法称为中空吹塑成型。这种方法可以吹塑成型几毫升的药水瓶到几千升的大型储罐，生产口径不同、容量不同的瓶、壶、桶等各种包装容器等。

中空吹塑的成型过程包括塑料型坯的制造和型坯的吹塑。

中空吹塑的塑料品种有：聚丙烯、聚苯乙烯、聚乙烯、聚氯乙烯、线形聚酯、聚碳酸酯、聚酰胺、醋酸纤维素和聚缩醛树脂等，其中高密度聚乙烯的消耗量占第一位。它广泛应用于食品、化工和处理液体的包装。线形聚酯材料是近几年进入中空吹塑领域的新型材料。由于其制品具有光泽的外观、优良的透明性、较高的力学强度和容器内物品保存性较好，废弃物焚烧处理时不污染环境等方面的优点，所以在包装瓶方面发展很快，尤其在耐压塑料食品容器方面的使用最为广泛。聚丙烯因其树脂的改性和加工技术的进步，使用量也在逐年增加。高分子量聚乙烯适用于制造盛装大型燃料的罐和桶等。聚氯乙烯因为有较好的透明度和气密性，所以在化妆品和洗涤剂的包装方面得到了普遍的应用。随着无毒聚氯乙烯树脂和助剂的开发，以及拉伸吹塑技术的发展，聚氯乙烯容器在食品包装方面的用量迅速增加，并且已经开始用于啤酒和其他含有二氧化碳气体饮料的包装。

中空吹塑工艺基本上可以分为两大类：一类是挤出-吹塑，另一类是注射-吹塑。两者的主要不同点在于型坯的制备，其吹塑过程则基本相同。在这两种成型方法的基础上发展起来的有：挤出-拉伸-吹塑，简称挤-拉-吹，注射-拉伸-吹塑，简称注-拉-吹，以及多层吹塑等。

七、装盒、装箱与封箱机

装盒机用于将内装物产品装入包装盒或小包装中，装盒多用于销售包装或内包装。典型的装盒工艺过程有两类：①纸板供给—冲裁（模压）制盒—装物料—活页折叠并插入（或粘封）；②纸盒供给—撑起纸盒—装物料—活页折叠并插入（或粘封）。

装箱机用于将小包装盒装入运输包装箱中，装箱多用于运输包装，其工艺过程有多种形式，如侧装立封式、侧装侧封式、立装立封式、箱坯垂直送进裹包式、箱坯水平送进裹包式、托盘式箱坯水平运动装箱式、托盘式箱坯垂直运动装箱式、托盘折叠收缩包装式等。如图4-6所示为装箱机实物图。

图4-6　装箱机实物图　　　　　　　图4-7　封箱机实物图

封箱机用于将纸箱进行封口的工序，封箱是对装满物料的瓦楞纸箱进行封口的操作。封箱机一般有两种存在形式：作为专门封箱工作的单机；作为装箱-封箱连续工作过程中的一台机器或一条生产线。如图4-7所示为封箱机实物图。

常用封箱方法包括：①钉合封箱：用金属卡钉等钉合的封箱方法；②粘接封箱：用黏合剂粘合的封箱方法；③胶带封箱：用胶粘带粘合的封箱方法；④收缩薄膜封箱：用热收缩薄膜的特性进行封箱的方法。

八、上　盖　机

根据盖的形式（压盖、旋盖和防盗盖），上盖机主要有三种：压盖封口机、旋盖封口机和防盗盖封口机。

1. 压盖封口机

工作程序：盖子定向输送—施压—沿裙边均匀加压。特点：密封性好，制盖简单，成本低。

2. 旋盖封口机

工作程序：盖子定向输送—对口旋紧。特点：适于不含汽体的液料，可重复多次使用。

3. 防盗盖封口机

采用铝质盖，封盖时需加径向压紧力，产生与瓶口螺纹完全吻合地变形，底边紧紧轧封在瓶颈处，开盖后破坏封盖。常用于高级酒类的包装，除密封外，还可识别是否被盗用。

九、热收缩包装机

热收缩包装是利用热收缩性塑料薄膜对被包物进行裹包、热封，然后通过热通道，使薄膜受热收缩紧包被包物的方法，称为热收缩包装。常用材料为PVC、PE、PP，另外还有PVDC、PET、PS、EVA等。

封口方式包括四面封口、折边四面封口、二折三面封口、枕形三面封口、套筒式裹包封口、托盘用封口等。

热收缩包装机一般由包装机和加热通（烘）道组成。主要有以下四类：小型包装机、中型裹包机、套筒式裹包机和大型包装机。加热方法有：①热（通）烘道加热：利用热空气对热收缩薄膜加热；②热风枪手工加热：对体积较大、批量不大、不适合建造热烘道的包装件，常采用这种方法。

第五章 包装技术与方法

第一节 概　　述

包装技术与方法主要是研究包装技术过程中具有共同性的规律，它是包装工程的重要基础之一。

将一种产品进行包装，形成包装件，然后进入商品流通领域，一般要经过三个阶段，即前期工作阶段、主要工作阶段和后期工作阶段。这三个阶段中所涉及的技术的机理、原理、工艺过程和操作方法均属于包装技术的研究范围。其中：前期工作阶段包括包装材料和容器的制造、清洗、干燥和供给等；主要工作阶段包括处理、成型、充填、封缄、裹包、计量、捆扎、贴标等；后期工作阶段包括堆码（堆垛）、储存、运输等。

一、包装技术与方法要研究的问题和考虑的因素

1. 确保完成包装的功能

从技术与方法的角度看，产品的包装主要有以下基本功能：

（1）确保产品的质量，要考虑材料、容器对产品的影响，也要考虑到包装件的防损伤、阻氧、阻光、防潮、防腐等特性，另外，还要确保产品按规定数量和质量实施包装以及在运输、储存过程中防止损坏等。

（2）对包装进行造型及装潢设计，使产品包装形式得到提高，进而达到促进产品销售的目的；另外，利用组合包装和集合包装等技术使产品方便运输、仓储以及方便消费者使用。

2. 增加经济效益

在提高生产率的同时降低包装生产成本，才能增加包装的经济效益，增强市场竞争力。降低包装工艺成本，可以通过使用高效率包装设备，节约使用包装材料等方面来实现。

3. 提高生产率

生产率的提高要有先进的包装技术及方法作为保障，采用与之适应的新包装材料，并且提高包装设备的全自动化程度，达到生产、包装设备的一体化，只有这样才能最大限度地提高产量和效益。

4. 包装技术应考虑的因素

在产品流通过程中，由于包装产品受到自身的性质、各种流通环境因素及包装制品的性能的影响，会发生许多变化，如化学变化、物理变化、生理变化等，严重时可导致包装产品基本性能的丧失，因此在进行产品包装时，一定要综合考虑产品自身、包装制品、流通环境等方面的因素，选择科学合理的包装技术与方法。

研究包装技术的目的就是要得到优质、高效、经济的包装件，以使产品更加具有竞争力。其中优质是前提，不能实现包装所规定的功能，谈生产率和经济效益就是一句空话。

二、包装技术的分类

包装技术一般来说，可分为两大类。

1. 专用包装技术

适用于某些特定行业、特定产品属性的包装技术与方法。根据产品的防护要求，专用包装技术包括防霉腐包装技术、防潮包装技术、无菌包装技术、防氧包装技术、防锈包装技术、缓冲及防振包装技术、防静电包装技术、保鲜包装技术等。

2. 通用包装技术

实现包装操作活动的技术方法。一般指充填（包括计量）、装袋（箱）、热成型包装、收缩或拉伸包装以及防伪包装技术等。

第二节　流通过程中产品质量的变化

在产品流通中，不但要满足在当地运输和仓储的需求，而且还要满足异地运输和仓储的要求。因为装卸条件、道路状况、气候变化和降雨降雪等流通环境的多样性，在产品运输和仓储的各个环节中会由于各种原因导致包装产品出现不同程度的损坏，这样产品的自身价值就会降低，从而影响生产企业的经济效益。因此在包装中必需要考虑流通环境各种因素。

为了减少包装产品在流通过程中的质量变化和产品的损失，包装技术人员必须掌握产品质量变化的规律，只有这样才能正确选用科学合理的包装方法。包装产品的种类很多，并在流通过程中的变化也有许多形式，概括起来有化学变化、物理变化、生理生化变化等。

一、产品的化学变化

产品物质的外表形态发生了改变，同时在变化时生成了其他物质，称为化学变化。产品在流通过程中的化学变化也就是产品质变的过程。化学变化会使产品的使用价值大大降低，严重时会使产品完全丧失使用价值。因此，在包装过程中应当首先考虑化学变化的因素，尤其是对于食品、生鲜产品及医药产品等。

包装产品在流通过程中发生化学变化的形式很多，常见的有氧化、化合、分解、水解、锈蚀、老化等。

1. 氧化

产品与空气中的氧或其他物质放出的氧接触，发生与氧结合的化学变化称为氧化。易于氧化的产品很多，例如纤维制品、橡胶制品、某些化工原料、油脂类产品等。一些产品在氧化过程中要产生热量，如果热量不易散失，就会加速氧化过程，使温度进一步升高，如果达到自燃点时就会发生自燃现象。例如油纸、桐油布等桐油类制品，如果没有干透就进行包装，就很容易发生自燃。

含油脂的产品和食品类产品非常易于氧化变质，因而在包装中必须采取措施除氧或防氧。防氧包装是食品包装中的重要技术之一。

2. 化合

包装产品在流通过程中，受外界条件的影响，会出现两种或两种以上的物质相互作用，生成一种新物质的化学反应称为化合。例如，干燥剂的吸湿过程，就是一种化合反应。

3. 分解

某些化学性质不稳定的产品，在光、热、酸、碱及潮湿空气的影响下，会发生化学变化，由原来的一种物质生成两种或两种以上的新物质称为分解。包装产品发生分解后不仅数量减少而且质量降低，有时产生的新物质还可能具有危害性。

4. 水解

某些产品在一定条件下，遇水而发生分解的现象称为水解。各种包装产品在酸或碱的催化下，发生水解的情况是不一样的。例如棉纤维在酸性溶液中，特别在强酸的催化作用下易于水解，从而大大降低纤维的强度，但是在碱性溶液中却比较稳定；肥皂在酸性溶液中会全部水解，但在碱性溶液中却很稳定。

5. 锈蚀

金属制品特别是钢铁制品在潮湿空气或酸、碱、盐类物质的作用下发生腐蚀的现象称为锈蚀。金属制品的锈蚀，不仅会使金属制品的重量减小，严重的会影响金属制品的质量、它的使用价值和美观性等。

依据锈蚀产生的原因，锈蚀可以分为电化学锈蚀和化学锈蚀。防止锈蚀可以从阻止锈蚀产生的原因入手加以分析，例如钢铁制品的防锈，可以贴防锈膜、涂防锈油或采用密闭包装容器保存并放置吸潮剂以隔绝氧气、去除水分等。

6. 老化

某些以高分子聚合物为成分的产品如橡胶、塑料制品及合成纤维织品等，受日光、热和空气中的氧等因素的影响，而产生发黏、龟裂、强度降低以至发脆变质的现象称为老化。易老化产品在保存时必须包装，采取避光、隔热措施等。

二、产品在流通中的物理变化

只改变产品中物质本身的外表形态，而不改变其本质，没有新物质生成的变化称为物理变化。产品发生物理变化后会发生数量减少、质量降低等现象，严重的会完全丧失产品的使用价值。

产品的外表形态可以分为固态、液态、气态三种，不同形态的产品在一定的温度、湿度或压力下，会发生相互变化，其表现形式有产品的溶化、挥发、熔化和渗漏等。

1. 溶化

由固态变液态的变化形式称为溶化。它是指某些固体产品在潮湿空气中能够吸收水分，而且吸收水分达到一定程度时，就溶化成液体的现象。例如，食盐就属于易溶化的产品。

（1）产品溶化的基本条件　产品溶化的基本条件是同时具备吸湿性和水溶性，并有一定环境条件要求。例如纸张、棉花、硅胶等，虽然有较强的吸湿性但不具有水溶性，吸收水分再多，它们也不会被溶化。又如过氯酸钾、硫酸钾等虽然具有水溶性，但是由于它们的吸湿性很低，所以不易溶化。许多易溶于水的包装产品均有溶化的可能。

（2）影响产品溶化的因素　产品溶化的因素主要有产品的组成成分、结构和性质以及产品储运环境的相对温度、湿度等因素。

2. 挥发

由液态变气态的变化称为挥发。它是指液体产品或经液化的气体产品，液体表面迅速汽化变成气体散发到空气中去的现象。例如，香水的瓶盖密封不严会导致液体香水的挥发。挥发对包装产品带来的影响是：使产品数量减少；影响产品的质量；有可能影响人体健康；有可能引起燃烧爆炸。

因此，对沸点低、易挥发的包装产品应采用密封性能强的包装材料进行包装，防止在流通过程中的挥发。

3. 熔化

某些产品受热后发生变软以至变成液体的现象称为熔化。产品的熔化除受环境温度的影响外，还与产品本身的熔点密切相关。

易于发生熔化的产品，如百货产品中的发蜡、香脂、蜡烛等，医药产品中的胶囊、油膏类等，化工产品中的石蜡、松香、抛光蜡等。

对易熔化产品的包装，一般应采用密封性能好、隔热性能强的包装方法，尽量减少因环境温度升高而影响产品的质量。

4. 渗漏

由于包装容器密封不良，容器质量不好，运输时碰撞振动，内装物膨胀使包装受损等导致的产品泄漏现象称为渗漏。发生渗漏的产品主要指液态产品。例如，包装容器有气泡、砂眼或焊锡不匀、接口不严等；包装材料耐腐蚀性差，受潮锈蚀；有些液体产品因气温升高或降低，会发生体积膨胀或汽化，从而使包装内部压力加大而胀破包装容器等。包装容器要解决渗漏，关键在于提高包装容器质量以及改善产品的储运条件。

三、产品的生理生化变化

有机体产品，如鲜鱼、鲜肉、果蔬、粮食、鲜蛋等，在流通过程中，受各种外界条件的影响，发生的各种生理生化变化，这些变化主要有发芽、呼吸、胚胎发育等均称为生理生化变化。包装产品的生理生化变化是包装产品流通过程中质量变化的一个重要方面。

1. 发芽

一些有机体产品，例如，果蔬、粮食等在流通过程中，如果氧气、水分、温湿度等条件适宜就可能发芽，其结果会使粮食、果蔬的营养物质在酶的作用下转化为可溶性物质，供给有机体本身的需要，从而降低有机体产品的质量。防止包装产品发芽的包装方法，应当从改变这些产品发芽的条件入手。

2. 呼吸作用

有机体的产品在生命活动过程中进行呼吸，分解体内有机物质产生热能，维持其本身的生命活动的现象称为呼吸作用。它是有机体在氧和酶的参与下进行的一系列氧化过程，呼吸停止就意味着有机体产品生命力的丧失。

呼吸作用消耗着有机体产品内的葡萄糖，从而降低包装产品的质量，同时还会放出热量。例如粮食呼吸作用产生的热量积累过多，会使粮食变质。同时，呼吸作用分解出来的水分，又会促进有害微生物的生存繁殖，这样就会加速产品的霉变。新鲜果蔬在呼吸时还会释放出乙烯气体，从而加速其熟化、变质。

因此，产品的包装要尽量控制被包装的有机体产品在流通过程中的正常呼吸强度，抑制产品过于旺盛的呼吸，从而保护产品的质量。在包装新鲜果蔬时，还必须同时考虑如何去除乙烯气体的问题。

3. 胚胎发育

鲜蛋在流通过程中如果温度适宜，胚胎往往发育成血坏蛋，大大降低了鲜蛋的质量。为了抑制鲜蛋的胚胎发育要选用合理的产品包装。比如选择隔热性能好的包装材料和包装容器，并采取冷藏包装等。

四、影响产品质量变化的外界因素

包装产品在流通过程中，不可避免要与空气接触，有时也会受到日光的直接照射；在运输和仓储时，则会因为碰撞、冲击、振动和堆码等而带来外力作用。以上因素称为影响产品质量变化的外界因素。

1. 产品在流通过程中可能遭受的外力

产品在流通过程中需要使用不同运输工具，并在车船码头、周转仓库的搬运、装卸时，会使产品受到振动、冲击等因素的影响，而使其质量受损。另外，产品在仓储运输过程中的堆码，使底层产品承载过重；以及产品在装卸、搬运过程中的意外跌落都会对产品带来损害。

2. 环境温湿度

包装产品中都含有水分，其含水分的多少由产品的组成成分及结构而决定。但对大多数产品来说，水分是组成该产品必不可少的一部分。

环境温湿度的变化将会引起产品含水量的增减和产品质量的变化，同时，引起储存环境中虫害、微生物的生长、繁殖或死亡。对于某些特定的包装来说，温湿度的变化也会影响到包件的质量和性能。如纸质品包装等。

在选择包装材料或确定包装结构形式时，环境温湿度是必须考虑的基本条件。另外，在进行包装性能测试时，环境温湿度也是测试和结果比较的基础。因此，国家根据实际的流通条件和国内大部分地区的气候条件，专门规定了标准的环境温湿度条件，例如，国家标准"包装运输包装件温湿度调节处理" GB/T 4857.2—2005《包装运输包装件基本试验第2部分：温湿度调节处理》就规定了运输包装件试验时的几种标准温湿度条件。

3. 日光照射和空气中的氧

（1）日光的影响　日光是影响一些包装产品变质的一个重要因素。日光中的红外线有增热作用，可以增加产品的温度，降低产品的含水量。而紫外线虽然对微生物有杀伤作用，但也会使某些物质发生分解或变质。

（2）氧的影响　包装产品发生化学和生化变化，大多与空气中的氧有关。氧可以使产品氧化，不仅降低产品质量，有时会在氧化过程中产生热量，发生自燃现象，甚至有发生爆炸的危险。

例如，氧能加速害虫的生长繁殖和加速五金产品的锈蚀；产品的霉变也有氧的作用；有不饱和成分的油脂和肥皂，接触空气中的氧能逐渐氧化、酸败；在腐败微生物中，有部分细菌缺氧就会受到抑制甚至死亡；另一些具有生理机能的产品要借助氧气进行呼吸，如鲜蛋、果蔬和粮食等。

4. 其他影响因素

在包装产品流通中，影响其质量因素的还有：微生物、生物、辐射、包装气氛、静电等。分析包装产品在流通中的质量变化及其原因，其目的是研究开发出抑制产品品质变坏的包装方法。由于产品的保护涉及许多学科领域，实际包装中必须参考相关领域的专业知识，针对具体产品进行更深入的研究，这样才能有效地保护包装产品，确保包装产品的使用价值。

第三节　纸制品包装方法

纸制品包装是指以纸为主要原料制成的包装制品，包括纸盒、纸箱、纸罐、纸袋、纸桶和其他复合材料包装容器等。纸制品包装应用十分广泛，纸盒、纸袋、纸罐和其他复合材料包装容器是产品一次性包装、销售包装的主要容器，多年来，随着纸/塑料/铝箔复合材料与容器的推广，使纸制品的应用领域进一步扩大，目前主要应用在食品、饮料、医药产品的包装中；而纸箱、纸袋在产品运输包装方面也有广泛的应用。

一、袋 装 方 法

袋装是包装中应用较为广泛的方法之一，所使用的材料为较薄的柔性材料，如纸、塑料薄膜、金属箔以及它们的复合材料等。袋装具有许多优越性，例如包装操作简单，包装成本低，销售和使用方便；它既可用于销售包装，也可用于运输包装；它的尺寸变化范围大，有多种材料可供选用，适应面广，既可包装固体内装物，也可包装液体内装物；装袋产品毛重与净重比值小，无论空袋或包装件所占空间都很少。但与刚性和半刚性容器包装相比，强度差，大部分袋装件不能直立在货架上，展示性不好；包装件性能易受环境条件的影响，包装储存期较短；包装件的封口边和褶皱一定程度上影响美观。

（一）纸袋的类型与材料

1. 纸袋的类型

至少一端封合的单层或多层扁平管状纸包装制品称为纸袋。纸袋种类繁多，若按纸袋层数进行分类，可分为：单层纸袋、双层袋和多层袋。单层纸袋用单张纸制成的袋，一般多为小型袋。双层袋由两层纸构成，两层材料不一定相同。多层袋一般有三至五层，由多个纸袋或纸袋与树脂织物袋套装而成，多为重型袋。

若按纸袋的大小可分为运输包装纸袋和销售包装纸袋两类。小袋一般装载量为10kg以下的内装物。大袋也称重型包装袋，一般装载量为 10～50kg 的内装物，用于粉状、颗粒状、块状产品的运输包装，如饲料、农产品、工业原料、化肥等。若按纸袋的制作、材料进行分类，可分为纸塑复合袋、纸/塑/铝箔复合袋和纯纸袋等。

（1）纸制小袋　小袋一般用黏合剂粘接成袋。机械作业包装的纸制小袋结构形式总体上看有两类：①尖底袋。尖底袋又分为尖底平袋和尖底带 M 型褶边袋，尖底平袋类似于信封；②角底袋。角底袋装满物料后可以立放，且打开底口方便，有的还在袋口处单侧切出缺口。

（2）纸制大袋的类型　大袋一般可分为两类：一类为轻载袋，由 1～2 层纸制成，既可作为外包装，也可作为内衬与塑料编织袋组合使用；另一类是重载储运袋，由三层以上的纸构成，主要用于装填大容量散装物品。为了防潮，有时在纸袋中层加入塑料薄膜或沥青防潮纸。纸制大袋结构形式主要有：阀式缝合袋；开口缝底袋；阀式粘底袋；开口粘底袋；角部开口的两端缝底袋；两头全开的捆包袋，常用于集合包装。

2. 纸袋用材料

生产纸袋的纸张种类很多，通常有纸袋纸、牛皮纸、涂布胶印纸和普通包装纸等。纸袋材料的选择应根据内装物的特性及保护要求、印刷适应性、封合性能、机械操作要求以及成本等方面进行综合考虑。

（1）液体类内装物的包装材料　材料的密封性与阻隔性是其考虑的主要因素。为此，纸/塑料、纸/塑料/铝箔等复合材料以及涂布纸是首选。例如，氧气、光、水分等都将加速含油类食品中营养成分的分解，促使食品中油脂的氧化，对这类食品应采用不透明的牛皮纸、蜡纸或纸/塑料（铝箔）复合材料进行包装。

（2）重型产品的包装材料　对于农产品、水泥、粮食等采用的大容量运输包装，包装保护性、价格以及使用方便等要求是优先考虑的因素。一般在保证足够强度下，选择价格低廉的材料。此类包装用纸有：牛皮纸、纸袋纸以及纸与塑料或纤维织物复合而成的复合包装材料。

（3）干燥内装物的包装材料　一般干燥产品的包装，控制储存期内产品的吸湿量是问题的关键。因此，必须采用防潮性能好的包装材料。此类包装用纸有：蜡纸、玻璃纸、玻璃纸/塑料、漂白牛皮纸/塑料等复合材料等。对于有特殊要求的干燥产品如药品、固体食品等，阻光、阻氧和防潮包装是基本要求，需要采用不透明的牛皮纸、蜡纸或纸/塑料（铝箔）复合材料进行包装。

（4）易锈内装物的包装材料　金属产品特别是一些仪表、精密仪器等对湿度和氧都非常敏感，因此，一般需要采用蜡纸、防油纸、纸/塑料复合材料进行包装。

（二）装袋技术及设备

1. 装袋工艺

在包装过程中，按纸袋来源，有预制袋和在线制袋装袋两种。预制袋装袋是采用预先制成的纸袋，在包装时先将袋口撑开，充填内装物后封口完成包装。而在线制袋装袋则是在连续的包装作业时进行制袋，继而进行充填、封口完成包装。下面按小袋与大袋类型分别进行介绍。

（1）小袋装袋工艺　小纸袋多用预制袋。在线制袋所采用的包装材料多为纸塑复合材料，其装袋工艺与塑料小袋装袋工艺基本相同，基本工艺过程是从储袋架上取袋，开袋口，内装物充填，然后进行封口。预制袋装袋按装袋设备总体布局可分为回转式装袋和直移式装袋。

（2）大袋装袋工艺　大袋包装通常采用预制袋包装。

① 操作方式。分手工操作、半自动操作和全自动操作。

② 充填方法。充填是装袋工艺的主要环节之一，而充填方法与内装物性质及其他因素相关。

③ 封合方法。大袋的封合方法较多，封合方法的选用与纸袋类型、材料以及包装要求有关。阀门纸袋具有自折叠封合阀管，可用手工折叠后再封合，也可采用阀管闭合后再折叠封合。开口纸袋封口方法主要有三种：缝合法、粘接封合法和捆扎法。

2. 装袋设备

装袋设备和配套装置的品种很多，由于生产能力、包装功能以及袋的形状和尺寸、所用材料不同，装袋设备和配套装置的差别又很大。选用装袋设备时必须根据企业、产品和市场的具体情况进行以下综合考虑。

（1）充填的计量装置要选择适当　在包装颗粒或粉末状内装物时，只有内装物密度及其稳定性能控制在规定范围内的，才能选用容积式计量，否则应选用称量式计量。而对于液体内装物，一般采用容积式计量。

（2）对于小计量、大批量包装生产，一般选用在线袋装袋的包装形式　包装设备的选择，主要应考虑计量精度、内装物的适应性、包装尺寸调整范围、生产速度等是否满足生产要求；对大计量、特殊袋型的包装过程，一般采用预制袋装袋作业。

（3）充填粉末内装物时，由于包装材料表面带有静电，袋口部位易被物料所污染，从而影响封口品质。因此，装袋机必须具有防止袋口部分被污染的装置，例如安装静电消除器等。

（4）封合方式选择首先考虑包装材料，其次是内装物性质、密封性要求以及充填状态。

对于纸制小袋，封口方式有：缝制封口、粘胶带封口、绳子捆扎封口、金属条开关扣式封口、热封合等方式。对应常用的纸塑小袋，热封合应用最广。热压方式应与所用包装材料的热封性能、封口尺寸等相适应，以保证封合强度与外观质量。

对于纸制大袋，封口方式一般选用缝合法/粘接封合法，对应带 PE 内衬层的纸袋，采用热封合与缝合的联合封口方法，其封口品质优良。

近年来，纸制大袋的包装技术与设备研究较为活跃。以下是几种常用的大袋包装方式及设备：纸袋封口缝合自动包装；纸袋折口热封自动包装。此类包装有三种不同方式：纸袋折口热压自动包装、纸袋折口侧封胶带自动包装和纸袋折口包带自动包装。

二、纸盒与纸箱包装

纸盒与纸箱是主要的纸制包装容器，两者形状相似，习惯上小的称为盒，大的称为箱。纸盒与纸箱广泛用于销售包装和运输包装，其大多数是由纸板或瓦楞纸板制成，属于半刚性容器。由于纸盒与纸箱制造成本低，重量轻，并且折叠式空盒和空箱便于储运，因此它们是最常用的包装容器。

（一）纸盒

纸盒用材料为纸板（或微细瓦楞纸板），通常纸板耐水、防潮和阻隔性较差，强度和成型性也有限。故纸盒主要用于对密封性要求较低的固体内装物包装。

目前制盒材料已由单一材料向纸基复合材料发展，纸板与塑料、铝箔复合后制盒，极大地提高了纸盒的阻隔性与封合工艺，使纸盒的应用范围不断扩大。

1. 纸盒的分类

纸盒的分类方法很多，归结起来可分为以下几种。

按用纸的不同定量，有薄板纸盒、厚板纸盒和瓦楞纸盒三类。按纸盒的加工方式，有机制纸盒和手工纸盒。按制盒材料，有平板纸盒、瓦楞纸盒、纸板/塑料或纸板/塑料/铝箔复合纸盒等。按纸盒的结构，有固定纸盒和折叠纸盒两大类。

下面主要按纸盒的结构分类，介绍折叠纸盒和固定纸盒。

（1）折叠纸盒　折叠纸盒通常是把较薄的纸板经过裁切和压痕后，通过折叠组合成型的纸盒。它是目前机械式包装最常用的纸盒。所用纸板厚度通常在 0.3～1.1mm 之间。生产折叠纸盒的纸板有白纸板、挂面纸板、双面异色纸板及其他涂布纸板等耐折纸箱板。近年来，楞数较密，楞高较低（D 型或 E 型）的微细瓦楞纸板发展迅速。折叠纸盒的特点是：

① 结构形式多样。折叠纸盒可进行摇盖延伸、曲线压痕、盒内间壁、开窗、展销等多种新颖处理，使其具有良好的展示效果。

② 适用于批量生产。折叠纸盒在包装机械上易实现自动张盒、充填、折盖、封口、集装和堆码等包装工序，因此生产效率高。

③ 储运费用较低。由于折叠纸盒可折成平板状，在流通过程中占用空间小，运输仓储等费用较低。

折叠纸盒按盒型的主体成型方法又可分为管式折叠纸盒、盘式折叠纸盒、管盘式折叠纸盒和非管非盘式折叠纸盒四大类。常用的折叠纸盒形式有粘接式、手提式、扣盖式、开窗式等。

（2）固定纸盒　固定纸盒又称黏贴纸盒，是用贴面材料将基材纸板裱合而成的纸盒。要求在储运过程中不改变其原有形状和尺寸，因此其强度和刚性较折叠纸盒高。

固定纸盒结构挺度好，易于开启，货架陈列方便，但制作较麻烦，占据空间大，自身成本、储运费用都较高。制造固定纸盒的基材主要选用挺度较高的非耐折纸板，如各种草纸板、刚性纸板以及食品包装用双面异色纸板等。内衬选用白纸或细瓦楞纸等。盒角可以采用涂胶纸带加固、钉合等方式进行固定。

常用固定纸盒有筒盖式、摇盖式、套盖式、抽屉式、开窗式等。

2. 纸盒的选用

产品包装对纸盒有许多要求，很多因素都将影响对纸盒的选择，如内装物的特性、形状、储运要求、保护性要求、生产技术状况、销售对象、陈列展示效果等。一般来说，在选择纸盒时应注意以下几点。

（1）颗粒状和粉状内装物　由于需要一定的密封性，一般可选用粘接式封口的折叠纸盒或采用纸板/塑料复合纸盒进行热封合。

（2）普通块状内装物　假如方便从盒的端面放入或取出，一般可选用插装式，即采用盖片插入式封口和开启的纸盒；假如不方便从盒的端面放入或取出的，应选用盘式折叠纸盒。

（3）液体物料，阻隔性、密封性要求高　一般选用纸板/塑料或纸板/塑料/铝箔复合折叠纸盒，或采用带有衬袋的纸盒，并实施热封合。

（4）大批量生产的普通产品包装　首选折叠式纸盒，小批量生产的特殊要求产品如礼品、体积或表面积较大的轻质产品，可选用固定纸盒，同时可增强其展示性与装饰性。

（二）装盒方法

按内装物的性质，分物品直接装盒和包装件装盒两类。直接装盒时，将包装物品经计量后直接充填入盒中，被包装物品与包装盒相接触。包装件装盒应用于各种经初包装的包装件装盒，通常是单件装盒或多件组合装盒。

（1）按装盒自动化程度分类　按作业自动化程度分为全自动、半自动和手工装盒工艺三种方法。

半自动装盒机的结构较简单，但其纸盒种类和尺寸可以多变，且变换纸盒种类、尺寸时调整机械所需时间短，适合多品种小批量产品的装盒，生产速度一般为 $30\sim70$ 盒/min。全自动装盒包装速度高，一般为 $50\sim600$ 盒/min，包装质量有保证，同时排除了因手工作业可能引起的对产品质量的影响（如食品、药品），但通常设备的适应性较小，产品变换种类和装盒尺寸调整受到限制，故主要适用于大批量、单规格产品的包装。手工装盒适合多品种小批量，装盒作业复杂的产品包装。包装速度一般为 $3\sim6$ 盒/min。

（2）按纸盒特征与装盒的功能分类　按纸盒特征与自动装盒的功能分类有以下装盒工艺：折叠式纸盒的开盒成型、制盒成型以及裹包式装盒工艺。

（三）装盒方法的选用原则

装盒方法与盒及盒坯的供应、内装物对象、是否组合包装以及装盒设备等关系密切，选用时必须全面考虑以下因素。

（1）装盒工艺　装盒工艺的选择，要根据内装物的特性、纸盒形式与产量、特点、包装机械性能以及设备投入等确定。

（2）盒坯与卷材的供应　预制盒与盒坯一般委托专业制盒厂加工，其纸盒质量有保障，品种多样，可大量节省设备投资。同时需考虑纸盒成本，目前一些专用预制盒的成本较高。采用卷材进行制盒包装，包装材料成本较低，但通常设备投入较大，纸盒品种与质量受限制。

（3）纸盒的选用　纸盒的选用是确定装盒工艺的主要因素。实际生产中应结合企业生产技术状况、设备投入、管理技术水平等，进行综合考虑。

（4）装盒设备的自动化程度和生产能力　包装机械的自动化程度和生产能力，则根据产品的批量、生产能力及产品变换的频繁程度来选择，在产品生产、包装一体化生产线上，包装机械要与产品生产设备的生产率相适应，以保证整个生产线的连续高效运行。

（四）纸箱的类型及选用

一般而言，纸箱多用于运输包装。纸箱按结构可分为硬纸板箱和瓦楞纸箱两大类，其中供长时间储存和运输用的，以瓦楞纸箱为多。以下介绍瓦楞纸箱。

（1）纸箱的类型　瓦楞纸箱的种类繁多，总体上看，主要有折叠式、固定式以及片材式纸箱。

（2）瓦楞纸箱的选用　首先需考虑包装产品的性质状态、重量、储运方式与条件、流通环境以及展示性等基本因素；同时应保证足够的强度；此外还要考虑包装件的运输要求，遵循有关国家标准、国际标准。

（五）装箱技术

装箱工艺和装盒工艺相似，但一般装箱的产品质量和体积较大，组合包装数量较多，同时多为运输包装，根据具体产品包装要求，需要加入隔离附件、缓冲衬垫等。所以通常装箱工序较多。

（1）按装箱自动化程度分类　按装箱自动化程度可分为手工装箱、半自动装箱和全自动装箱。全自动装箱，其过程如取箱坯、产品排列整理、开箱、封底、充填、封口等都由设备自动进行，生产速度快，包装质量有保障，同时根据需要可选择不同的封合方法。采用半自动装箱时，通常取箱坯、开箱、封盒为手工操作，其余的由设备操作。

（2）按产品装入的方式分类　按产品装入的方法分，装箱工艺又可分为装入式、裹包式和套入式三类。

三、其他纸容器包装

纸包装容器除了纸袋、纸盒、纸箱包装外，还有纸罐、纸杯、纸盘、纸桶、纸浆模塑容器等包装。

1. 纸罐

纸罐（复合纸罐）是指以纸板为主要材料制成的圆筒形容器并配有纸质或其他材料制成的底和盖的容器。

纸罐的罐身可用高性能纸板与铝箔、塑料等制成的复合材料，复合纸罐可部分作为金属、玻璃、陶瓷、塑料包装容器的替代品，与这些包装容器相比，复合纸罐具有如下一些特点：造型结构多样，适印性好，具有良好的陈列效果；包装保护性能较好，可防水、防潮，有一定的隔热效果；特别适用于食品包装，无臭、无毒，安全可靠；重量轻，流通容易，使用方便，价格较低。

由于复合纸罐具有以上特点，可盛装各种液态食品，如牛奶、果汁、矿泉水等，也用于盛装固体产品等。复合纸罐也可应用特殊包装技术，如真空包装，充气包装等。复合纸罐的绝热性可阻隔外界温度的影响，但在冷冻和热加工包装上会减缓冷却和加热的速度。

2. 纸杯

以白纸板或加工纸板加工成杯形的小容器称为纸杯。1950 年前后纸杯开始应用于冰激凌的包装，1960 年前后出现了咖啡、啤酒等饮料纸杯，稍后，杯装快餐面的面世，使得纸杯的需求量急增。现在纸杯已扩大到了酸乳酪、果子酱、快餐食品的包装上，纸杯应用呈现出不断扩大的趋势。随着复合材料的不断发展，纸容器制造技术的不断提高，以及充填机械的进一步自动化，复合纸杯的生产还将迅速发展。

纸杯的特点是：纸杯重量较轻且不易破损；纸杯一般都采用复合材料制作，可采用先进的灭菌包装工艺，能较好地保护食品的品质；较容易通过造型及印刷装潢的变化，达到良好的装饰及广告效果；可采用机械化、自动化设备，高效率地进行纸杯的制造及充填。

制杯用材料主要有三类：第一类是 PE/纸复合材料，可耐沸水煮而作热饮料杯；第二类是涂蜡纸板材料，主要用作冷饮料杯或常温、低温的流体食品杯；第三类是 PE/铝/纸，主要用作长期保存形纸杯，具有罐头的功能，因此也称纸杯罐头。

纸杯分成有盖和无盖纸杯，杯盖可用粘接、热合或卡合的方式装在杯口上，以形成密封。纸杯产品包装一般选择预制纸杯，包装时采用半自动或全自动灌装并进行封盖。

3. 纸筒与纸管

纸筒一般用多层纸板卷制而成，为了降低成本，中间层往往采用再生纸板。为了提高密封性能，可复合一层塑料或铝箔，表面则用防水性好的材料，如沥青纸，外层也常用白纸板或金属箔，以便进行装潢印刷。

纸管为直径小、纵向尺寸大的管状包装容器，规格为直径从 1cm 到 15cm，它可平卷成单层或多层，大体上分为以下两种结构：一种为有活盖的纸管，主要用来包装玻璃温度计、毛笔和乒乓球等产品。另一种为有死盖的纸管，主要用来包装食品等。

另外，纸管大量用于纺织工业和合成纤维工业的卷轴管等。

4. 纸盘与纸碟

纸盘多用于包装冷冻食品，其容器较浅，由一片毛坯纸板冲压成盘型，有圆形和方形之分，四角呈圆形，既可冷冻，又可在微波炉上烘烤加热食品。

比纸盘深一些的纸碟是用树脂复合纸板，从卷筒纸或干板纸经模切、热压成型制成。所用的复合纸板是以纸板为基材，涂以低密度聚乙烯、高密度聚乙烯、聚丙烯、聚对苯二甲酸乙二醇酯等制成的。这样的复合纸板具有耐水、耐油、耐热性。纸碟主要用于包装微波炉烹调食品、食品加热及快餐食品，具有加工快、成本低、使用方便、外观好等优点。

5. 纸桶

以纸板作坯料，加内衬（或不加）材料制成的大型桶形包装容器（其容积可为 25～250L）称为纸桶。纸桶主要用来储运散装粉粒状内装物，若经特殊处理或附加塑料内衬后，也可用来储运膏状或液状内装物。与金属桶、木桶相比，单个货物包装成本和运输成本均较低，自重轻且具有一定的强度和刚度，用于某些低级别危险品，包装十分安全可靠，是很有发展前途的运输包装容器。

6. 纸浆模塑容器

以纸浆为主要原料，其纤维在可排水的金属模网上，经成型、压实干燥制成的容器称为纸浆模塑容器。纸浆模塑产品首先应用于易碎商品运输中的缓冲包装，如蛋托。目前其应用范围已扩大至运输包装，如纸浆模塑托盘、一些机电产品缓冲结构件。

随着人们环保意识的增强，纸浆模塑制品可能成为取代泡沫塑料等难处理材料的理想替代品。

第四节　塑料包装技术

可塑性高分子材料的简称为塑料。它有许多优点，例如机械性能好、质轻、化学稳定性好、美观、有适宜的阻隔性与渗透性，并有良好的可加工性和装饰性。因此，塑料薄膜和塑料包装容器被广泛用做各类产品的包装。其中塑料薄膜包括单层薄膜、复合薄膜和薄片，它们制成的包装称为软包装，主要用于包装食品、药品等。单层薄膜的用量很大，约占薄膜总用量的三分之二，其余三分之一为复合薄膜及薄片。

一、塑料袋包装

为了满足某种包装要求，用塑料薄膜叠层、裁切、热封一边或多边而制成的袋子称为塑料袋。它具有许多优点：它能满足包装的基本要求，价格低廉，尺寸变化范围大，而且容易加工成型，适用面广，既可包装固体内装物，也可包装液体内装物；既可用于运输包装，也可用于销售包装；塑料袋质轻，占据空间小，可降低运费。但是，它也有一些缺点：塑料袋与半刚性和刚性包装容器相比，强度差、包装储存期短；塑料袋在高温时易变形，因此盛装内装物的温度受到限制，此外，它易划破，易老化，容易产生静电。

（一）塑料包装袋的分类

1. 按包装袋容积分类

按照包装袋容积大小分可为小袋与大袋。

（1）小袋　塑料小袋以食品和日用品包装使用最多。按照制袋装袋方法可分为预制袋和在线制袋两种。预制袋是在包装之前用手工或制袋机制成，由制袋车间或制袋工厂供应，装袋时先将袋口撑开，充填后封口。在线制袋装袋是在制袋-充填-封口机上，连续完成制袋、充填和封口工序。

① 预制塑料小袋。塑料袋可用塑料薄膜经折叠形成中间搭接后热封而成，也可以经折叠形成边缝后热封而成，也可以用筒状塑料薄膜在底部热封而成；袋子两侧和底部还可有褶，以增加袋装容积；顶部还可加盖或提手，以方便使用。预制塑料袋的优点是：制袋接缝牢固，平整美观，并可制成异型袋，但用预制袋包装时生产效率低，不便于机械化操作。

② 在线制袋装袋。这种塑料袋的制袋、充填、封口等工序可在一台机器上连续完成。袋子的主要形式有：枕形袋、三面封口袋、四面封口袋和直立袋。

（2）大袋　大袋按照其承载量大小可分为重型袋和集装袋两种。重型袋有全塑料薄膜袋、塑料编织袋和塑料无纺织物袋等，承载量为 20～50kg，广泛应用于化肥、水泥、树脂、农药、矿砂、饲料、粮食、蔬菜、水果等产品的运输包装。

集装袋是用合成纤维或塑料扁丝编织并外加涂层的大袋，通常呈圆筒形或方形。承载量有 0.5t、1t、1.5t 等多种。常用作颗粒状化工产品、粉状、矿产品、水泥及农副产品的运输包装。其特点是包装自重轻、承载量大、装运成本低，在良好的储运条件下，还可反复使用。

2. 按材料成型工艺分类

塑料包装袋按其材料成型工艺分为：单层塑料薄膜包装袋、塑料编织袋、复合塑料薄膜包装袋和无纺织物袋等。

由于复合塑料薄膜材料克服了单层塑料薄膜材料的某些缺点，主要应用于食品、药品、化工产品的包装。目前，复合塑料薄膜材料的发展速度很快，种类繁多，有低温冷冻型、阻隔防潮型、耐温蒸煮型和反射透光型等。

塑料编织袋用聚烯烃等塑料薄膜切成细条并加热拉伸，使细条定向，然后编织成袋；塑料无纺织物袋用聚烯烃纤维等粘接制成；它们具有强度高和耐酸碱腐蚀等优点。

（二）塑料袋包装技术

塑料袋包装工艺过程与包装内装物所用的袋型、制袋方法及包装设备有关。根据塑料袋型可分为小袋装袋工艺和大袋装袋工艺。

1. 小袋装袋工艺

小塑料袋装袋工艺与袋型和所使用的设备有很大关系。

预制塑料小袋的装袋工艺一般由取袋、开袋口、充填、封口等工序组成，常采用间歇回转式或移动式多工位开袋充填封口机。因为是间歇运动，充填固体内装物约 60 袋/min；充填液体内装物约 40 袋/min。

2. 大袋装袋工艺

大袋有开口袋和阀门袋两种。其装袋工艺过程的主要工序均为充填与封口。

开口袋在制袋时只封闭一端，另一端完全张开；内装物靠重力从开口端充填，此后，全塑料薄膜袋用热封法封口，编织袋和无纺织物袋多用缝合机封口或用黏合式封口。

缝合式封口方法坚固而又经济，适应性强；封口线迹呈链形，抽线开口极为方便，但缝合时有针眼，防潮、防漏效果不如黏合式封口好。目前，由于技术水平限制，在黏合封口前，往往要对袋口进行人工整形和折叠，因此，黏合速度比缝合速度低。

阀门袋在制袋时两端均封闭，仅在一端的角上有一个阀门。内装物借助压缩空气或螺旋推进器通过输送管充填进入袋中。它的阀管可折叠后封合，也可使用具有止回作用的内阀管实现封合。阀门袋充填后呈方形，因此在托盘和传送带上有较好的稳定性；虽然它的单个充填速度较慢，但在自动化生产线上采用了多输送管充填机，大大提高整体的充填速度。

二、泡罩包装与贴体包装

将被包装物品封合在由透明塑料薄片形成的泡罩与衬底之间的一种包装方法称为泡罩包装。

将被包装物品放在能透气的，用纸板、塑料薄片制成衬底上，上面覆盖加热软化的塑料薄膜或薄片，然后通过衬底抽真空，使薄膜或薄片紧密地包住物品，并将其四周封合在衬底上的包装方法称为贴体包装。

采用这两种方法制成的包装件，具有透明的外表，可以清楚地看到内装物的外观；同时，衬底上可印刷精美的图案和商品使用说明，便于陈列和使用。另一方面，包装后的内装物被固定在薄膜薄片与衬底之间，在运输和销售中不易损坏。这种包装方法既能保护物品，延长储存期，又能起到宣传商品、扩大销售的作用。主要用于包装形状比较复杂、怕压易碎的物品，如医药、食品、化妆品、文具、小五金工具和机械零件以及礼品、玩具、装饰品等物品。

（一）泡罩包装

泡罩包装首先用于药品包装。当时为了克服玻璃瓶、塑料瓶等瓶装药品服用不便、包装生产线投资过大等缺点，同时计量包装、药品小包装的需要量越来越大，因此在1950年前后出现了泡罩包装并得到广泛使用。后来经过对泡罩包装工艺、材料和机械等的深入研究和不断改进，使其在包装品质、生产率和经济性等方面，都取得了很大的进展。现在，除了胶囊、药品片剂和栓剂等包装外，在日用品和食品等物品的包装中也得到广泛的应用。

泡罩包装可以保护内装物，防止潮湿、污染、灰尘、盗窃和破损，延长内装物的储存期，并且包装是透明的，衬底上印有使用说明，可为消费者提供方便。一些小件商品如小刀、圆珠笔、化妆品等采用纸板衬底的泡罩包装，衬底可以做成悬挂式，挂在货架上，十分显眼，起到美化和宣传产品的作用，有利于促进销售。

1. 泡罩包装材料

（1）塑料薄膜片　泡罩包装采用的塑料薄片种类和规格很多，选用时必须考虑包装内装物的大小、质量、价值和抗冲击性等，还需考虑包装内装物是否有突出或尖锐的棱角，以及材料自身的易切断性和热封性等。

泡罩包装用的硬质塑料片材有：纤维素、聚苯乙烯和乙烯树脂三类，其中纤维素类应用最多，它们都具有极好的透明性和热成型性，较好的热封性及抗油脂性，但纤维素的热封温度一般比其他塑料片材要高一些。

定向拉伸聚苯乙烯透明性极好，具有良好的热封性，但抗冲击性差，容易破碎，低温时则更差。

乙烯树脂价格一般比聚苯乙烯便宜，有硬质的也有软质的，有较好的透明性。它与带涂层的纸板有良好的热封性，加入增塑剂后可提高耐寒性和抗冲击性。

对于要求阻隔性和避光的内装物，应采用塑料薄片与铝箔的复合材料；包装食品和药品则需要采用无毒塑料如无毒聚氯乙烯等，而且必须完全符合卫生标准。

（2）衬底　衬底常用白纸板。白纸板用漂白硫酸盐木浆制成，或用再生纸板为基层上覆盖白纸制成。在选用时应考虑内装物的形状、大小和质量。

衬底的表面应洁白有光泽，印刷适性好，能牢固地涂布热封涂层，以保证热封涂层熔融后，可将衬底和泡罩紧密地结合在一起，以免内装物掉出。

白纸板衬底的厚度范围为 0.35～0.75mm，常用纸板厚度为 0.45～0.60mm。

衬底材料还可选用 B 型或 E 型涂布瓦楞纸、带涂层铝箔和各种复合材料；特别是在医药包装中使用铝箔制作压穿式包装。

（3）涂层材料　热封涂层应该与衬底和泡罩有兼容性；要求热封温度应相对的低，

以便能很快地热封而不致使泡罩薄膜破坏，常用热封涂层材料有耐溶性乙烯树脂和耐水性丙烯酸树脂，它们都具有良好的光泽、透明性和热封性。

2. 泡罩包装工艺

泡罩包装的泡罩空穴有大有小；形状因内装物形状而异；有用衬底的，也有不用衬底的；而且泡罩包装机的类型也比较多。尽管如此，泡罩包装的基本原理大致上是相同的，其典型工艺过程为：

片材加热──→薄膜成型──→充填物品──→安放衬底──→热封──→切边修整

完成以上过程，可用手工操作、半自动操作和自动操作三种方式。

（二）贴体包装

贴体包装由以下三部分组成：塑料薄膜、热封涂料和衬底。内装物本身就是模型，放在衬底上，上面覆盖着加热软化的塑料薄膜，通过底板抽真空使薄膜紧密地贴包着内装物并与衬底封合在一起。

贴体包装材料主要是塑料薄膜和衬底材料。贴体包装常用的塑料薄膜是聚乙烯和离子键聚合物。包装小而轻的内装物时，用约 0.15mm 左右的离子键聚合物薄片；包装大而重的物品时，采用约 0.3mm 左右的聚乙烯薄片。

衬底材料通常用白纸板，其厚度约为 0.5mm 左右，最厚不超过 1.4mm。为了抽真空，衬底上需要开若干小孔，开孔的方法是将衬底纸板通过带针滚轮，开出直径为 0.15mm 左右的小孔，每平方厘米约 4 个。

选择包装材料时，应考虑内装物的用途、大小、形状和质量等因素。对销售包装要注意塑料薄片的透明度、易切断性以及纸板的卷曲性能等；对以保护性为主的运输包装，要注意塑料薄片的戳穿强度和拉伸强度等。

三、收缩包装与拉伸包装

利用有热收缩性能的塑料薄膜裹包内装物，然后进行加热处理，包装薄膜即按一定的比例自行收缩，紧密贴住内装物的一种方法称为收缩包装或收缩薄膜裹包。拉伸包装或拉伸薄膜裹包是利用可拉伸的塑料薄膜在常温下对薄膜进行拉伸，对被包装物品进行裹包的一种方法。这两种包装方法的原理并不相同，但包装的效果基本相同，都是将被包装物品裹紧，都具有裹包的性质，但这种裹包方法的原理、使用的材料以及产生的效果都与前面所讲的裹包方法大不相同。下面简单介绍收缩包装工艺。

收缩包装始于 1950 年前后，在 1970 年前后得到迅速发展，目前在包装领域中已获得广泛应用。

1. 收缩包装

塑料薄膜制造过程中，在其软化点以上的温度拉伸并冷却而得到的分子取向的薄膜，当重新加热时，则有恢复到拉伸以前状态的倾向，收缩包装就是利用塑料薄膜的这种热收缩性能发展起来的。即将大小适度的热收缩薄膜套在被包装物品外面，然后用热风烘箱或热风喷枪短暂加热，薄膜会立即收缩，紧紧裹包在物品外面，物品可以是单件，也可以是有序排列的多件罐、瓶、纸盒等。

2. 收缩薄膜

适用于热收缩包装的薄膜有 PE（聚乙烯）、PVC（聚氯乙烯）、PVDC（聚偏二氯乙烯）、PP（聚丙烯）和 PS（聚苯乙烯）等，其中以 PE 薄膜用量最大，其次是 PVC，两者约占收缩薄膜总量的 75% 左右。

一般的塑料薄膜通常采用熔融挤出法、压延法、溶液流延法制得。而热收缩薄膜是将这种制得的片状薄膜或筒状薄膜，再进行纵向或横向的数倍拉伸处理，使薄膜的分子链成特定的结晶面与薄膜表面平行取向，从而增加薄膜的强度和透明度，同时在薄膜拉伸时给予一定的温度，使薄膜在凝固前被拉伸的比例增至 1：4 到 1：7 的延伸率（普通薄膜延伸率为 1：2），这就使薄膜在包装时具有所需要的收缩性能。

3. 拉伸包装

拉伸包装起初主要用于销售包装。自 PVC（聚氯乙烯）薄膜等用于拉伸包装后，这一技术得到了飞速的发展，现已扩展到运输包装领域。常用的拉伸薄膜有聚氯乙烯、低密度聚乙烯等。

拉伸包装如果采用手工操作时，一般都把被包装物放在浅盘内，特别是软而脆的产品，如不用浅盘则容易损坏。多件包装的零散产品也须用浅盘，但产品本身有一定的刚性和强度时也可以不用浅盘。

如果将拉伸包装工作中的一部分或全部工序机械化或自动化，可以节省劳力，提高生产率。自动拉伸包装的主要环节是卷包和拉伸，现在已有使这些工序完全机械化的机械设备。

第五节　裹包工艺

一、概　　述

使用较薄的软包装材料，如纸、塑料薄膜、金属箔以及其他的复合软包装材料，对被包装物品进行全部或局部的包封称为裹包包装。裹包包装形式多样，所用包装材料较少，包装成本低，操作简单，流通、销售和消费都很方便。

1. 裹包的分类

裹包是块状类物品包装的基本方式。这种方式不但能对物品直接作单体裹包，而且能够对包装物品作排列组合后的整体裹包。另外，可对已作包装的物品再作外表装饰性裹包，以增加其防潮性和展示性。裹包形式从总体上看主要有下列几种：直接全裹包、半裹包、收缩裹包、成型裹包和集合裹包。

2. 裹包要求

为了更好地满足产品的包装、储运以及销售要求，对产品裹包提出以下的要求：尽可能采用新型包装材料和先进技术以延长商品的储存期；在具有同样功能下，以更简单更低廉的包装元件及方法替代原来的包装方式，并实现自动作业；按市场销售划分单元份量时，应实现数量、质量和尺寸的系列化与标准化；使商品包装满足超市化销售要求，使消费者能清晰识别商品的特性、价格以及其他信息，有利于商品在货架上堆叠，且对商品提供有效保护；改进产品的包装设计，采取有效的防伪、防窃等安全措施。

二、裹包技术

裹包的类型很多，一般与产品特征、包装材料、封口方法等有关。按裹包的操作方式可分为手工操作、半自动操作和全自动操作三种；按裹包的形状可分为折叠式裹包和扭结式裹包等。此外收缩包装和拉伸包装也属于裹包的范畴。

第六节 充填工艺

一、概　　述

充填是指将液体或固体产品装入包装容器的操作过程。充填工艺可分为两类：液体物料充填和固体物料充填，液体物料充填又称为"灌装"。

1. 充填方法

充填是产品包装中常用的一种装料方法，是整个包装过程的一个中间工序。在充填之前是物料的供送和容器的准备工序，如成型、清洗、消毒、干燥或排列等；在它之后是密封、封口、贴标、打印等辅助工序。可充填的物品范围很广，种类繁多，按物品的物理状态可分为粉末充填、颗粒充填、块状充填、液体灌装等；按包装容器不同，可分为装盒、装瓶、装罐、装袋、装箱等。

由于被充填的物品的形态、种类、流动性及价值等各不相同，所以计量方法也不相同。按计量方法分，有容积充填法、称重充填法和计数充填法。

2. 充填精度

装入包装容器内物料的实际数量值与要求数量值的误差范围称为充填精度。充填精度低，允许的误差范围大，容易产生充填不足或充填过量。充填不足将损害消费者的利益，也影响企业的信誉；充填过量将会增大成本，影响企业的经济效益。但充填精度要求越高，所需要的设备价格就越高。包装成本高，势必造成产品销售价格过高，影响产品的销售。因此，应该根据产品的种类、价值、应用场合及生产的实际情况，确定合适的充填精度。一般贵重物品和对重量要求严格的物品充填精度应高一些，而价值较低的物品充填精度可要求低一些。

3. 选用充填方法考虑的因素

充填的方法很多，一般要求计量准确，不损坏内装物和包装容器；充填危险品应注意安全防护；充填食品和药品应注意清洁卫生。在选择充填方法时，应该综合考虑产品的性质、物理状态、价值，包装容器的种类，包装成本，充填精度，生产效率，全部设备及操作成本等。

二、液体灌装工艺

将液体产品装入瓶、罐、桶等包装容器内的操作称为灌装。液体灌装，是充填工艺的一种，只是由于液体物料与固体物料相比，具有流动性好，密度比较稳定等特点。

被灌装的液体物料涉及面很广，种类很多，有各类饮料、食品、调味品、化工原料、工业品、医药、农药等。由于它们的物理、化学性质差异很大，因此，对灌装的要求也各不相同。影响灌装的主要因素是液体的黏度，其次是液体内是否溶有气体等。液体饮料，根据其是否溶有二氧化碳气体，分为含汽饮料和不含汽饮料两类。含汽饮料又称碳酸饮料，如啤酒、汽酒、香槟、汽水、矿泉水等。

一般液体按黏度可分为以下三类：第一类是黏度小、流动性好的稀薄液体物料，如酒、牛奶、酱油、药水等；第二类是黏度中等、流动性比较差的黏稠液体物料，为了提高其流速需要施加外力，如番茄酱、稀奶油等；第三类是黏度大、流动性差的黏糊状液体物料，需要借助外力才能流动，如牙膏、果酱、浆糊等。

1. 液体灌装的理论基础

将液体从储液缸中取出，经过管道，按一定的流速或流量流入包装容器的过程称为液体灌装。管道中流体的运动是依靠流入端与流出端压力差，即流入端压力必须高于流出端压力。根据流体力学，流体在流动过程中由于其所具有的基本条件不同，会出现两种不同的流动状态：稳定流动状态和不稳定流动状态。如果流体在管道中流动时，其任意截面处的流速、压强等物理量均不随时间变化，即属于稳定流动。只要其中一个物理量随时间变化，即为不稳定流动。在液体灌装中，这两种状态都有可能存在。

根据伯肖（Poiseulle）原理，容积流量与压力差成正比，与管内径的四次方成正比，与管长成反比，平均流速与流量成正比。由此可得出以下结论：同一种液体，当管长与管径不变时，如果压力差成倍增加，容积流量也成倍增加，平均流速同样成倍增加；同一种液体，当管径不变时，如果管长与压力差均成倍增加，则容积流量不变，平均流速也不变。上述结论是设计最佳灌装系统的依据。

2. 液体灌装方法

由于液体物料性能不同，有的靠自重即可灌入包装容器，有的需要施加压力才能灌入包装容器，所以，灌装方法也多种多样。根据灌装压力的不同可分为常压灌装、压力灌装和真空灌装等。按计量方式不同，可分为定液位灌装和容积灌装。

（1）常压灌装　在常压下，利用液体自身的重力将其灌入包装容器内称为常压灌装，又称重力灌装。该灌装方法适用于不含汽又不怕接触大气的低黏度的液体物料，如白酒、果酒、酱油、牛奶、药水等。

常压灌装方法的计量是采用定液位灌装，容器中液面的高度由排气管口在容器中的位置确定，并由此来计量包装容器的充填量。这种计量方法，可以使每个容器的灌装高度保持一致。此外，还可以采用容积灌装，利用定量杯量取液体物料，再将其灌装到包装容器中，此法比定液位灌装计量精度高，但灌装速度慢。

（2）真空灌装　先将包装容器抽真空后，再将液体物料灌入包装容器内称为真空灌装。这种灌装方法不但能提高灌装速度，而且能减少包装容器内残存的空气，防止液体物料氧化变质，可延长产品的保存期。此外，还能限制毒性液体的逸散，并可以避免灌装有裂纹或缺口的容器，减少浪费，适用于不含气体，且怕接触空气而氧化变质的黏度稍大的液体物料以及有毒的液体物料，如果汁、果酱、糖浆、油类、农药等。

（3）等压灌装　先向包装容器内充气，使容器内压力与储液缸内压力相等，再将储液缸的液体物料灌入包装容器内称为等压灌装。

等压灌装又称压力重力灌装、气体压力灌装。这种灌装方法只适用于含汽饮料，如啤酒、汽水、香槟、矿泉水等。该方法可以减少 CO_2 的损失，保持含汽饮料的风味和质量，并能防止灌装中过量泛泡，保持包装计量准确。

（4）压力灌装　借助外界压力将液体物料压入包装容器称为压力灌装。外界压力有机械压力、气压、液压等。压力灌装主要适用于黏度较大，流动性较差的黏稠物料的灌装，可以提高灌装速度。对一些低黏度的液体物料，虽然流动性很好，但由于物料本身的特性或包装容器材料及结构限制，不能采用其他灌装方法的，也可采用压力灌装。例如对酒精饮料采用真空包装，会降低酒精的含量；对热物料抽真空，可引起液体急剧蒸发；医药用葡萄糖等液体均采用塑料袋或复合材料袋包装，则也不能用真空灌装；如果采用常压灌装注液管道比较细，阻力大，效率低，为了提高灌装速度，可采用压力灌装。压力灌装，由于采用的外界压力不同，计量方式不同，而有多种类型。一般常用以下两种压力灌装方法，一种是定液位式压力灌装，另一种是容积式压力灌装。

三、固体充填工艺

将固体物料装入包装容器的操作过程称为固体充填工艺。固体物料的范围很广，种类繁多，形态和物理、化学性质也有很大差异，导致其充填方法也是多种多样，其中决定充填方法的主要因素是固体物料的形态、黏性及密度的稳定性等。

固体物料按物理状态可分为粉末状物料、颗粒状物料、块状物料；按其黏度可分为非黏性物料、半黏性物料和黏性物料，其特点如下：①非黏性物料。流动性好，几乎没有黏附性，倾倒在水平面上，可以自然堆成圆锥形，这类物料最容易充填，如谷物、咖啡、粒盐、砂糖、茶叶、硬果等。②半黏性物料。流动性较差，有一定的黏附性，充填时易搭桥或起拱，充填比较困难，如面粉、奶粉、绵白糖、洗衣粉、药粉、颜料粉末等。③黏性物料。流动性差，黏附性大，易黏结成团，并且易黏附在充填设备上，充填极困难。如红糖粉、蜜饯果脯及一些化工原料等。

固体物料的充填工艺有称重充填法、容积充填法和计数充填法。形状规则的固体块状物料或颗粒状物料通常用计数充填法；形状不规则的块状或松散粉粒状物料通常用容积充填法和称重充填法。

1. 称重充填

将内装物按预定质量充填到包装容器的操作过程称为称重充填。其充填精度主要取决于称量装置系统，与物料的密度变化无关，故充填精度高，如果称量秤制造精确，计量准确度可达 0.1%。但其生产率低于容积充填。

称重充填适用范围广泛，特别适用于充填易吸潮、易结块、粒度不均匀、流动性能差、视密度变化大及价值高的物料。称重充填又分成两类：净重充填和毛重充填。

（1）净重充填　先称出规定质量的物料，再将其填到包装容器内称为净重充填。这种方法，称重结果不受容器皮重变化的影响，是最精确的称重充填法。但充填速度慢，设备价格高。

净重充填广泛用于要求充填精度高及贵重的流动性好的固体物料，还用于充填酥脆易碎的物料，如膨化玉米、油炸土豆片等。特别适用于质量大且变化较大的包装容器。尤其适用于对柔性包装容器进行物料充填，因为柔性容器在充填时需要夹住，而夹持器会影响称重。

由于选择时产品全部被称量，消除了由于产品进给或产品特性变化而引起的波动，因此，计量非常准确。特别适用于包装尺寸和重量差异较大的物料，如蔬菜、快餐、贝类食品等的充填包装。

（2）毛重充填　毛重充填是物料与包装容器一起被称量。在计量物料净重时，规定了容器质量的允许误差，取容器质量的平均值。毛重充填装置结构简单、价格较低、充填速度比净重充填速度快。但充填精度低于净重充填。

毛重充填适用于价格一般的流动性好的固体物料、流动性差的黏性物料，如红糖、糕点粉等的充填，特别适用于充填易碎的物料。由于容器质量的变化会影响充填精度，所以，毛重充填不适于包装容器质量变化较大，或内装物质量占包装件质量比例很小的包装。

为了提高充填速度和精度，可采用容积充填和称重充填混合使用的方式，在粗进料时，采用容积式充填以提高充填速度，细进料时，采用称重充填以提高充填精度。

2. 容积充填工艺

将物料按预定容量充填到包装容器内称为容积充填法。容积充填设备结构简单、生产率高、速度快、成本低，但计量精度较低。适用于充填视密度比较稳定的粉末状和小颗粒状物料，或体积比质量更重要的物料。

（1）量杯充填　采用定量的量杯量取物料，并将其充填到包装容器内称为量杯充填。充填时，物料靠自重自由地落入量杯，刮板将量杯上多余的物料刮去，然后再将量杯中的物料在自重作用下充填到包装容器中。适用于充填流动性能良好的粉末状、细颗粒状、碎片状物料。对于视密度稳定的物料，可采用固定式量杯；对于视密度不稳定的物料，可采用可调式量杯。该充填方法充填精度较低，通常用于价格低廉的产品，但可进行高速充填提高生产效率。量杯的结构有转盘式、转鼓式、插管式3种。

（2）螺杆充填　螺杆充填是控制螺杆旋转的圈数或时间量取物料，并将其充填到包装容器中。充填时，物料先在搅拌器作用下进入导管，再在螺杆旋转的作用下通过阀门充填到包装容器内。螺杆可由定时器或计数器控制旋转圈数，从而控制充填容量。

螺杆充填具有充填速度快、飞扬小、充填精度较高的特点，适用于流动性较好的粉末状、细颗粒状物料，特别是在出料口容易起桥而不易落下的物料，如咖啡粉、面粉、药粉等。但不适用于易碎的片状、块状物料和视密度变化较大的物料。

螺杆每转一圈，就能输出一个螺旋空间容积的物料，精确地控制螺杆旋转的圈数，就能保证向每个容器充填规定容量的物料。

（3）真空充填　将包装容器或量杯抽真空，再充填物料过程称为真空充填。这种充填方法可获得比较高的充填精度，并能减少包装容器内氧气的含量，延长物料的保存期，还可以防止物料粉尘弥散到大气中。

真空充填有两种类型：一种是真空容器充填，另一种是真空量杯充填。

（4）定时充填　通过控制物料流动时间或调节进料管流量来量取产品，并将其充填到包装容器中称为定时充填。它是容积充填中结构最简单，价格最便宜的一种，但充填精度一般较低。可作为价格较低物料的充填，或作为称重式充填的预充填。

（5）倾注式充填 在充填过程中，充填容量由容器移动速度、倾斜角度、振动频率及振幅决定。倾注式充填可实现高速充填，适用于各种流动性物料的充填。

3. 计数充填

将产品按预定数目装入包装容器的操作过程称为计数充填。在被包装物料中有许多形状规则的产品，这样的产品，大多是按个数进行计量和包装的。如 12 小包茶叶一盒，20 支香烟一包，50 片药片一瓶等。因此，计数充填在形状规则物品的包装中应用甚广，适于充填块状、片状颗粒状、条状、棒状、针状等形状规则的物品，如糖果、胶囊、饼干、铅笔、纽扣、香皂、针等。

计数充填法分为：单件计数充填和多件计数充填两种。

第七节 防 潮 包 装

包装件在仓储与流通过程中非常容易遭受空气中水蒸气的影响，使内装物品质降低，甚至完全失去使用价值。防潮包装就是选用一定的防护措施，隔绝空气中水蒸气对内装物的侵袭，避免其潮湿、发霉、变质、腐烂、锈蚀等。但每种内装物品的吸湿特性不同，对水分的敏感程度不一样，对防潮性能的要求也有所不同；包装件在流通过程中，接触到的空气中水蒸气含量也经常处于变化之中，为了正确地选择防潮包装材料及工艺，就应该充分考虑内装物的吸湿特性和包装件所处的自然流通环境。如图 5-1 所示为用于包装瓜子的防潮包装。

图 5-1 包装瓜子的防潮包装

一、内装物的吸湿特性

容易吸收水分或在表面吸附水分，引起潮解、发霉和腐蚀的物品都需要进行防潮包装。为使防潮包装能到良好的效果，在进行防潮包装设计时，应该对被包装物品的吸湿特性进行充分了解，提出明确的防潮要求，选择适当的防潮材料，设计出有效的防潮包装方案。

食品是容易吸收水分变质的物品，这与食品中的含水量有很大关系；干燥食品不容易变质；含水量少的食品也不容易变质；只有当食品中的水分达到适宜微生物生长繁殖的含量时，食品才会腐坏变质。引起食品腐坏的最低含水量，也即微生物生长繁殖所需要的最低含水量，称为水分活性，用 Aw（Water Activity）来表示。

不含任何物质的纯水的 Aw=0，无水食品的 Aw=1，因此，Aw 最大值为 1，最小值为 0。各种食品都有其本身的最低水分活性，如：鲜肉、鸡蛋、果酱分别为 0.97～

0.98、0.97、0.79。而各种微生物的生长繁殖也有其本身所需要的最低水分活性，如：大肠杆菌、红酵母、黄曲霉和白曲霉分别为 0.935～0.96、0.89、0.80 和 0.75。当 Aw 满足有关微生物生长繁殖的最低值时，食品就开始腐败变质。若食品的含水量越多，则水分活性越高，微生物生长繁殖相对越快，在储存中也越容易腐坏变质。此外，气温较高时也容易使微生物生长繁殖，因为它使空气中水蒸气的含水量增加。若把 Aw 值降低到 0.70 时，则可在较长时间内不会变质；当 Aw 值低到 0.65 以下时，食品可以在2～3 年内不变质，因为此时微生物几乎无法生长繁殖。

一般金属及其制品的表面也容易吸附空气中的水分而形成水膜，水膜达到一定厚度，在适当的相对湿度条件下，就会开始剧烈地腐蚀，这个湿度条件就称为金属的临界腐蚀湿度。如钢铁的临界腐蚀湿度为 70%，铜的临界腐蚀湿度为 60%，铝的临界腐蚀湿度为 76% 等。当相对湿度在临界湿度以上，金属表面的水膜更容易形成。金属上的水膜厚度小于 0.01μm 时，只能使金属产生轻微腐蚀，若水膜厚度增加到 1μm 时，则腐蚀速度随水膜的加厚而急剧上升，为了防止金属及其制品在包装内的腐蚀，就要求把防潮包装内的相对湿度控制在金属的临界腐蚀湿度以下。

所有被包装物品都具有吸湿性，在含水率尚未达到饱和之前，将随着所接触空气中的相对湿度增加而增加。因为物品都不是绝对干燥的，总含有一定水分，并在某一允许的相对湿度范围内，吸湿量和蒸发量相等，即达到允许的平衡含水率，此时内装物的品质会得到保证；超过这个湿度范围，就会改变允许的平衡含水率，使内装物发生潮解，造成变质损失。例如：黑火药在包装内的相对湿度为 65% 时，含水率在 0.85% 左右，其使用性能变化不大，若包装内相对湿度升高，则它将吸收水分而受潮结块，造成点火困难、降低燃烧速度而影响使用。 又如，茶叶生产时经过烘干的含水率约为 3%，在相对湿度为 20% 时达到平衡；若相对湿度为 80% 时，其平衡含水率约为 13%，但在相对湿度为 50% 时，茶叶的平衡含水率为 5.5%，这时茶叶就要发生霉变，品质急剧下降。因此对茶叶进行防潮包装时，就要保证在储存期间茶叶包装中的含水率不超过 5.5%。

二、空气中的水蒸气和相对湿度

在温度一定的条件下，相对湿度越大，空气中水蒸气的含量也越多。显然环境空气中相对湿度的大小，可以反映出空气中水蒸气的含水量对包装件的影响。

当相对湿度处于饱和状态时，在常温范围内空气的含水量如表 5-1 所示。

表 5-1　　　　　　　　　　　　　空气中饱和水蒸气的含水量

温度/℃	含水量/(g/m³)	温度/℃	含水量/(g/m³)	温度/℃	含水量/(g/m³)	温度/℃	含水量/(g/m³)
2	5.61	12	10.6	22	19.10	32	32.8
4	6.43	14	12.0	24	21.4	34	36.4
6	7.33	16	13.5	26	23.9	36	40.2
8	8.31	18	15.1	28	26.6	38	44.3
10	9.40	20	17.0	30	29.6	40	48.6

从表 5-1 可以看出，在相同的相对湿度条件下，温度升高，空气中水蒸气含水量增

多；若温度下降，极易使空气中的水蒸气含水量达到过饱和状态，而产生水分凝结，或相对湿度升高。这种相对湿度变化与防潮包装有很大关系，如在较高温度下封入包装内的空气相对湿度处于被包装物品所允许的范围内，当温度降低到一定程度，包装内相对湿度会发生变化，就可能超过被包装物品所允许的范围。所以根据内装物的使用环境条件，控制防潮包装在密封时封入的空气相对湿度，具有重要意义。若封入包装容器内的空气相对湿度过高，就会失去防潮包装的意义，因为这时内装物处于包装内的高湿条件之下，尽管包装件外部环境的相对湿度不高，还是会引起变质。如图 5-2 所示为常见防潮包装。

(a)　　　　　　　　　　　　　　(b)

图 5-2　常见防潮包装
（a）薯片包装　　（b）茶叶包装

第八节　防水包装

在流通过程中包装件与水接触的机会很多，例如，在运输、装卸、储存时，经常放置在露天，包装件会受到雨、雪、霜、露的侵袭，产生渗水现象；在海运过程中海浪飞溅、船舶底部积水，敞篷车辆没有遮掩等，都会使包装件浸水；意外或可能落入水中，或在潮湿多雨的地区流通，也会使水浸入包装件，雨水会使包装材料受潮变质损坏，一旦侵入包装内，还会使内装物受潮变质、锈蚀和长霉；同时，雨水中常含有各种阳离子和阴离子，这些离子会转化成酸、碱和盐类物质，促使内装物锈蚀，因此必须进行防水包装。

一、防水包装的特性

为了防止因水侵入包装件而影响内装物品质，所采取一定防护措施的包装称为防水包装。防水包装属于外包装，一些具有保护性的内包装，例如防潮包装、防锈包装、防霉包装、防震包装等，可以与防水包装结合考虑，但不能代替。

通常，外包装采用防雨水结构，内包装为了防止潮气的影响而采用防潮、防止金属的氧化而采用防锈、防止或抑制霉菌孢子发芽与生长而采用防霉等结构，它们的工艺措施并不完全相同。虽然液态的雨水和气态的水蒸气（潮湿空气）的物理化学性质是相同的，但它们对包装件的侵袭方式和现象是不同的。所以，防雨水包装结构不一定能兼防潮包装的作用。因为，防雨水包装只是单纯为了防止外界雨、雪、霜、露等渗入包装内侵蚀内装物，除非是采用气密性容器包装，它对外界潮湿空气的侵蚀是防止不了的，也不能起阻止作用。要想防止包装内的残存潮气及内装物蒸发出来的潮气对内装物的影响，还必须进行防潮、防锈和防霉包装等。

进行防水包装时，需要了解流通环境的降雨气候特点，例如降雨强度情况、降雨分布、持续降雨日数情况。在空投物资时，包装件可能会在水中浸泡一定的时间，这时就要求包装件具有相当的浸水能力。

二、防水包装材料

防水包装使用的材料通常分为外壳框架壁板材料和内衬防水材料、防水粘接剂等。

1. 包装的外壳框架壁板材料

防水包装的外壳框架壁板材料可以分为木材、金属、瓦楞纸板三大类。它们应该具有一定的机械强度，应能承受内装物的质量，在装卸、搬运与储存过程中遇到各种机械应力时不会损坏。特别是在受潮后仍应具有一定的机械强度，刚性不会明显降低。

防水包装箱，也可采用经过实验证明性能可靠的其他材料来制作，如采用两种或两种以上材料制成的硬质塑料箱、钙塑箱、钢木结构组合箱、纸木结构组合箱以及近年研制开发的竹胶板箱等。但不管使用哪种材料，都应确保防水包装箱的强度，并符合储运与装卸的要求。

2. 内衬防水材料

外壁框架板材多数是为了确保防水包装的强度，对于防水包装性能，除金属箱外，必须在箱板内侧衬垫其他的防水包装材料，用作防水包装容器内衬的材料主要有以下几类：各种防水包装用纸，有石油沥青油毡、石油沥青纸、防潮级柏油纸、蜡剂浸渍纸等；各种塑料薄膜以及涂布的、复合的薄膜均可用来作防水包装箱的衬里，常用的塑料薄膜有：LDPE、HDPE、PVC、PS、PVDC以及塑料瓦楞板、泡沫塑料板等；各种复合材料均可应用，如铝塑复合膜、塑纸复合、塑塑复合、塑布复合等复合材料。

3. 密封材料

防水包装用密封材料有压敏胶带、防水胶粘接带、防水粘接剂、密封用橡胶等。它们都应具有良好的粘接性和耐水性。遇水后，粘接性能不应显著下降，结合部位不应自然分离现象。其中压敏胶带用于纸箱密封，密封橡胶用于金属箱、罐的密封。

4. 防水涂料

用于纸箱、胶合板箱等表面防水处理的防水涂料有石蜡、清漆等。

5. 外覆盖材料

包装容器外的覆盖材料主要有防水篷布等，它们除应具有一定的强度和耐水性能外，还应具有耐老化、耐高温、低温和日晒等性能。

三、防水包装技术

1. 防水等级

防水包装的等级是根据包装储运的环境条件及耐受浸水或喷水试验的等级来划分

的。根据国家标准有关防水包装（GB/T 7350—1999）、运输包装件喷淋试验方法（GB/T 4857.9—2008）和运输包装件浸水试验方法（GB/T 4857.12—1992）的规定，防水等级的划分指标如表 5-2 所示。

表 5-2　　　　　　　　　　　　　　　　防水包装等级

条件	类别等级	储运条件	试验条件	
			试验方法	试验时间/min
A类浸水	1	包装件在储运过程中容易遭到水害，并沉入水面以下一定时间	将包装件以不大于300mm/min下放速度放入水中，当包装件的顶面在水面以下 100mm 时进行浸泡	60
	2	包装件在储运过程中容易遭到水害，并短时间沉入水面以下		30
	3	在储运过程中包装件的底部或局部短时间浸泡在水中		5
B类浸水	1	在储运过程中包装件基本上露天存放	以 100±201/（m²·h）的喷水量均匀垂直向下喷淋包装件，喷水装置离开箱顶面距离不小于 2000mm	120
	2	在储运过程中包装件部分时间露天存放		60
	3	包装件主要库内存放，但在装运过程中可能短时遇雨		5

注：必要时，包装件在进行浸水或喷淋试验前做垂直冲击跌落试验。

2. 常用防水包装方法

对防浸水的防水包装应采用刚性容器，如金属材料或硬质塑料；对防喷淋的防水包装可采用木质容器，木箱内壁应衬以防水阻隔材料，并使之平整完好地紧贴于容器内壁，不得有破碎或残缺。防水包装容器在装填内装物后应严密封缄，具体的防水结构可参见相关的国家标准。

四、防水包装的试验考核

防水包装的防水性能除由包装工艺措施保证外，还应经过浸水试验或喷淋试验。浸水试验是将包装件完全浸入水中保持一定时间后取出，进行沥水和干燥，根据包装件和内装物的损坏情况，判断所采取的防水措施是否能满足包装要求。喷淋试验是将包装件放在试验场地上，在稳定的温度条件下，由人工供水系统将水按预定的时间及速度喷淋到包装件上，它不只是对渗水情况进行检验，还通过试验前后抗压强度的变化，跌落、斜面冲击等试验结果，对喷淋后包装的强度优劣进行检验。试验要求和方法可参见相关的国家标准。对其他必要的物理机械性能试验，如堆码试验或压力试验、垂直冲击试验等，也应按照有关专业标准来进行适当的试验和考核。

第九节　真空包装与充气包装技术

一、真空和充气包装简介

将产品装入气密性包装容器，抽去容器内部的空气，使密封后的容器内达到预定真空度，然后将包装密封的一种包装方法称为真空包装。在产品装入气密性包装容器，抽真空（或不抽真空），再充入保护性气体（一般为 N_2、CO_2），然后将包装密封的一种包装方法称为充气包装。

真空包装，首先在 20 世纪 40 年代，用于火腿、香肠包装。充气包装在 20 世纪 50 年代，开始用于干奶酪包装。我国于 20 世纪 80 年代引入充气包装技术，用于茶叶充氮包装。目前，我国的真空和充气包装技术已得到广泛使用。

真空、充气包装有以下特点：①食品不用加热或冷冻，不用或少用化学防腐剂，便能有较长保存期，且食品风味可保持较好；②充气包装饱满美观，可克服真空软包装缩瘪难看和易机械损伤的缺点；③与罐藏和冷冻储藏相比，包装材料和设备较简单，操作方便，费用较少。但真空、充气包装有以下不足：①真空包装抽真空后，软包装缩瘪不美观，不适合有尖锐外形产品及粉状产品的包装；②充气包装所用的保护气体一般为 N_2、CO_2 等气体，其对食品的保护作用有限；③因包装透气问题，不一定始终维持最佳保护气氛；④真空充气包装对厌氧菌无效。因此，对食品来说，真空及充气包装常要与冷藏相结合，才有较好的效果；与罐藏相比，食品真空及充气包装速度较慢，效率较低。

真空、充气包装都可理解为气调包装。气调包装 CAP（Control Atmosphere Packing）的含义是指密封包装内产品四周气氛可得到调节或控制的一种包装方法。

如真空包装中的水果、蔬菜，由于果蔬的呼吸及塑料薄膜的气体选择性透过作用，包装内气体成分会调节到一种最佳状态。这种选择性渗透薄膜包装常称为自然气调包装。

图 5-3　常见真空包装

充气包装又称换气包装或改变气体包装，它属于气调包装，只不过是将包装内空气置换为有利产品保存的气体。但在流通过程中，能调节、控制以维持包装内产品周围始终处于最佳气氛状态的气调包装还没有出现。

实践证明，真空、充气包装的成功应用，取决于以下基本工艺要素：包装内气体成分的选择和包装储存温度的确定；高阻隔性包装材料的选用和包装容器的密封；包装方法和包装机械的选用。如图 5-3 所示为常见真空包装。

二、真空和充气包装的应用

（1）包装鲜肉禽及肉制品　鲜肉禽为高水分活性食品，在有氧存在时，很易在各种微生物作用下发黏、变色、变味和腐败。

鲜肉禽的保存可以冷冻，但外观与风味变差。真空充气包装加冷藏有良好的保存效果，且肉色、风味保持较好，受消费者欢迎。

真空包装的肉呈淡紫色。而鲜肉充入 O_2、N_2 和 CO_2 三种混合气体再加冷藏，可使肉肌红蛋白（紫红色）转为氧化肌红蛋白，使肉呈鲜红颜色。各种肉的肌红蛋白浓度不同，要求包装内氧的浓度也不同，一般为氧气占 65%～80%。二氧化碳有一定防腐败作用，但浓度不宜过高，以免肉变色、变味。氮用作充填气体。鲜肉禽充气包装一定要在低温下冷藏才有好的效果，一般为 1～4℃。

肉制品经过加工杀菌，水分活性降低，用真空包装或充气包装在常温下保存也有良好的效果。

（2）包装快餐及烘烤食品　这类食品有馅饼、蛋糕、面条、面包等，品种繁多，其主要成分为淀粉类面粉，有的有馅。

这类食品产生变质的因素有：细菌、酵母和霉菌引起的腐败；脂肪氧化酸败；淀粉老化变干。因此，包装要除氧、充气。一般充入 CO_2 与 N_2 混合气能有效抑制细菌和霉菌。食品水分活性 A_W 高，则二氧化碳浓度要高，但过高使食品微酸；充氮可维持包装饱满。因二氧化碳对酵母无抵制作用，有时食品要适量添加丙酸钙。为防淀粉老化，可在食品表面涂油脂，并且不宜在低温下储存。这类食品充气包装在常温下储存仍有较好效果。

（3）包装海鲜产品　鲜海产品气调保鲜难度较大。

鲜海产品致腐有多种形式：细菌使鱼肉三甲胺分解而腐败；鱼肉脂肪氧化酸败；鱼体内酶使鱼肉降解；低温时厌氧菌产生有害毒素等。

对低脂肪海水鱼充 CO_2、N_2 和 O_2 包装以抑制厌氧菌繁殖；而多脂肪海水鱼则只充 CO_2 和 N_2 包装，以防脂肪氧化酸败。一般二氧化碳浓度不大于 70%，以免渗出鱼汁变味。鲜海产品气调包装要在 0～2℃下冷藏才有良好效果。

（4）包装鲜果蔬　新鲜水果蔬菜收获后仍是活的有机体，仍继续进行着水分蒸腾、呼吸作用以及后熟等生理过程。要延长鲜果蔬的保存期，最主要的是抑制其呼吸强度。

有氧呼吸与无氧呼吸均消耗果蔬养分，引起发热，并导致细菌繁育而腐败。

当果蔬包装中有低浓度氧和较高浓度二氧化碳时，其呼吸作用受抑制，但又不致产生无氧呼吸，因而延长了保存期。

储存温度降低，也降低果蔬呼吸强度。但储存温度过低会引起果蔬"冷害"、不同品种果蔬引起冷害的温度不同，因而适宜的储存温度也不同。一些果蔬充气包装的最低储存温度，见表 5-3。

表 5-3　　影响果蔬的最低温度

果蔬	温度/℃	果蔬	温度/℃
香蕉	10～13	番茄(红)	7
红薯	13	番茄(绿)	13
南瓜	10	西瓜	5
黄瓜	7	苹果	3
圆辣椒	7	甘蓝	0
茄子	7	莴苣	0
马铃薯	4	菠菜	0

鲜果蔬可用充气包装保鲜，但更多的是采用自然气调保鲜，即采用选择性透气薄膜包装。它利用果蔬本身的自然呼吸和薄膜对不同气体的选择性透过，自动在密封包装内

建立起低浓度氧、高浓度二氧化碳的保存环境，从而延长保存期。

三、真空和充气包装用材料的选用

包装材料的正确选用，是气调包装能否有效应用的重要条件。

真空和充气包装，必须用阻气、阻湿性能良好的材料，以维持包装内最佳气体组成。而鲜果蔬自然气调包装，则要求材料有一定气体选择透过能力。

玻璃和金属容器有优良的阻隔性能，用作真空包装容器已有多年历史。塑料及其复合材料，由于易加工以及轻便美观等优点，多以软包装、热成型浅盘等形式在真空充气包装和自然气调包装中得到广泛的应用。

真空充气包装常用材料的性能要求可归纳如表5-4。

表 5-4   **真空、充气包装材料性能要求**

性能要求	简 要 说 明
气体阻隔优良 （透气率低）	使包装内保持最佳气氛(低氧或一定组成的二氧化碳、氮气)，例如，要求薄膜透氧率；真空包装应小于15，充气包装应小于70，透气率单位为 $cm^3/(m^2 \cdot 24h)$，101.325kPa
水蒸气阻隔性优良 （透湿率低）	防止环境湿气进入包装内或保持包装内一定湿度，一般透湿率应小于 $15\sim20g/(m^2 \cdot 24h)$
热封性优良	易热封，热封强度大，以保证包装的密封性能
机械适应性	有良好的强度、韧性，在包装及流通过程防止包装破损，以保证包装密封性
透明性	透明、光泽，可见内容物，增加气调包装食品安全感
其他	根据不同食品要求的耐油、保香等其他性能

第十节　脱氧剂封存包装

真空包装和充气包装，都是通过除氧或充入保护性气体，改变包装内气氛以保护产品的包装方法，又常称作改变气氛包装或气调包装。另外，有一种包装方法，也称第二代气调包装，就是在包装内加有增鲜装置，简称 FE（Freshen Equipment）。典型的"FE"是一个装有活性物质的小袋或小包，将其与产品一同放入阻隔性良好的密封包装内，能改变包装内气体成分，以延长内装物保存期。

FE 中的增鲜物质有以下几种：脱氧剂；吸收和释放 CO_2 剂；释放防腐剂；吸湿剂；吸收乙烯。

下面只讨论应用较成熟的脱氧剂。

真空包装，可抽除包装内大部分氧。但由于真空度所限，包装内仍残留少量氧。另外密封复合材料软包装也可能透入氧。因此，对微量氧敏感的内装物，则还要进一步脱氧。如要使霉菌完全受抑制，包装内氧要小于1%；全部杀灭，则要小于0.5%。

脱氧剂（Free Oxygen Absorber）封存包装，也称脱氧包装，常写成 FOA 包装。它是指将脱氧剂小包和产品一起密封在阻隔性良好的包装容器中，使容器内维持"无氧"状态（O_2 小于 0.1%），以保护产品的一种包装方法。

脱氧封存包装目前主要应用在以下产品的包装。

（1）粮食谷物　脱氧剂可使粮食谷物呼吸减慢，抑制害虫和霉菌繁殖，延缓陈化速度，从而延长保存期。

（2）加工食品　脱氧剂可防止食品的脂肪和色素氧化，抑制嗜氧微生物生长繁殖，可用来保持食品香味、防止腐败变质，延长保存期。如油炸食品、奶油食品、糕点、干制肉制品、香肠、茶叶和紫菜等的脱氧包装。

（3）中药材、文物、纺织品　可防害虫和霉菌侵害，防止书画变色。

（4）精密仪器、电子器材、军械　可防霉和防锈。

第十一节　防霉包装技术

由有机物构成的物品，包括生物性物品及其制品，例如干菜、卷烟、食品、果品、茶叶、纺织品、皮革制品、塑料、橡胶制品、毛制品、纸及纸板等，最容易受霉菌侵袭而发生霉变和腐败。为了防止内装物霉变而采取的一定防护包装措施称为防霉包装。

一、防　霉　包　装

霉菌是生长在营养基质上并形成绒毛状或棉絮状菌丝体的真菌，它们不能利用阳光吸收二氧化碳进行光合作用，必须从有机物中摄取营养物质以获得能源。因此，在外界因素如温度、湿度、营养物质、氧气和 pH 等适宜时，就会使它们寄生着的物品霉变，不仅影响外观，而且导致物品品质下降。

1. 物品霉腐的因素

（1）外界因素　霉腐微生物获得了营养物质后，还需要适宜的外界环境因素如相对湿度、温度、空气等生长条件。

①相对湿度。霉腐所需水分主要来自物品本身所含水分和周围空气所含水分，而物品含水量是随空气相对湿度的大小而变化，当物品含水量超过其安全水分时就容易霉腐，相对湿度越大，则越容易霉腐。为了防止物品霉腐，要求物品安全水分控制在12%以内，环境相对湿度控制在60%以下。此时，霉菌一般都丧失了生长能力。

②环境温度与空气。霉菌适应的温度范围是 $24\sim30℃$，在此温度下的酶的活性最强，新陈代谢作用随之加速，生长繁殖也最旺盛。此外，霉菌的生长繁殖还需要足够的和适量的氧气，过多或过少都不利。

（2）内在因素　容易霉腐的物品都含有霉腐微生物所需要的有机物，加上物品本身所含的水分，就构成了良好的培养基，为霉腐微生物生长繁殖提供了条件。

2. 物品霉腐的过程

物品霉腐一般经过以下四个环节：受潮、发热、霉变、腐坏。

根据上述霉菌生命活动的特点和霉腐过程，只要控制温度、湿度、营养物质和氧气等这些霉菌生长要素中的任何一个因素，就可以控制霉菌的生长，也就能确保包装内装物免遭霉菌的侵袭。

二、防霉包装等级与技术要求

国家标准 GB/T 4768—2008《防霉包装》中规定了机械、电工、电子、仪器和仪表等产品包装件防霉等级。

1. 防霉包装等级

防霉包装等级分为 4 级。内外包装材料与包装件按 GB/T 4857.21—1995 防霉试验方法进行 28 天防霉试验后，各等级有如下要求：

1 级包装：产品及内外包装未发现霉菌生长。

2 级包装：外包装局部区域可有霉菌生长，面积不超过整个包装件的 10%，但不能影响包装件的使用性能。

3 级包装：产品及内外包装均出现局部长霉现象，面积不超过整个包装件的 25%。

4 级包装：产品及内外包装局部或整件出现严重长霉现象，面积占整个包装件的 25% 以上。

2. 防霉包装技术要求

根据防霉等级提出防霉包装技术要求：

（1）品质要求

① 根据物品的性质、储运和装卸条件，设计防霉包装结构、工艺和方法，使包装后的物品在规定的时间内符合防霉包装等级的要求。

密封包装要求在规定的时间内，能控制包装容器内相对湿度低于或等于 60%。非密封包装要求在规定时间内，采用有效防霉措施，使其符合防霉等级的要求。

② 被包装物品在包装前必须按规定进行严格检查，确认物品是干燥与清洁的，物品外观无霉菌生长痕迹，以及无直接引起长霉的有机物质的污染。

③ 对被包装物品采取防霉措施时，不应对物品产生不良影响。

（2）材料要求

① 所使用的材料在物品包装前，不应有长霉现象与长霉斑痕。

② 包装材料应有强的耐霉性。凡耐霉性差的材料，应按相应标准和规定预先进行防霉处理。

③ 直接接触物品的包装材料，不允许有腐蚀性，或产生腐蚀性气体。

④ 包装材料在使用前应按规定进行干燥处理。避免使用含水率与透湿率超过要求的材料。

（3）包装环境条件

① 包装环境条件中相对湿度不能超过规定范围，保持环境清洁，避免有利于霉菌生长的介质带入包装箱内。

② 包装过程中避免手汗和油脂等有机污染物污染物品和包装件。

（4）储运环境条件

① 储运场所应该干燥，并有适当的阻隔层以阻止潮气从地下上升，以免外包装吸潮长霉。

② 仓库堆放的包装件之间及包装件与墙之间应留有通道，保持适当的距离，以便

进行必要的观察、清洁和处理，还有利于通风，防止长霉。

第十二节 无菌包装技术

一、简　述

被包装物品、被包装容器（材料）和辅料、包装装备均无菌的情况下，在无菌的环境中进行充填和封合的一种包装技术称为无菌包装。它常用于果汁、饮料、乳品、乳制品、食品及某些药品等的包装，尤其适于液态食品的包装。所采用的包装容器有：杯、盘、袋、桶、缸、盒等。包装材料主要采用塑料/铝箔/纸/复合塑料薄膜，这种材料制成的容器可比金属容器节省 20％左右的费用。其中被包装的食品可在常温条件下储存 15 个月左右不会变质，保存 7 个月左右不损失风味。经过无菌包装的食品无须冷藏库储存、冷藏车运输、冷藏柜台销售，成本较低，节省能源，储存期长，销售方便。

二、无菌包装的机理

无菌包装包括：包装材料或容器的灭菌、内装物的灭菌和在无菌环境下进行包装作业，整个过程构成一个无菌包装系统。对于不同的包装材料或容器，无菌包装系统的组成部分也不尽相同。

实际上无菌包装并非绝对无菌，无菌包装只是一个相对的无菌加工过程，也即"商业无菌（commercial sterilization）"。商业无菌是从商品角度对某些食品所提出的灭菌要求。就是指食品经过杀菌处理后，按照所规定的微生物检验方法，在所检食品中没有活的微生物检出，或者仅能检出极少数的非病原微生物，但它们在储存过程中不可能进行生长繁殖。目前，无菌包装中采用的杀菌方法主要有非加热杀菌和加热杀菌两大类。

（1）冷杀菌的机理

高温在杀菌时往往会使食品的品质受到不利的影响，为此，非加热杀菌技术日益受到人们的重视。目前采用的冷杀菌技术主要有紫外线杀菌、高压杀菌、高电压脉冲杀菌、药物杀菌、射线杀菌、磁力杀菌等。其作用机理各有不同，但都是在不需加热的情况下作用于细菌的蛋白质、遗传物质及酶等，使细菌变质致死，这种方法因不需加热，所以对食品的色、香、味有很好的保护作用。比较适合于一些不能加热的食品或包装品。

（2）热杀菌的机理

加热是灭菌和消毒方法中应用广泛、效果较好的方法。这是由于食品变质的主要原因是微生物在食品中生长繁殖，而加热能使细菌的细胞中与繁殖性能相关的基因受热变态，从而丧失繁殖能力。微生物中最耐热的是细菌孢子，当环境温度在 100℃以上时，温度越高，孢子死亡得越快，即所需灭菌时间越短。表 5-5 所示为肉毒杆菌孢子在中性磷酸缓冲溶液中的死亡时间与温度的关系。

表 5-5　　　　　　　　**肉毒杆菌孢子的死亡时间与温度的关系**

温度/℃	100	105	110	115	120	125	130	135
死亡时间/min	330	100	32	10	4	1.3	1/2	1/6

食品通常有香味和色素，当食品经过一定的温度和时间的加热，它们会发生不同程度的变化，但是这种变化对温度的依存关系比杀灭细菌孢子相对地小一些，而对时间的依存性大，从表 5-5 可以看出，加热温度在 130℃以上杀灭细菌的时间显著地缩短，因此，热杀菌应在尽可能短的时间内以一定的温度杀灭有害菌，以保持食品的品质。

第十三节　集合包装技术

将许多小件的有包装或无包装货物通过集装器具集合成一个可起吊和叉举的大型货物，以便于使用机械进行装卸和搬运作业称为集合包装。集装器具按形态大致可划分为托盘、集装箱、捆扎集装、集装架、集装袋和集装网六大类。集合包装的目的是节省人力，降低货物的运输包装费用。集合包装对于物流来说是非常重要的。

一、托盘包装技术

按一定形式堆码货物，可进行装卸和运输的集装器具称为托盘。将若干包装件或货物按一定的方式组合成一个独立的搬运单元的集合包装方法称为托盘包装，它适合于机械化装卸运输作业，便于进行现代化仓储管理，可以大幅度地提高货物的装卸、运输效率和仓储管理水平。

1. 托盘包装

（1）托盘包装及其特点　托盘包装方法的优点是整体性能好，堆码平整稳固，在储存、装卸和运输等流通过程中可避免包装件散垛摔箱现象；适合于大型机械进行装卸和搬运，与依靠人力和小型机械进行装卸小包装件相比，其工作效率可提高 3～8 倍；可大幅度减少货物在仓储、装卸、运输等流通过程中发生碰撞、跌落、倾倒及野蛮装卸的可能性，保证货物周转的安全性。有关资料表明，采用托盘包装代替原来的包装，可以使流通费用大幅度降低，其中家电降低 45％，纸制品降低 60％，杂货降低 55％，平板玻璃、耐火砖降低 15％。如图 5-4 所示为木质托盘。

但是，托盘包装增加了托盘的制作和维修费用，并需要购置相应的搬运机械。

（2）托盘堆码方式　该方式一般有四种，即简单重叠式、正反交错式、纵横交错式和旋转交错式堆码。在托盘堆码时应当注意，托盘表面利用率一般不低于 80％。

图 5-4　木质托盘

在托盘包装中，底部的包装产品承受上层货物的压缩载荷，而且在长时间的压缩条件下会导致包装容器或材料发生蠕变现象，影响托盘包装的稳定性。因此，在进行托盘包装设计时需要校核包装容器的堆码强度，还应考虑包装容器或材料的蠕变性能，以保证货物在储存、运输时的安全性。

（3）托盘固定方法　托盘包装单元货物在仓储、运输过程中，为保证其稳定性，都要采取适当的紧固方法，防止其坍塌。对于需进行防潮、防水等要求的产品要采取相应的措施。

　　托盘包装常用的固定方法有捆扎、胶合束缚、裹包以及防护加固附件等，而且这些方法也可以相互配合使用。

2. 托盘包装设计方法

　　托盘包装的质量直接影响着包装产品在流通过程中的安全性，合理的托盘包装可提高包装质量和安全性，加速物流，降低运输包装费用。托盘包装的设计方法有"从里到外"法和"从外到里"法两种，即"从里到外"设计法和"从外到里"设计法。

　　（1）"从里到外"设计法　它是根据产品的结构尺寸依次设计内包装、外包装和托盘，产品从生产车间被依次包装为小包装件，然后根据多件小包装或尺寸比较大的单个包装来选择包装箱，再将选定的包装箱在托盘上进行集装，然后运输到用户。按照外包装尺寸，可确定其在托盘上的堆码方式。由于尺寸一定的瓦楞纸箱在托盘平面上的堆码方式有很多，这就需要对各种方式进行比较，选择最优方案。

　　（2）"从外到里"设计法　它是根据标准托盘尺寸优化设计外包装和内包装，即根据标准托盘尺寸模数确定的外包装尺寸作为包装箱的结构尺寸，再对产品进行内包装。

　　在托盘包装设计时，应遵循国际公认的硬质直方体的包装模数 600mm×400mm，优先选用国家标准 GB/T 2934—2007《联运通用平托盘主要尺寸及公差》中 1200mm×800mm 和 1200mm×1000mm 尺寸系列托盘，以充分利用托盘表面积，降低包装和运输成本。目前，国外已有解决托盘装载包装设计系统软件。

二、集装箱包装技术

　　集装箱是一种综合性的大型周转货箱，也是集装包装产品的大型包装容器。集装箱运输具有其他运输方式不可比拟的优越性，已成为全球范围内货物运输的发展方向。

　　集装箱分类方法很多。按材质分为铝制集装箱、钢制集装箱和玻璃钢制集装箱。按结构分为柱式集装箱、折叠式集装箱、薄壳式集装箱和框架集装箱。按用途分为通用集装箱和专用集装箱。通用集装箱，即一般干货集装箱，是使用最广泛的集装箱，标准化程度很高，一般用于运输不需要温度调节的成件工业产品或包装件。专用集装箱是针对具体包装件或货物有特殊要求的集装箱，如散装集装箱、通风集装箱、侧壁全开式集装箱、板架集装箱、开顶集装箱、冷藏集装箱、保温集装箱、罐式集装箱、围栏式集装箱等。

1. 集装箱包装技术

　　集装箱包装技术主要包括编制集装箱货物积载计划、选择运输方式和货运交接方式等。

　　（1）集装箱运输　它是一种具有足够的强度，可以保证商品运输安全，并将货损与货差减少到最小限度的运输方式。如图 5-5 所示为集装箱。

　　集装箱运输只有在货物流量大、稳定集中，并且能实现公路、水路和铁路"多式联运"以及

图 5-5　集装箱

从生产企业到零售商店或消费者的"门到门"运输，才能充分发挥其优势，提高运输效率。

（2）装货积载 集装箱的装货积载是指同种货物在集装箱内的堆载形式与重量、不同货物配载的堆载形式以及总重量配比关系。集装箱运输要减少甚至消除货损，在很大程度上取决于集装箱内的积载，因此，集装箱运输必须编制集装箱货物积载计划。编制集装箱货物积载计划时，应主要考虑以下三个问题：

① 容积和重量的充分利用。必须熟悉各种集装箱的规格及特性，集装箱容积利用率的计算方法以及货物密度与集装箱容积的关系。

② 一般货物配载问题。主要是货物积载重心要低且稳，货物之间相容性要好。

③ 特殊货物配载问题。特种货物主要指重货和危险货物。特重货物的配载要注意积载的平衡和集装箱容积的充分利用。危险货物按规定一般不准配载。需配载时，应按危险货物运输规则所列的性能进行配载。严禁配载性能不同的危险货物。危险货物的装箱，其性能、容积、规格、储存、积载、标签等，均要符合有关危险货物的运输包装要求。此外，水路运输危险货物的集装箱必须装在船舶舱面的指定位置。

2. 集装箱的固定与搬运

（1）固定方法 集装箱可装载的货物种类很多，包装方法也不相同，即使是同一规格的包装产品，装箱后也不一定100％利用箱内容积。对于重荷装载，则可能留有更大的剩余空间。如果集装箱内货物固定不良，则这些情况会导致货物不能承受装卸、运输过程中的冲击与振动，造成散垛、货物破损。因此，需要对集装箱内的货物加以固定，以减少货损。如图5-6所示为集装箱搬运现场。

图5-6 集装箱搬运现场

常用的固定方法是拴固带固定法和空气袋塞固法。当集装箱内的货物较少时，可选用拴固带固定法。当集装箱内的货物不满又不便采用拴固带时，可选用空气袋塞固法。这种固定方法既可以防止货物相对移动，又可以减轻装卸、运输过程中的冲击与振动。空气袋在充气和放气时，具有很大的伸缩范围，对紧固和装卸作业都很方便。利用空气袋取代传统的方木、木片等填充材料，可节约大量的材料费用和紧固作业时间，并避免了填充材料对紧固作业环境的污染。

（2）搬运方式 集装箱的搬运分叉举、起吊两种方式。叉举是指采用叉车进行集装箱搬运装卸，故要求集装箱一般设有相应的叉槽结构，而且要求叉车的叉臂插入叉槽内的深度必须达到集装箱宽度的2/3以上。起吊是指采用起重机进行集装箱搬运装卸。用起重机起吊包括顶角件起吊、底角件起吊和钩槽抓举起吊三种方式。

三、捆扎集装技术

采用捆扎材料将金属制品、木材或小包装之类的货物组合成一个独立的搬运单元的集合包装方法称为捆扎集装。这种包装方法消耗包装材料少，成本低，便于储存、装卸和运输，具有封缄、封印、防盗、防止物品丢失或散塌的作用。常用的捆扎材料有钢丝、钢带以及聚酯、尼龙、聚乙烯、聚丙烯、聚氯乙烯等塑料捆扎带和加强捆扎带。

钢丝多用于捆扎管道、砖、木箱等刚性物品，用于捆扎木箱时会嵌入木箱的棱角。钢带是抗张强度最高的一种捆扎带，伸缩率小，基本不受阳光、温度等因素的影响，具有优良的张力保持能力，可承受高度压缩货物的张力，但易生锈。聚酯带有较高的拉伸强度和耐冲击力，有较好的弹性恢复性能，张力保持能力好，耐候性、耐化学性好，长期储存性好，可替代钢带用于重型物品的包装。尼龙带富于弹性，强度大，耐磨性、耐弯曲性、耐水性、耐化学性好，质量轻，主要用于重型物品、托盘等的捆扎包装。聚乙烯带属于手工作业用的优良捆扎材料，耐水性好，适用于含水量高的农产品捆扎，可保持可靠稳定的形状，存放稳定，使用方便。聚丙烯带质轻柔软，强度高，耐水性、耐化学性强，对捆扎的适应性强，使用方便，成本低，常用作瓦楞纸箱的封箱捆扎带，也可用作托盘化和集装化货物的捆扎以及膨松压缩货物的捆扎。聚丙烯带的张力保持能力与聚酯带、尼龙带相比差一些。加强捆扎带是在聚酯带或聚丙烯带中加入金属丝加强筋的一种捆扎带，适用于中包装的捆扎。

四、集装架包装技术

集装架是一种框架式集装器具，强度较高，特别适合于结构复杂、批量大的重型产品包装。在实际的货物流通过程中，有些产品批量很大，但形状很复杂，不能采用托盘包装。对于这类产品，通常采用钢材、木材或其他材料制作框架结构，其作用是固定和保护物品，并为产品集装后的起吊、叉举、堆码提供必要的辅助装置。这种框架结构称为集装架，它可长期周转复用，与木箱包装相比可节省较多的包装费用，而且可以提高装载量、降低运输用。

五、集装袋包装技术

集装袋是一种大型的柔性集装器具，可以集装1t以上的粉状货物，广泛应用于储运粉粒状产品。目前广泛采用集装袋储运水泥、纯碱、化肥、饲料、石墨、三聚磷酸钠、聚乙烯醇、聚氯乙烯、粮食、砂糖、食盐等，取得了极大的经济效益。

集装袋的结构型式主要有方形集装袋、圆筒形集装袋、圆锥形集装袋、吊包式集装袋、穿绳式集装袋和折叠式箱形集装袋。如图5-7所示为集装袋包装。

图 5-7　集装袋包装

常用集装袋有橡胶帆布袋、聚氯乙烯帆布袋和织布集装袋。

六、集装网包装技术

集装网也是一种柔性集装器具，可以集装1～5t的小型袋装产品，如土特产、粮食、瓜果、蔬菜等。集装网重量轻，成本很低，运输和回收时占据的空间很小，使用很方便。常用的集装网有盘式集装网和箱式集装网。

第十四节　防震包装技术

在产品的运输环节中，引起商品破损的原因主要是运输环境中的振动和冲击。包装件的冲击主要发生于装卸作业和运输过程中，表现为垂直跌落冲击和水平碰撞冲击。影响包装件振动的因素来自于运输工具种类、运输环境状况、包装结构形式、装载重量等方面。冲击和振动的相关知识都属于包装动力学的范畴。

在振动和冲击动力学与运输包装的各种关系中，缓冲包装与力学关系尤为突出。缓冲包装指保护商品在流通过程中，不因受到冲击和振动而破损的包装。

缓冲包装是指采用缓冲材料或其他缓冲元件，避免过量冲击而保护产品的一种包装技术。缓冲材料是决定缓冲包装系统性能的主要因素。

产品的缓冲包装有多种形式，因产品的质量、价值、结构形式和尺寸大小不同而异。常见的缓冲材料有：

（1）纤维类

①纤维形结构。木屑、纸屑、瓦楞纸板、纸浆模、稻草等。②动物纤维。毛皮、羊毛、羽毛、毛毡等。③矿物纤维。石棉、玻璃纤维等。

（2）泡沫类

①天然泡沫材料。软木等。②合成泡沫材料。泡沫塑料、泡沫橡胶等。泡沫塑料的特点：具有细孔海绵状结构的发泡树脂材料。将气体导入并分散在液体树脂中，随后将发泡的材料固化。泡沫塑料的性能主要取决于本身材质和发泡程度以及泡沫性质。泡沫性质又取决于气泡的结构是独立气泡还是连通气泡。独立气泡为一个个气泡组成薄壁独立状，而连通气泡为各气泡连通成一体。气泡的直径平均为 $50\sim500\mu m$，气泡厚度为 $1\sim10\mu m$，在 $1cm^3$ 的气泡塑料中有 $800\sim8000$ 万个气泡。常用的塑料泡沫有聚乙烯（EPE）、聚苯乙烯（EPS）、聚氨脂（PUR）等热塑性树脂泡沫塑料以及各种热固性酚醛树脂、尿醛树脂、环氧树脂制成的泡沫塑料。

图 5-8　气泡塑料薄膜包装

（3）气泡塑料薄膜类　采用挤出垫压法在两层塑料薄膜中形成大量气泡，利用填充的空气作缓冲。如图 5-8 所示为气泡塑料薄膜包装。

（4）弹簧类　各种金属丝弹簧、板弹簧、橡胶弹簧等。

第六章　包　装　测　试

第一节　概　　述

　　测试技术是人类对客观世界认识和改造活动的基础，是科学研究的基本方法。对包装材料、包装容器和包装件进行必要的性能测试与分析，可以优化包装设计、提高包装质量、扩大产品影响，对提高产品品牌的知名度和企业的经济效益具有十分重要的意义。另外，产品质量管理与控制也要求对产品的包装工艺参数和包装过程进行检测和评价，即也需要包装测试技术。对包装材料和包装容器进行测试，是进行包装选材和包装设计的基础，而对包装件进行包装测试，就是针对包装件在流通过程中所处的环境条件，有选择性地进行某些模拟试验，以检测和预知包装的防护性能。因此，了解包装件的流通过程是进行包装测试的基本依据。

一、包装件的流通过程及面临的危害

　　所谓流通，是指产品从制造出厂到消费终止的全过程。而包装件的流通过程，通常是指包装件从完成全部包装起，直至到达用户这一全过程。在流通过程中，包装件要面对各种不同的环境和条件，各种环境和条件存在较大的差异性，对包装件的影响也错综复杂，因此，进行包装件的测试，必须采用一定的方法把各种影响因素分解和规范化，并进行综合考虑，把流通环境条件区分为多种参数，如：气候条件、机械条件等。国际电工委员会对运输环境参数一般分为气候条件、生物条件、化学作用物质、机械活性颗粒和机械条件五类。

　　包装件在流通过程中受到各种环境因素的综合作用和影响，一般情况下，这些作用和影响很少作为单独条件出现。为了分析方便，一般都以单项作用进行分析，按照流通过程中的几个主要环节进行具体分析。一般来说，包装件的流通过程主要包括：装卸、搬运、运输、仓库储存等几个环节（如图 6-1 所示），包装件在这几个环节中会受到不同的危害。同时，气候条件、生物作用、人为偷窃等也会对包装件和内装物产生不同程度的影响。

　　（1）装卸、搬运环节对包装件造成的危害　包装件在流通过程中，要经过多次装卸和短距离搬运作业。在作业过程中，包装件要经受跌落、碰撞等作用而受到冲击。包装件装卸操作的方式通常有机械和人工两种，装卸方式的选择受包装件体积和重量的影响。机械装卸多用叉车、吊车等设备，它可以装

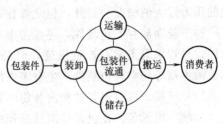

图 6-1　包装件流通过程示意图

123

卸重量较大的包装件，且使其受冲击较小，但要使包装件设计适应机械装卸的要求。人工装卸多适于 40kg 以下的包装件，一般为 20～30kg，过重难以做到轻拿轻放，过轻则显得零乱、分散；同时，在人工装卸时，由于装卸工人素质和遇到的实际情况不同，包装件受跌落、碰撞、抛掷机会也有较大差异。另外，在进行包装设计时，如果合理配置提手或手孔，则有利于文明装卸和搬运，减少包装件受跌落、碰撞、抛掷的破坏。

总之，包装件在装卸、搬运过程中，无论采用人工装卸、搬运，还是采用机械装卸、搬运，都会不同程度的遇到跌落、碰撞、抛掷、冲击、翻滚等形式的作用，对包装容器的面、棱、角，甚至内装物造成不同程度的损坏。

（2）运输环节对包装件造成的危害 包装件在运输过程中，无论采用哪种运输方式，由于路面条件和运输工具等原因，都会使包装件受到冲击和振动的危害。目前的运输工具主要是汽车、火车、轮船和飞机。在使用这些运输工具时，包装件所受到的冲击力一般较装卸时小，但受振动损坏的机率则较大。

振动作用是十分复杂的，振动源本身就是不规范的作用，因此对包装件的影响也十分复杂。特别是汽车运输，由于受公路路面起伏不平、车箱减振弹簧的制约、轮胎充气程度的不同等因素的影响，均会使包装件产生振动而受损；如果包装件不加固定，不仅有振动作用，而且会有频繁的冲击作用施加在包装件或内装物上，对包装件和内装物造成更大的损坏。同时，在各种运输方式中，包装件一般应堆码摆放，因此还应考虑堆码振动的情况和堆码对包装件及内装物的影响。

另外，包装件在长途运输过程中，要经受各种气象条件的考验。不同的温度和湿度会对包装件产生不同的影响，致使包装物变质受损，如纸包装易受潮变性，使内装的食品、药品霉变；金属制品容易生锈；家用电器受潮，电性能降低等。

（3）仓库储存环节对包装件造成的危害 包装件在流通过程中，一般需要在库房内储存，进行长期或短期存放。仓储周期越短，越利于商品保护，在仓储中，要求尽可能占用较小的场地，以存放更多的包装件，这就要求包装件的外形便于堆码存放。

堆码会对包装件造成的危害主要是静压力，它对包装容器、内衬垫和内装物都会产生影响，而底部受影响的程度更大。这种静压力，会使包装容器发生形变，以至产品发生变形或损坏。因此堆码的高度应根据包装的强度进行计算，避免下层包装件被压坏。对于单一品种的包装件，其堆码造成的负荷容易准确计算，也较容易采取相应的措施加以保护，但实际仓储过程中，往往出现混合码放现象，尤其是出现"以重压轻"现象，因此包装件堆码的静压力不可忽视。同时，还要考虑因作用力面积小而造成的静压力过分集中在包装件某一部位的情况，甚至操作人员为便于操作而站在包装件某一位置上造成的压力过大的情况。另外，包装件在运输过程中也会出现上述堆码现象。

对于长期储存的包装件，还要考虑环境条件对包装件的影响，特别是露天存放的包装件，尽管采取了某些遮蔽措施，但是，其环境仍是很恶劣的，阳光、风雨、腐蚀气体、微生物等均会对包装件产生有害作用，从而导致内装物发生化学变化。

（4）气候条件对包装件和内装物的影响 作用于包装件的气候条件十分复杂，如风吹、日晒、雨淋等。在包装件流通过程中，"雨淋"是最常见的现象，对于怕雨淋的包装件，即使采取相应的保护措施，也难免受到雨淋的影响。此外，环境温湿度的变化、腐蚀粒子的作用、气压的影响等因素都不可避免的作用于包装件上，对包装件和内装物产生影响。

（5）生物作用对包装件和内装物的影响　　可能对包装件和内装物产生危害的生物主要是细菌和害虫。细菌等微生物会导致内装物发生霉变，而昆虫、仓储害虫等可能直接破坏包装件和内装物。

细菌等微生物对于内装物的影响有两方面的含义，第一是由于细菌等微生物的作用，使内装物本身发生变化而部分或全部失去应有的功能，发生质量下降或变质报废；第二是由于细菌（尤其是对人体有害的细菌）等微生物的存在，使消费者的健康由于消费产品而受到损害。其中包装测试研究的内容主要是针对第一种情况。细菌对于内装物的污染主要有两个来源，一是制作产品的原料本身带有细菌等微生物，这种来源对内装物的污染，称为一次污染，其预防一般是通过完善内装物的制作工艺和提高对原材料的要求而部分或全部得到实现；二是在内装物生产加工、包装、运输、销售和储存过程中，外界（主要是空气和环境）游离的细菌等微生物对内装物造成的污染，称为二次污染，其预防一般是通过正确的选择包装材料、包装工艺、包装技术与方法，进行合理的包装设计而部分或全部得到实现。

商品在流通过程中，尤其是在仓储过程中常常受到仓库害虫（又称仓储物害虫，简称仓虫）的侵害，仓虫不仅蛀食动植物性商品和包装物，破坏商品的组织结构，使商品发生破碎和孔洞，而且新陈代谢的排泄物会污染商品。因此，为了在储运过程中避免商品遭受虫害、全面保护商品，需要对商品采用防虫包装。

（6）人为窃换对包装件和内装物的影响　　包装件在流通过程中被人为偷窃或更换，是包装件和内装物受到危害的另外一种重要形式，这种危害形式的特殊性在于"人为因素"的存在。对于这种危害形式，一般采用相应的"防伪包装技术"和"防伪包装设计"进行防范。

除此之外，包装件在流通过程中对内装物也有不同程度的危害作用。一般而言，如果流通条件超过内装物性质可以承受的极限，则内装物会被破坏，从破坏的现象上来看，可能会出现单一材料的破坏、外壳的破坏、应力集中、部件损坏、弹性支承的损坏、振动造成的损坏等。

综上所述，在流通过程中，包装件会受到许多不利的外部因素的有害作用，存在着可能引起包装件和内装物破损的各种危害。危害是多种因素造成的，主要取决于流通过程各个环节的特性、包装件的整体性能、内装物自身的特性以及包装设计，如：包装件的尺寸、质量、形状，包装材料，包装结构，搬运辅助装置等因素。因此，必须对包装件的流通过程有一个较为全面的了解，并模拟环境条件对包装件进行相关量的测试和进行包装件的模拟试验，以了解包装的防护性能，并确定进一步改进包装设计的措施。

二、包装测试的概念及目的

包装科学技术的发展与包装测试技术的发展密切相关，同时，包装科学技术的发展又促进了包装测试技术的进步。

所谓包装测试，就是用以评定包装产品和包装件在生产和流通过程中的质量指标的一种手段，它包含包装测量和包装试验两方面的内容。包装测量，就是将被测的量和具有计量单位的标准量进行比较，从而确定被测量的量值过程，如包装件在流通过程中的位移、速度、加速度、振动、力、温湿度等物理量。包装试验，就是通过包装试验方法（如压力试验、堆码试验、跌落试验等），把包装件所存在的许多信息中的某种信息，用专门设备人为地激发出来，以便测量；也可以表述为：包装试验就是对包装产品给予规定的环境和负载，测量包装产品某些物理、化学变化，或模拟运输环境，试验其动静态性能。

包装测试技术是一门研究包装材料、包装容器和包装件的性能测试与分析的科学技术，用于检验包装材料、包装容器的性能，评定包装件在流通过程中的性能。因此，包装测试技术既包括对包装材料、包装容器和包装件的性能测试与分析，还包括各种包装试验方法。

包装测试的目的就是为了评定包装的功能（好坏程度及结果），主要包括以下几个方面：在一定的流通条件下，检验包装件的防护性能是否良好，以确定其是否能可靠地保护产品；考察包装件可能引起的损坏，并研究其损坏原因和防护措施；比较不同包装的优劣，以淘汰不合格包装；检查包装件以及所使用的包装材料、包装容器的性能是否符合有关标准、规范和法令。在包装工业中，包装测试的主要应用可以概括为以下几个方面：

（1）模拟流通环境，预测包装件的性能，评价包装件的功能 通过相应的包装试验，预测包装件的性能，评定包装材料、包装容器对内装物的防护能力。比如：模拟运输环境的振动试验、冲击试验，模拟储存环境的堆码试验，模拟气候环境的喷淋试验和温湿度调节试验等，来检查包装的可靠性。

（2）控制包装制品和产品包装质量 预测包装件的性能可以使包装设计或改进的包装达到规定的性能要求，这仅仅是包装质量控制的一部分，为使包装产品达到质量要求，对一些重要的参数必须进行测试，如：纸箱的压缩强度、缓冲包装材料的吸振缓冲性能、产品的脆值、包装材料的阻隔性能、内装物的重量、温湿度等。一般情况下，只有控制每一批或每一件包装产品的质量，才能保证所生产的包装产品符合有关标准或规范的要求。在实际应用中，控制包装质量所需采用的包装测试项目较少，试验方法相对较简单，但要求试验速度快、效果明显，一般只有判定合格或不合格，有时也要求得到一定量的结果。

（3）为包装设计提供试验依据、为研制新包装和对现有包装的改进获取信息 通过试验可以获取包装材料的各种性能参数，如包装材料的弹性模量、强度极限、阻隔性能、缓冲性能等，设计者在掌握这些参数的前提下，可以合理的选择包装材料进行包装设计；同时，利用相应的包装测试方法，可以为研制新的包装（如新材料、新方法、新结构）提供可靠的试验数据。

在现有包装改进方面，由于流通环境、装卸机械或包装产品本身性能的改变，现有的包装可能不再适应，一般可以通过包装测试的手段提供相应的数据，为改进现有包装奠定良好的基础。一般而言，改进包装包含两个方面：一是增强包装的防护功能，减少流通过程中包装的破损；二是减少某些不必要的包装功能，消除过分包装或夸大包装，降低包装成本。这两种情况都要进行严格的包装试验，分析包装可能引起的损坏，研究产生损坏的原因并采取相应的预防措施。

三、包装测试系统的组成及运用

包装测试系统一般由试验激发装置、传感器、中间变换装置、数据处理装置和显示记录装置等组成，如图 6-2 所示。

试验激发装置的作用是人为地模拟某种条件把被测系统中的某种信息激发出来，以便检测。例如：把包装件固定于振动台上，振动台对包装件进行激励，被测对象的振动位移或振动加速度就能显示出来。

传感器直接作用于被测试对象，其作用是感受被测物理量，并能按一定的规律将被测量转换成与之相对应的、容易检测、传输或处理的量值形式（通常为电量），如力传感

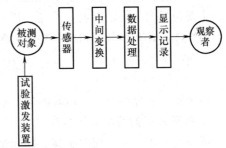

图 6-2　包装测试系统框图

器、温度传感器等。传感器也称为变送器、发送器或检测头等，在整个包装测试系统中占有首要地位，是一种获取信息的手段，它的灵敏度和精度直接影响着整个包装测试系统的灵敏度和精度。

中间变换装置的作用是对信号进行某种变换和加工。如放大、滤波、调制解调、阻抗变换等。

数据处理装置的作用是对测试结果进行必要的处理，如误差分析、曲线描绘、信息提取等。数据处理装置有计算机、频谱分析仪等。

显示记录装置的作用是显示或记录信号，如示波器、笔式记录仪等。

包装测试过程包含许多环节，主要有：以适当的方式激励被测试对象、信号的检测与转换、信号的调理、分析与处理、显示与记录，以及必要时以电量形式输出测试结果等。所有测试环节必须遵守的基本原则是：各个环节的输出量与输入量之间应保持一一对应和尽量不失真的关系，尽可能减少或消除各种干扰。

包装测试系统一般用于以下几个方面：

（1）环境监测　包装测试系统在某些条件下使用可以起到监测作用，如温度计、湿度计、气压计、风速计等。但它们只是简单的指示周围的环境条件，并不能起到控制作用，一般仅用于测试环境的标识。

（2）过程控制　包装测试仪器使用的另一个重要的方面是组成自动控制系统。这种系统称为反馈控制系统，它可以控制一个变量。如温度控制仪表是室内温度控制设备的重要组成部分，它可以感受室内温度，为控制系统提供了所需要的信息。

（3）工程分析　解决包装工程问题的方法一般有理论方法和实验方法两种。例如包装件的振动问题，一方面要用包装动力学的原理进行理论分析和理论研究，另一方面也要用包装测试技术进行试验分析，只有将两种方法结合起来才能获得较好的分析和研究效果。

第二节 包装测试的分类、包装试验设计与结果评定

按照包装测试的定义，包装测试包括包装测量和包装试验两个方面的内容。在包装工业的实际应用中，包装测试所涵盖的范围非常广泛，除了流通过程中运输包装件的测试之外，还包括：在包装生产、流通过程中对内装物的性能测试（即典型物理量的测试，主要包括内装物的温度、湿度、压力、重量、物位等）；各种包装材料、缓冲包装材料的性能测试和包装容器的各项性能测试。

一、包装测试的分类

按照不同的分类方法，包装测试一般可分为以下几种。

1. 按照测试的目的进行分类

可分为对比试验、模拟试验和性能试验三种类型。

（1）对比试验 对比试验是一种最简单的试验方法，即把新设计的包装与原有包装进行各种性能的对比。通过对比试验不仅能够判断出新设计的包装是否比原有包装性能优良，同时还可以比较出它们之间的差别程度。

（2）评价试验 模拟包装件、包装容器或包装材料的流通过程和使用条件，根据试验结果评价包装件、包装容器或包装材料在流通过程及使用过程中可能发生的情况。

（3）探索试验 对目前市场上现有的一些包装材料或包装容器（结构）进行收集整理，然后进行某些试验，设计者可以根据试验结果找出最佳的包装材料或包装结构，合理选择并用于包装设计中。同时，探索性试验还可用于某些基础研究中，如对某些包装材料或容器进行规定的性能测试，然后将测试结果汇编或输入相应的数据库中，作为参考数据供包装工作者参阅。

2. 按照测试的形式进行分类

包装件的包装测试是在实验室中，采用一系列机电技术模拟包装件在流动过程中所受到的主要环境负荷，测试包装的可靠性。正确模拟流通过程中各种负荷对包装件的危害，是包装测试中选择试验方法的重要条件。当然，模拟试验并不要求，也不可能完全再现真实环境，只是模拟真实环境对包装件的作用，检查包装的防护性能。随着模拟技术的提高，测试结果也越来越接近于真实。一般而言，按照测试的形式，包装测试可分为单项测试、多项测试和综合测试，这种分类方法主要适用于包装容器和包装件的性能测试。

（1）单项测试 只进行一系列测试项目中的某一项。其目的一般用于评定包装件对某一特定危害的防护性能，即：评定包装对某一特定的环境负荷下保护产品的能力。它只在众多的试验项目中选择其中一项进行测试，在测试时，可以用相同或不同的测试强度和测试样品状态，重复多次测试。该方法通常用于科学研究或对某包装件破损事故的原因分析，一般情况下在测试之前应对试验样品进行温湿度预处理。

（2）多项测试 用一系列测试中的若干项或全部测试进行的顺序测试。其目的一般用于评定包装件在整个流通过程中的防护性能。多项测试时，首先应根据流通过程各环

节所含危害的实际情况，确定若干测试项目，并根据这些危害出现的先后次序，合理安排测试顺序。如：在比较简单的情况下，多项测试的典型测试顺序为：温湿度预处理、堆码试验、冲击试验、气候试验、振动试验等。

（3）综合测试　指有两种以上危害因素同时作用于包装件上的测试。其目的一般用于评定包装件在两种或两种以上危害因素综合作用情况下的防护性能，即：评定包装在多种环境负荷作用下的防护性能。它是将多种环境负荷同时作用于包装件，然后按预定程序进行测试。如包装件的高温堆码试验、堆码振动试验、低温垂直冲击跌落试验等。

3. 按照测试的对象进行分类

由于包装测试的对象很多，因此按照此方法进行分类，分类结果也很多。

按照包装材料进行分类，可分为纸与纸板试验方法、塑料薄膜试验方法、玻璃包装材料试验方法，金属包装材料试验方法，复合包装材料试验方法、缓冲包装材料试验方法。

按照包装成型与否进行分类，可分为包装材料试验方法、包装容器试验方法。

由于包装的保护性能主要体现在运输环节，所以针对运输包装测试内容尤其受到重视，具体包括：一般运输包装件试验方法、大型运输包装件试验方法、危险货物包装件试验方法、托盘试验方法、集装箱试验方法等。

二、包装试验设计

包装试验设计是检验包装材料、包装容器和包装件性能的关键环节之一。包装材料、包装容器和包装件需要经过各种试验合格后才能确保在生产和流通过程中的安全。然而，针对包装材料、包装容器和包装件的试验项目和试验方法很多，对于某一具体包装件，并非要进行全部试验，通常只需要选择其中某几项。其原因主要有两个方面：一是各包装件的流通环节和环境负荷不同；二是某些环境负荷对包装件的影响是相同或相似的。因此，合理地选择试验项目（试验方法），正确地规定试验强度（测试强度），对于用最少的时间来评定包装对内装物的保护作用至为关键。这就要求设计人员在进行包装试验设计时，要准确掌握包装件在流通过程中存在哪些危害因素，以及这些危害因素对包装件的危害程度如何。

1. 试验强度（测试强度）的确定

在确定测试强度时，一般要考虑两个方面的影响因素：①环境负荷。包装件由生产厂家到消费者手中，要经历各个流通环节，受到不同环境负荷的作用，它们对包装件产生的影响也不尽相同。为便于测试，通常将各种环境负荷，如气象、冲击、振动、压力等负荷加以标准化，即用确定的量值来表征，将它们分成不同的种类、等级，并以此与产品的分级相对应。②产品特点。产品的种类千差万别，其质量、形状、尺寸、易损程度、价值等各不相同，它们所能承受的环境负荷的能力也不一样，为了确保包装对内装物的保护作用，通常需要考虑环境负荷的极端情况，选取其最大值作为试验条件和强度标准的依据。

包装试验强度（测试强度）是指能表征包装件在流通环境中可能遇到的各种负荷严酷程度的一些量值，是进行包装测试的重要内容。各项试验需要确定量值因素的大小，主要取决于引起危害的因素、危害产生的应力和选用的试验项目进行模拟或重现这些应力的危害作用的能力；其次还要考虑要求包装件的安全可靠程度。各项测试需要确定量值的因素主要有以下项目：

（1）温湿度调节处理　需要确定量值的因素有：温度、相对湿度、时间、预先干燥条件（如需要）等。

（2）堆码试验　需要确定量值的因素有：负载及其持续时间、温度和相对湿度、测试样品的数量和状态等。

（3）垂直冲击跌落试验　需要确定量值的因素有：跌落高度、冲击次数、温度、相对湿度、测试样品的数量和状态等。

（4）水平冲击试验（斜面冲击、吊摆冲击试验）　需要确定量值的因素有：水平加速度、冲击次数、冲击面、附加的障碍物（如需要）、吊摆质量、温度和相对湿度、测试样品的数量和状态等。

（5）正弦振动试验　需要确定量值的因素有：频率（定频、变频）、加速度或位移幅值、试验持续时间、附加负载（如需要）、温度和相对湿度、测试样品的数量和状态等。

（6）压力试验　需要确定量值的因素有：最大负载（预定值）、压板移动速度、温度和相对湿度、测试样品的数量和状态等。

（7）低气压试验　需要确定量值的因素有：气压及其持续时间、环境温度、测试样品的数量等。

（8）使用压力机的堆码试验　需要确定量值的因素有：所加负载及其持续时间、温度和相对湿度、测试样品的数量和状态等。

（9）喷淋试验　需要确定量值的因素有：喷淋水量及其持续时间、测试样品的数量和状态等。

（10）滚动试验　需要确定量值的因素有：滚动次数、测试样品的数量和状态等。

不同的试验项目有不同的强度量值，它又分为试验强度基本值和试验强度最终值两种。前者是基于标准化、系列化的目的，以一般流通过程和典型的重量和尺寸的包装件为基础而确定的量值，只有宏观的指导意义；后者是结合到具体产品特性、具体流通条件，对基本值进行修正而得到的（若不加修正，但也作为试验时最终依据的试验强度值，也称试验强度最终值）。

2. 试验项目（试验方法）的确定

试验项目（试验方法）的确定是指根据包装件在装卸、运输、储存等流通环节中实际可能遇到的危害因素及典型的包装破损情况，设计或选择出与实际流通过程相一致的包装件试验方法或试验项目。正确的确定试验项目（试验方法），要求设计人员必须对包装件流通过程的各个环节进行分析研究，否则就不可能采用实验室的试验方法和试验项目测试出流通过程中的各种危害因素对包装件所造成的损坏程度。

包装测试所涉及的试验项目和试验方法很多，对于特定的包装件，选择其中哪些项目进行试验是在包装测试中应当首先考虑的问题。一般来说，没有必要将所有试验项目全部做一遍，否则有可能造成重复，也有可能完全多余。对于大型包装件，如机械设备，质量较大，多用机械装卸，则不必进行水平方向的跌落试验；对于不可能遇到雨淋、水浸的包装件，则不必进行喷淋试验和浸水试验；对于经过六角滚筒试验的包装件，可不再作滚动试验；对于无堆码位向的包装件，必须进行垂直跌落试验，而不必重复作水平冲击试验等。

三、包装测试结果的评定

包装测试结果的评定应根据包装件（尤其是内装物）的质量降低程度或变质程度、包装件容量损失程度，以及包装件发生轻微损坏是否会对后续的流通和使用过程中造成危害或潜在的危害来确定。同时，在评定测试结果时，应考虑内装物的价值、包装件发货数量、流通费用和内装物对人、环境和其他物品有无危害因素等。另外，评定结果如果能够采用量值表示应尽量采用量值来表示。一般而言，包装测试结果的评定包括对包装材料、包装容器和包装件的测试结果评定。

（1）对包装材料和包装容器测试结果的评定　对包装材料和包装容器测试结果的评定一般采用定性和定量两种方法，评定的内容主要包括：①定量评定用于评定包装材料和包装容器的实际强度，如抗压强度、耐破度、透气性、透湿度、耐折次数等。②定性评定就是把试验强度控制在某一量值，若在达到这一量值之前包装材料或容器已经破损，则判定为不合格，反之则判定为合格。

（2）对包装件测试结果的评定　对包装件测试结果的评定一般采用定性评定方法，评定的内容包括：①外包装的破损情况，是否会在将来的流通和使用过程中造成危害或潜在的危害。②内包装的破损情况，包括密封包装是否仍保持密封性，缓冲材料是否有破损，定位件是否有破损、移位而失去定位作用等。③产品的破损情况，一般只做外观检查，必要时应做功能试验。

第三节　包装测试的主要内容

一、概　　述

包装测试的主要内容和项目很多，主要包括包装物理性能测试和包装化学性能测试。

目前，随着人们对产品性能要求的增加，人们对包装对内装物是否存在化学方面的影响越来越关心。比如：在医疗包装中包装与内装物之间在某些外界条件下是否存在有害的化学反应；在食品包装中包装件有毒物质的迁移等。因此，包装的化学性能测试逐渐被重视，在很多检测单位都增加了包装化学性能测试的检测项目。

但是，在包装测试过程比较常见的仍是物理性能测试，即针对包装的物理性能指标测试，评价相关指标是否可以满足实际需要。包装物理性能测试主要包括：内装物物理性能的测试；包装材料和包装容器的各项性能测试；包装件的振动试验、跌落试验、冲击试验、压力试验、堆码试验、喷淋试验、浸水试验、起吊试验、滚动试验、低气压试验、六角滚筒试验、冲击脆值试验；各种特殊性能测试。试验项目的选择，应主要依据流通过程中各种环节可能出现的危害，并根据不同的试验目的，适当考虑试验设备条件、试验时间、试验数量、试验费用等因素。一般而言，包装测试的项目和主要内容包括以下几个方面。

1. 包装材料性能测试

包括对各种包装材料的测试，如：纸张、纸板、塑料材料、玻璃材料、金属材料、缓冲材料等，由于各种材料的性能差异较大，因此测试方法和指标等也有很大的不同。

（1）纸与纸板性能测试项目　主要包括以下几个方面：①一般性能。包括：定量、厚度、紧度、松厚度、尺寸稳定性、均匀性等。②表面性能。包括：粗糙度、平滑度、摩擦系数等。③光学性能。包括：白度、颜色、光泽度、透明度、不透明度等。④结构性能。包括：透气性、透湿性、施胶度等。⑤强度性能。包括：拉伸强度、抗压强度、耐破度、戳穿强度、挺度、耐折度、耐撕裂度及瓦楞纸板粘合强度（剥离强度）等。⑥印刷适性。⑦其他特殊性能。如：绝缘性能、介电性能、击穿性能等。

（2）塑料薄膜性能测试项目　主要包括以下几个方面：①一般性能。包括：厚度、长度、宽度、尺寸变化率等。②外观性能。包括：光泽度、透明度、色调、挺度、耐划伤性等。③强度性能。包括：拉伸强度、撕裂强度、粘合性、抗针孔性、抗冲击性等。④物理化学性能。包括：透气性、透湿性、热封性、热收缩性、易燃性、耐药性、热传导性等。

（3）缓冲材料性能测试项目　主要包括以下几个方面：①静态压缩试验。②动态压缩试验。③蠕变与回复特性试验。④振动传递特性试验。

2. 包装容器性能测试

包括各类容器的性能测试，如纸袋、纸盒、纸箱、塑料袋、复合袋、塑料瓶、玻璃瓶罐、金属容器和其他容器的性能测试。每种容器的测试指标和要求又各不相同。

（1）硬质包装容器（刚性包装容器）性能测试项目　①纸箱、瓦楞纸箱性能测试。②钙塑瓦楞纸箱性能测试。③塑料容器性能测试。④玻璃容器性能测试。⑤金属容器性能测试。

（2）软质包装容器（软包装容器）性能测试项目　①耐压强度测试。②密封性能测试。③热封强度测试。④透湿性能测试。⑤包装袋跌落性能测试。⑥包装袋牢固度测试。⑦包装袋适用温度测试。

3. 包装件内装物物理性能测试

它是指包装件的内装物的某些物理参数的测试，如温度湿度测试、防水试验、喷淋试验、高温试验、低温试验、浸水试验、渗漏试验、耐候试验等。但内装物性能测试不属于包装测试技术的研究范畴，在包装件性能测试时一般只对内装物做外观检查，必要时可做功能试验。

4. 包装件的静态性能测试

它是指包装件受静载荷（所受的力不随时间而变化）时所产生的变化，包括堆码试验、压力试验、低气压试验、喷淋试验等。

5. 包装件的动态性能测试

它是指包装件受动载荷（所受的力随时间而变化）时所产生的变化。这种变化很快，且随机性大，对检测方法要求很高，现在多用电测法进行测试。包括跌落试验、冲击试验、振动试验、滚动试验、六角滚筒试验、冲击脆值试验等。

6. 包装件的特殊性能测试

它是指对某些有特殊要求包装的包装件进行的有关测试，包括防震包装测试、防腐包装测试、防锈包装测试、防潮包装测试等。

二、运输包装件部位标示与调节处理

1. 运输包装件的部位标识方法

包装件或包装容器受力部位的不同，可能导致不同的损伤情况。为了避免弄错受力点和损伤的联系，在进行运输包装件试验之前，应对包装件或包装容器各种基本形状的面、角和边（棱）进行编号，给以标志，以区别各部位，保证受力部位的准确选择。国家标准 GB/T 4857.1—1992《包装　运输包装件　试验时各部位的标示方法》分别对不同形状的包装件和容器进行了规定，试验时应按照标准的规定对包装件进行标示。

（1）平行六面体试件（包装件或包装容器）的标示　平行六面体试件的标示包括面的编号、棱的编号和角的编号。包装件应按运输时的正常状态放置，如果包装件上有接缝，则将该接缝置于标注人员右方放置；如果包装件的运输状态不明确或有几个接缝，可将印有生产企业名称的一面对着标注者。

① 面的编号。按照规定位置放置的包装件，各面的编号是：上表面为 1，右侧面为 2，底面为 3，左侧面为 4，近端面为 5，远端面为 6，如图 6-3 所示。

② 棱的编号。棱是两面相交形成的直线，由组成该棱的两个面的号码来表示，如：上表面 1 和右侧面 2 相交构成的棱，其编号是 1-2，其余类推。

③ 角的编号。角是三个面相交形成的，由组成该角的三个面的号码来表示，如：上表面 1、右侧面 2 和近端面 5 相交组成的角用 1-2-5 表示，其余类推。

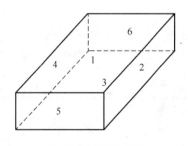

图 6-3　平行六面体

（2）圆柱体试件的标示　圆柱体试件的标示包括端点、棱线的标识。将圆柱体垂直放置，在上圆面上做两条相互垂直交叉的直径，与圆周线相交成四个端点，可自标注人员的对面起，按顺时针方向分别用 1、3、5、7 表示，再通过这四个端点，向底作四条垂线，与底面相交的端点，分别对应编号为 2、4、6、8。这些端点连线与圆柱体轴线相平行的四条直线，分别以 1-2、3-4、5-6、7-8 来表示，如图 6-4 所示。如果圆柱体上有一个或几个接缝，要把其中一个接缝放在 5-6 侧线位置上。

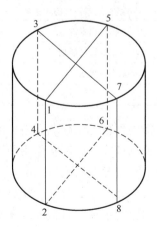

图 6-4　圆柱体

（3）袋形试件的标示　将袋子竖立放置，标注人员位于袋底部最短对称轴的延长线上，即面对投影面积最大的一面，前面的面为 1，右侧面为 2，后面的面为 3，左侧面为

133

4，袋底为5，袋口为6，如图6-5所示。如果包装袋有一条或两条接缝，应将包装袋的一条接缝置于标注人员的右侧2的位置。

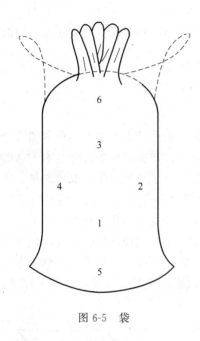

图6-5 袋

2. 试样温、湿度调节处理

绝大多数运输包装件的抗压强度、堆码性能、缓冲防振性能等都与温湿度有关，因此在进行运输包装件试验之前，必须对包装件（试样）进行温湿度调节处理，试验也应在与温湿度调节处理时相同的条件下进行，如果试验条件达不到该要求，则必须在试样离开调节处理条件5min内开始试验。这样才能使试验具有可比性、重复性和再现性，试验结果才有现实意义。

（1）温湿度调节处理的条件　在模拟运输包装件的储存与运输环境的温湿度条件时，由于世界范围内的气候条件差异很大，因而对包装件的性能影响也很大。国家标准GB 4857.2—2005《包装　运输包装件基本试验　第2部分：温湿度调节处理》根据运输包装件的特性和流通过程中可能遇到的实际情况，规定了8种温湿度条件对包装件进行温湿度调节处理。8种温湿度条件中，包括三种低温条件、两种高温条件和三种常温条件，其中低温条件不考虑相对湿度，如表6-1所示。

表6-1　　　　　　　　　　　　　　　　　温湿度调节处理的条件

条件编号	类型	温度	温度误差	相对湿度/%	适用范围
1	低温条件	−55℃	±3℃	—	世界范围内通用
2	低温条件	−35℃	±3℃	—	两极以外大部分地区使用
3	低温条件	−18℃	±3℃	—	寒带以外地区使用
4	冷藏常温条件	5℃	±1℃	85	食品、水果蔬菜等合适的保藏（要求不出现凝露现象）
5	常温常湿(标准温湿度)条件	20℃	±2℃	65	较有代表性
6	常温高湿条件	20℃	±2℃	90	亚湿热气候地区
7	高温(高温高湿)条件	40℃	±2℃	85	湿热气候地区
8	高温(特殊高温)条件	55℃	±3℃	30	干热气候地区

当包装件在不同气候地区储运时，可以从上述条件中选择一种接近实际储运地区的温湿度条件，对包装件进行调节处理，并在此条件下进行有关机械或气候因素作用的试验，尽量使试验结果与真实情况相符合或接近。若包装件的实际流通领域比较广阔，途经的气候范围或区域较大时，则可以选定一种以上的温湿度调节处理条件对试验样品进行调节处理，但此时应准备一组以上的样品组，对样品进行相应的单项（机械的或气候的）试验，以检查包装件在不同气候或机械环境下的性能。

当在对同类包装件或包装容器进行质量检查、对产品进行质量认证时，一般取标准大气条件（通常温度为 20℃，相对湿度为 65％）进行温湿度调节处理，然后进行相应的单项试验以保证试验结果的可比性，提高试验结果的再现性和重复性。

（2）调节处理方法　把准备好的试样放在调温调湿箱（室）的工作空间内，使其顶面、四周及至少 75％的底部面积能自由的与温湿度调节处理的空气相接触，处理时间应从达到规定的处理条件后 1h 起开始计算。在温湿度调节处理过程中不允许有冷凝水滴到试样上。测量温湿度时，最好能连续记录，若无自动记录仪，应使每次记录的时间间隔不大于 5min。相对湿度的连续波动是可能出现的，但不能超过规定值的±5％。温湿度调节处理时间可以从 4h、8h、16h、24h、48h 或 1 周、2 周、3 周、4 周中选择一种。处理时间的选择原则是：根据包装件的大小、内装物的多少、包装容器及内装物的热容量、含湿量的大小决定，使包装件经温湿度调节处理后其温度、湿度与处理环境达到平衡。

应当注意的是：如果试样是具有滞后现象的材料制作的（如纤维板），则可能需要在温湿度调节处理之前先进行干燥处理（先将试样放在干燥箱内进行 24h 干燥），当试样转移到规定条件下时，试样可通过吸收潮气而达到接近平衡。当规定条件的相对湿度是 40％或以下时，不需进行干燥处理。

三、运输包装件性能测试项目简介

流通领域中的运输包装件在装卸、运输、储存和搬运过程中，会受到不同程度的振动、冲击、压力、跌落等载荷的作用。为了保证包装件不受损坏，在进入流通环节之前必须对其进行各项性能测试，来判定包装的功能是否符合使用的要求、检验包装件是否符合相关标准的要求，并研究包装件破损的原因和预防措施。在对包装件进行性能测试时，一般不进行内装物物理性能的测试，只对内装物做外观检查，必要时可做功能试验；包装材料性能测试和包装容器性能测试与包装材料和容器的组成成分及特点、结构特点等有直接关系，所涉及的项目和种类也十分繁多，在此不作赘述。这里仅针对运输包装件的静态性能、动态性能和耐候性能，介绍几种典型的性能测试项目。

1. 堆码试验

在运输、装卸和储存过程中，包装件都是以堆码的形式存在，因而在包装件之间产生静载荷（即堆码载荷）。堆码载荷主要有两种形式，一是包装件的顶部和底部所承受的载荷，二是包装件的框架、侧面、端面所承受的载荷。堆码试验实质上是一种用恒定的静载荷对包装件进行较长时间的压力试验，它适用于评定运输包装件在堆码时的耐压强度或对内装物的保护能力。堆码试验既可以作为单项试验，也可以作为系列试验的组成部分。

在堆码试验中，可以用两种方法向试样施加载荷，一种是用砝码作负荷，直接模拟包装件在实际堆码高度下所承受的最大负荷；另一种是用压力试验机加载。相应的试验方法有两种。

（1）方法一　直接模拟实际堆码情况对试样加载负荷进行堆码试验，其试验原理是：将试验样品放在一个水平平面上，并在其上面施加均匀载荷。该试验方法对试验设备的要求主要有：①水平台面应平整坚硬。任意两点的高度差不超过 2mm，如为混凝土地面，其厚度应不少于 150mm。②加载平板置于包装件试样顶部的中心时，其尺寸至少应较包装件的顶面各边大出 100mm。该板应足够坚硬以保证能完全承受载荷而不变形。

该试验方法应按照国家标准 GB/T 4857.3—2008《包装　运输包装件基本试验第 3 部分：静载荷堆码试验方法》中的有关要求进行。

（2）方法二　用压力试验机进行堆码试验。本方法主要是利用压力试验机所提供的压力来代替加载重物，适用于评定运输包装件在堆码时的耐压强度及对内装物的保护能力。它既可以作为研究包装件受压影响（如变形、蠕变、压坏或破裂）的单项试验，也可以作为一系列试验的组成部分。该试验方法的试验原理是：将包装件置于压力试验机的下压板上，然后将上压板下降，对包装件施加压力（所加压力、大气条件、持续时间、承受压力的情况以及包装件的放置状态等，按预定方案进行）。

该试验方法对试验设备的要求主要有：①压力试验机。压力试验机可采用电动机驱动，机械传动或液压传动，能使压板均匀移动，施加预定的压力。②压板刚度。压板应具有足够的刚度，检验压板刚度时，将 100mm×100mm×100mm 的硬木块放在下压板中心位置，当压力试验机将最大额定负荷 75% 的负荷通过上压板施加到木块上时，上下压板表面任何一点的变形不得超过 1mm。③压板尺寸。压板的尺寸应超出包装件外形尺寸及与其相接触仿模块的面积。④压板不平度。压板的工作面应平整，工作面的最高点与最低点的高低差不超过 1mm。⑤压板倾斜度。压板在整个试验过程中应处于水平状态，其水平倾斜度要保持在千分之二以内。或者用一个万向接头固定在上压板中心位置，使上压板可以向任何方向自由倾斜。⑥负荷记录装置。该装置记录的负荷误差不得超过施加压力的 ±2%。⑦施加预定负荷的装置。施加预定负荷的装置应在预定的时间内保持预定的负荷量值。在预定时间内，实际负荷的波动不应超过 ±4%；同时压板的相对位移应保持此负荷所需的上压板的垂直位移（包括当研究包装件在特定负荷条件下的性能）。⑧测量偏移的设施。该设施要求精确到 ±1mm，既能指示尺寸的增加，又能指示尺寸的减少。

该试验方法应按照国家标准 GB/T 4857.4—2008《包装　运输包装件基本试验第 4 部分：采用压力试验机进行的抗压和堆码试验方法》中的有关要求进行，并利用压力试验机上的形变记录仪连续记录试样在堆码试验过程中的变形情况。

2. 压力试验

压力试验适用于评定运输包装件在受到压力时的耐压强度及包装对内装物的保护能力。它既可以作为单项试验，也可以作为一系列试验的组成部分。压力试验的试验原理是：将试验样品置于试验机两平行压板之间，然后均匀施加压力，记录载荷和压板位移，直到试验样品发生破裂或载荷或压板位移达到预定值为止。根据被测试包装件的位置不同，压力试验可分为平面压力试验、对棱压力试验和对角压力试验三种。

该试验方法对试验设备的要求主要有：①压力试验机用电动机驱动，机械传动或液压传动，压板型式要能使一个或两个压板以（10±3）mm/min 的相对速度进行匀速移动，对试验样品施加压力。②压板应平整，当压板水平放置时，板面的最低点与最高点的水平高度差不超过 1mm。③压板的尺寸应大于与其接触的试验样品的尺寸，两压板之间的最大行程应大于试验样品的高度。④压板应坚硬，当把试验机额定载荷的 75% 施加在压板中心的 100mm×100mm×100mm 的硬木块上时，压板上任何一点的变形不得超过 1mm，并要求此木块应有足够的强度承受这一载荷而不发生破裂。⑤下压板须始终保持水平，在整个试验过程中，其水平倾斜度要保持在千分之二以内。⑥上压板应牢固地安装并且在整个试验过程中，其水平倾斜度应保持在千分之二以内，或者上压板中心位置安装在一个万向接头上，使其能向任何方向自由倾斜。⑦记录装置所记录的载荷误差不得超过施加载荷的 ±2%，压板的位移误差为 ±1mm。

压力试验应按照国家标准 GB/T 4857.4—2008《包装 运输包装件基本试验 第 4 部分：采用压力试验机进行的抗压和堆码试验方法》中的有关要求进行。

3. 垂直冲击跌落试验

包装件在装卸、运输时经常会受到垂直冲击，这是造成包装及其内装物破损的重要原因。垂直冲击跌落试验也称为跌落冲击试验，适用于评定运输包装件在受到垂直冲击时的耐冲击强度及包装对内装物的保护能力。它既可以作为单项试验，也可以作为一系列试验的组成部分。垂直冲击跌落试验中多采用自由跌落试验，其试验原理是：提起试验样品至预定高度，然后使其按预定状态自由落下，与冲击台面相撞。包装件的跌落方式分为面跌落、棱跌落和角跌落等三种，在完成几个不同状态的若干次跌落后，再检查试验样品的损坏情况。

该试验方法对试验设备的要求主要有：①冲击台。冲击台面为水平平面，试验时不移动，不变形，并满足下列要求：为整块物体，质量至少为试验样品质量的 50 倍；要有足够大的面积，以保证试验样品完全落在冲击台面上；在冲击台面上任意两点的水平高度差不得超过 2mm；冲击面上任何 100mm² 的面积上承受 10kg 的静负荷时，其变形时不得超过 0.1mm。②提升装置。在提升或下降过程中，不应损坏试验样品。③支撑装置。支撑试验样品的装置在释放前应能使试验样品处于要求的预定状态。④释放装置。在释放试验样品的跌落过程中，应使试验样品不碰到装置的任何部件，保证其自由跌落。

垂直冲击跌落试验应按照国家标准 GB/T 4857.5—1992《包装 运输包装件 跌落试验方法》中的有关要求进行。

4. 水平冲击试验

水平冲击试验是模拟运输工具紧急制动、车辆连挂作业以及其他类似冲击情况而设计的。水平冲击试验适用于评定运输包装件和单元货物在受到水平冲击时的耐冲击强度和包装对内装物的保护能力。它既可以作为单项试验，也可以作为包装件一系列试验的组成部分。其试验的原理是：使试验样品按预定状态以预定的速度与一个同速度方向垂直的挡板相撞（也可以在挡板表面和试验样品的冲击面、棱之间放置合适的障碍物以模拟在特殊情况下的冲击）。

根据试验设备的不同，水平冲击试验分为斜面冲击试验、吊摆冲击试验、可控水平冲击试验等三种。按照设备和试验方法的不同，对三种试验设备的要求分别是：

（1）斜面冲击试验机 斜面冲击试验机由钢轨道、台车和挡板等组成。主要要求有：①钢轨道。两根平直且互相平行的钢轨，轨道平面与水平面的夹角为 10°；轨道表面保持清洁、光滑，并沿斜面以 50mm 的间距划分刻度；轨道上应装有限位装置，以便使台车能在轨道的任意位置上停留。②台车。台车的滚动装置，应保持清洁、滚动良好；台车应装有自动释放装置，并与牵引机构配合使用，使台车能在斜面的任意位置上自由释放；试验样品与台面之间应有一定的摩擦力，使试验样品与台车在静止到冲击前的运动过程中无相对运动（但在冲击时，试验样品相对台车应能自由移动）。③挡板。挡板应安装在轨道的最低端，其冲击表面与轨道平面成 90°±1°的夹角；挡板冲击表面应平整，其尺寸应大于试验样品受冲击部分的尺寸；挡板冲击表面应有足够的硬度与强度（在其表面承受 160kg/cm² 的负载时，变形不得大于 0.25mm）；需要时，可以在挡板上安装障碍物，以便对试验样品某一特殊部位做集中冲击试验；挡板结构架应使台车在试验样品冲击挡板后仍能在挡板下继续行走一定距离，以保证试验样品在台车停止前与挡板冲击；在挡板的结构架上可以安装阻尼器，防止二次冲击。

（2）吊摆冲击试验机　吊摆冲击试验机由悬吊装置和挡板组成。主要要求有：①悬吊装置。悬吊装置一般由长方形台板组成，该长方形台板四角用钢条或钢丝绳等材料悬吊起来；台板应具有足够的尺寸和强度，以满足试验的要求；当自由悬吊的台板静止时，应保持水平状态（其前部边缘刚好触及挡板）；悬吊装置应能在运动方向自由活动，并且将试验样品安置在平台上时，不会阻碍其运动。②挡板。挡板的冲击面应垂直于水平面；挡板冲击表面应平整，其尺寸应大于试验样品受冲击部分的尺寸；挡板冲击表面应有足够的硬度与强度（在其表面承受 160kg/cm² 的负载时，变形不得大于 0.25mm）；需要时，可以在挡板上安装障碍物，以便对试验样品某一特殊部位做集中冲击试验。

（3）水平冲击试验机　水平冲击试验机由钢轨道、台车和挡板组成。主要要求有：①钢轨道。两根平直钢轨，平行固定在水平平面上。②台车。应有驱动装置，并能控制台车的冲击速度；台车台面与试验样品之间应有一定的摩擦力，使试验样品与台车在静止到冲击前的运动过程中无相对运动（但在冲击时，试验样品相对台车应能自由移动）。③挡板。挡板应安装在轨道的一端，其表面与台车运动方向成 90°±1°的夹角；挡板冲击表面应平整，其尺寸应大于试验样品受冲击部分的尺寸；挡板冲击表面应有足够的硬度与强度（在其表面承受 160kg/cm² 的负载时，变形不得大于 0.25mm）；需要时，可以在挡板上安装障碍物，以便对试验样品某一特殊部位做集中冲击试验；挡板结构架应使台车在试验样品冲击挡板后仍能在挡板下继续行走一定距离，以保证试验样品在台车停止前与挡板冲击。

水平冲击试验应按照国家标准 GB/T 4857.11—2005《包装　运输包装件基本试验　第 11 部分：水平冲击试验方法》中的有关要求进行。同时，根据需要，可以将冲击测试仪器安装在台车或台板上，测量并记录峰值加速度和冲击速率。

5. 振动试验

振动试验是在实验室内模拟运输包装件在流通过程中可能遇到的振动情况，以检验包装是否起到隔振作用，评定包装对内装物的保护能力。振动的方向可分为垂直振动和水平振动两种形式。振动试验可分为正弦振动试验和随机振动试验两大类，其中正弦振动试验又有定频振动试验和变频振动试验（也称为扫频试验）之分。对于正弦定频振动试验、正弦变频振动试验和随机振动试验三种试验方法，相关的国家标准有明确的规定，这里仅以正弦定频振动试验为例进行简要介绍。

正弦定频振动试验适用于评定运输包装件和单元货物在正弦定频振动情况下的强度及包装对内装物的保护能力。它既可以作为单项试验，也可以作为一系列试验的组成部分。其试验原理是：将试验样品置于振动台上，使用近似的固定低频正弦振荡使其产生振动，试验时的温湿度条件、试验持续时间、最大加速度、试验样品放置状态及固定方法皆为预定的（必要时可在试验样品上添加一定载荷，以模拟运输包装件处于堆码底部条件下经受正弦振动环境的情况）。

该试验方法对试验设备的要求主要有：①振动台。振动台应具有充分大的尺寸、足够的强度、刚度和承载能力；该结构应能保证振动台台面在振动时保持水平状态；其最低共振频率应高于最高试验频率；振动台应平放，与水平之间的最大角度变化为 0.3°。此外，振动台可配备以下装置：低围框，用以防止试验样品在试验中向两端和两侧移动；高围框或其他装置，用以防止加在试验样品上的载荷振动时移位；用以模拟运输中包装件的固定方法的装置。②仪器。试验仪器应包括加速度计、脉冲信号调节器和数据显示或存储装置，以测量和控制在试验样品表面上的加速度值。测试仪器系统的响应，应精确到试验规定的频率范围的 ±5%。（也可以装备监控包装容器和内装物响应的仪器；可使用传感器，记录与振动台的受迫振动有关的内装物或可能在包装外表面的振动速率、振幅和频率。）

正弦定频振动试验应按照国家标准 GB/T 4857.10—2005《包装　运输包装件基本试验　第 10 部分：正弦变频振动试验方法》，GB/T 4857.7—2005《包装　运输包装件基本试验　第 7 部分：正弦定频振动试验方法》中的有关要求进行。

6. 滚动试验

滚动试验是一种特殊形式的冲击试验，它既不是垂直冲击试验，也不是水平冲击试验。滚动试验适用于评定包装件在受到滚动冲击时的耐冲击强度及包装对内装物的保护能力。它既可以作为单项试验，也可以作为一系列试验的组成部分。其试验原理是：将试验样品放置于一平整而坚固的平台上，并加以滚动使其每一测试面依次受到冲击。

滚动试验的试验设备是冲击台，冲击台面应为一水平平面，试验时不移动、不变形。对冲击台的要求主要有：①冲击台为整块物体，质量大、刚性好，质量至少为试验样品质量的 50 倍。②冲击台的面积要足够大，以保证试验样品在试验时完全落在冲击台面上。③冲击台面应平整，在冲击台面上任意两点的水平高度差一般不得超过 2mm，但如果与冲击台面相接触的试验样品的尺寸中有一个尺寸超过 1000mm 时，则台面上任意两点的水平高度差不得超过 5mm。④冲击台面上任何 100mm² 的面积上承受 10kg 的静负荷，变形不得超过 0.1mm。

滚动试验应按照国家标准 GB/T 4857.6—1992《包装　运输包装件　滚动试验方法》中的有关要求进行。

7. 六角滚筒试验

在流通过程中，运输包装件由于野蛮装卸或不慎失手，可能会出现翻滚、倾倒、跌落、撞击等各种异常状态，而这种情况作用在包装件上的力是随机的、复杂的，一般常采用六角滚筒试验来模拟这种复杂的流通过程。

六角滚筒试验是用于评定运输包装件在流通过程中所受到的反复冲击碰撞的适应能力及包装对内装物的保护能力。它既可以作为单项试验，也可以作为一系列试验的组成部分。其试验原理是：使试验样品经受在旋转六角滚筒内表面上的一系列的随机转落，依靠设置的导板和挡板可使试验样品以不同的面、棱或角跌落，形成对试验样品不同的冲撞危害，其转落顺序和状态是不可预料的。

六角滚筒试验所用的设备是六角滚筒试验机，六角滚筒试验机是沿水平轴匀速转动的正六角形筒体，内表面固定有导板和挡板等障碍物，根据需要还可设置圆锥体。按照对角线的尺寸不同，六角滚筒试验机可分为 2130 型（对角线的尺寸为 2130mm）和 4260 型（对角线的尺寸为 4260mm）两种。对六角滚筒试验机的要求主要有：①六角滚筒内表面及其障碍物，可由硬木或金属构成，保证其坚硬。在试验中不允许有明显的损伤或变形。②滚筒内表面要求平滑，允许涂漆打蜡，其平滑度应通过检验，达到合格要求。③试验样品每次从滚筒的一面到另一面为一次转落，一般应配置转落次数计数器，可以按预定设置的转落次数工作，并使筒内六面体的某一底面，在停转时恰与水平面平行。④在滚筒的端面上，逆时针排列有Ⅰ—Ⅵ六个号码，分别表示筒体六个面，以清楚地辨别试验的起始面。

六角滚筒试验应按照国家标准 GB/T 4857.14—1999《包装　运输包装件　倾翻试验方法》中的有关要求进行。

8. 耐候试验

耐候试验适用于评定运输包装件对各种气候条件的适应能力，以及包装对内装物的保护能力，主要包括高低温试验、喷淋试验、浸水试验和低气压试验，这里仅以喷淋试验为例进行简要介绍。

喷淋试验适用于评定运输包装件对淋雨的抗御性能及包装对内装物的保护能力。它既可以作为单项试验，也可以作为系列试验的组成部分。其试验原理是：将试验样品放在试验场地上，在一定温度下用水按预定的时间及速率进行喷淋，检查包装件及内装物是否保持完好。进行喷淋试验的试验环境条件主要包括试验场地和喷林装置。

（1）试验场地　试验场地面积至少要比试验样品底部面积大 50%，使试验样品处于喷淋面积之内。如有必要对试验场地温度进行控制时，可对场地进行隔热或加热。场地地面应置有格条地板和足够容量的排水口，使喷洒的水能自动排泄出去，不致使试验样品泡在水里。试验场地的高度要适当，使喷水嘴与试验包装件顶部之间的距离至少为 2m，可保证水能垂直滴落。

（2）喷淋装置　喷淋装置应满足（100±20）L/（m² · h）速率的喷水量。喷出的水要求充分均匀，喷头高度应能调节，使喷嘴与试验样品顶部之间能够至少保持 2m 的距离。

喷淋试验应按照国家标准 GB/T 4857.9—2008《包装　运输包装件基本试验　第 9 部分：喷淋试验方法》中的有关要求进行。在试验过程中，当整个系统喷出的水量达到稳定后再放置试样，若无特殊要求，喷水温度和试验环境的温度应控制在 5～30℃之间，喷淋时间应根据包装件的防水性能以及流通环境来确定，试验结束后检查试样的损坏情况和任何其他变化。

四、ISTA 运输包装检测

ISTA（International Safe Transit Association），即国际安全运输协会，是一个国际性的非牟利组织，其前身是 NSTA——美国国家安全运输协会，目前在全世界的会员已有数百家知名的货运公司和实验室。它一直致力于协助会员开发有效的包装、方法、后勤系统等，以提高产品的运输包装安全性能，从而防止或减少产品在运输和搬运过程中遇到的损失。该组织已经发布了一系列的标准以及测试程序和测试项目等文件，作为对运输包装的安全性能进行评估的统一依据。

ISTA 运输测试的意义在于：ISTA 运输测试为您提供以下的切实利益：①减少产品的损坏和流失，以保证产品价值；②节省分销成本；③减少和消除索赔争议；④缩短包装开发的时间，增强市场投放信心；⑤提高客户满意度，保持业务动作。

ISTA 检测协议被称为 ISTA&reg；检测系列（ISTA&reg；Test Series）主要包括以下内容：

（1）ISTA1 系列　非仿真完整性能测试（Non-Simulation Integrity Performance Tests）。对产品和包装组合的力度及稳健性进行测试。

① 程序 1A：包装产品重量为 150 磅（68 公斤）或更少

要求：定频振动，冲击（跌落/斜面冲击/水平冲击）检测。

② 程序 1B：包装产品重量超过 150 磅（68 公斤）

要求：定频振动，冲击（跌落/斜面冲击/水平冲击）检测。

③ 程序 1C：个体包装产品重量为 150 磅（68 公斤）或更少的延展检测

要求：压力，振动（定频振动/随机振动），冲击（跌落/斜面冲击/水平冲击）检测。

④ 程序 1D：个体包装产品重量超过 150 磅（68 公斤）的延展检测

要求：压力，振动（定频振动/随机振动），冲击（跌落/斜面冲击/水平冲击）测试，旋转棱跌落。

⑤ 程序 1E：成组负载

要求：振动（定频振动/随机振动），冲击（斜面冲击/水平冲击），旋转棱跌落。

⑥ 程序 1G：包装产品重量为 150 磅（68 公斤）或更少（任意摆动）

要求：随机振动，冲击（跌落/斜面冲击/水平冲击）。

⑦ 程序 1H：包装产品重量超过 150 磅（68 公斤）（任意摆动）

要求：随机振动，冲击（跌落/斜面冲击/水平冲击），旋转棱跌落。

（2）ISTA 2 系列　部分模拟性能测试

① 全部项目 ISTA 2A。环境，压力，振动（定频振动/随机振动），冲击（跌落/斜面冲击/水平冲击），振动（定频振动/随机振动）。

② 全部项目 ISTA 2B。环境，压力，振动（定频振动/随机振动），冲击（跌落/斜面冲击/水平冲击），旋转棱跌落，振动（定频振动/随机振动）。

③ 全部项目 ISTA 2C。环境，动载荷堆码随机振动，冲击（跌落/斜面冲击/水平冲击）。

④ 全部项目 ISTA 2D。定频振动，旋转棱跌落，跌落，旋转面跌落，危险物冲击。

⑤ 全部项目 ISTA 2E。定频振动，转动棱跌落，跌落，旋转面跌落，桥式冲击。

（3）ISTA 3 系列 简单模拟试验

① 全部项目 ISTA 3A。环境（可选），跌落，堆码随机振动，随机振动，冲击（标准件、小件：跌落/扁平件：旋转棱跌落、旋转面跌落、危险物冲击/加长件：旋转棱跌落、旋转面跌落、桥式冲击）ISTA 3A。

② 全部项目 ISTA 3E。环境（可选），冲击（斜面冲击/水平冲击），旋转棱跌落，压力，随机振动，旋转棱跌落。

③ 全部项目 ISTA 3F。环境（可选），跌落，压力，随机振动，跌落。

④ 全部项目 ISTA 3H。环境（可选），水平冲击，转动面跌落，旋转棱跌落，转动面跌落，旋转棱跌落，随机振动，水平冲击，转动面跌落，旋转棱跌落，转动面跌落，旋转棱跌落，压力。

第七章　包装标准化与包装法规

包装标准化是包装管理现代化的重要组成部分，是实现包装管理高效、科学、规范、程序化的重要手段之一，是保证包装生产各部门高度统一、协调运行的有力措施。包装法规是包装生产单位开展标准化工作，建立严密的管理、执行、监督体系，制定科学的完整的包装标准的直接依据，是加强标准化管理，保证标准化在生产中得到严格实施的重要手段。

第一节　包装标准化

一、标准化的基本概念

对于标准和标准化的定义，近百年来，各国标准工作者一直致力于给出科学、正确的回答。国际标准化组织和世界很多国家的权威人士对这两个基本概念给出了多种较严格的定义，我国相关的国家标准也对这两个概念给出了严格的定义。这里分别介绍几种关于"标准和标准化"定义的具有代表性的表述。

1. 标准的定义

标准是标准化活动的成果，它是标准化系统的最基本要素，也是标准化学科中最基本的概念。关于"标准"的具有代表性的定义主要有以下几种。

（1）盖拉德定义　J·盖拉德在 1934 年著的《工业标准化——原理与应用》一书中，把标准定义为："标准是对计量单位或基准、物体、动作、程序、方式、常用方法、能力、职能、办法、设置、状态、义务、权限、责任、行为、态度、概念和构思的某些特性给出定义，做出规定和详细说明。它是为了在某一时期内运用，而用语言、文件、图样等方式或模型、样本及其他表现方法所做出的统一规定"。这个定义比较全面而明确地概括了 20 世纪 30 年代时，标准化对象与活动领域内产生的标准化成果，在标准化历史上起到了重要的引导作用。

（2）桑德斯定义　英国著名的标准化工作者桑德斯在 1972 年发表的《标准化的目的与原理》一书中，把标准定义为"标准是经公认的权威机构批准的一个个标准化工作成果，它可以采用以下形式：①文件形式，内容是记述一系列必须达到的要求；②规定基本单位或物理常数，如安培、米、绝对零度等。"这个定义强调标准是标准化工作的成果，要经权威机构批准，由于该书由国际标准化组织（ISO）出版，因此也被广泛流传，具有较大的影响。

但是，盖拉德定义和桑德斯定义由于历史发展的局限性，以及其服务对象基本上是传统工业和服务业，所以在技术发展迅速，信息化、网络化成为主流的今天，则显得有些简单和不全面。

（3）国际标准定义　国际标准化组织（ISO）的标准化原理委员会（STACO）一直致力于标准化基本概念的研究，先后以"指南"的形式给"标准"的定义做出了统一规定。国际标准化组织（ISO）与国际电工组织（IEC）联合发布的第2号指南《标准化与相关活动的基本术语及其定义》，把标准定义为"标准是由一个公认的机构制定和批准的文件。它对活动或活动的结果规定了规则、导则或特性值，供共同的反复使用，以实现在预定领域内最佳秩序的效益"。

该定义明确的阐述了能够被广泛接受的关于标准的目的、基础、对象、本质和作用等方面的理解。又由于它具有国际权威性和科学性，所以是目前被最为广泛接受和遵循的一种理解，尤其是ISO和IEC成员，这种遵循已经成为一种义务。并且该"指南"进一步说明标准应建立在科学技术和实践经验的综合成果基础上，并以促进最佳社会效益为目的。

（4）世界贸易组织（WTO）定义　世界贸易组织（WTO）在《贸易技术壁垒协定》（TBT协定）中对标准的定义是"标准是经公认机构批准的、规定非强制执行的、供通用或重复使用的产品或相关工艺和生产方法的规则、指南或特性的文件。该文件还可包括专门关于适用产品、工艺或生产方法的专门术语、符号、包装、标志或标签要求"。

（5）我国国家标准中关于"标准"的定义　相对于西方国家而言，我国真正对标准和标准化进行实施性的应用是比较晚的。随着相关研究的深入，对"标准"定义的表述也在不断的发展和更新。

1983年，我国在国家标准《GB 3935.1—1983　标准技术基本术语》中对标准作了如下定义："标准是重复性事物或概念所做的统一规定，它以科学技术和实践经验的综合成果为基础，经有关方面协商一致，由主管部门批准，以特定形式发布，作为共同遵守的准则和依据"。

1996年颁布的国家标准《GB/T 3935.1—1996　标准化和有关领域的通用术语　第1部分：基本术语》中，把标准定义为"为在一定范围内获得最佳秩序，为活动或其结果规定共同的和重复使用的规则、导则或特性的文件。该文件经协商一致制定并经一个公认机构批准。"同时还说明：标准应以科学、技术、经验的综合成果为基础，以促进最佳社会效益为目的。

2002年颁布的国家标准《GB/T 20000.1—2002　标准化工作指南　第1部分：标准化和相关活动的通用词汇》中，把标准定义为："为了在一定范围内获得最佳秩序，经协商一致制定并由公认机构批准，共同使用和重复使用的一种规范性文件"。标准宜以科学、技术和经验的综合成果为基础，以促进最佳的共同效益为目的。这一定义深刻揭示了"标准"的内涵，明确了制定标准的目的、基础、对象、本质和作用。①标准属于规范性文件之一，体现了标准技术内容和形式的规范化。②制定标准的目的和作用是"在一定范围内获得最佳秩序和共同效益"。"最佳秩序"是指通过制定和实施标准，使标准化对象的有序化程度达到最佳状态，而"最佳共同效益"指的是相关方的共同效益，而不是仅仅追求某一方的效益。③标准产生的基础是科学、技术和经验的综合成果。④制定标准的基本原则是"协商一致"，即普遍同意，表征为对于实质性问题，有关重要方面没有坚持反对意见，并按程序对有关各方的观点进行了研究和对争议经过了协调，协商一致并不意味着没有异议。⑤制定标准的对象和条件是"重复性的事物和概念"。⑥标准的本质是"共同使用和重复使用的一种规范性文件"。⑦"由公认机构批准"体现了标准的权威性和严肃性。

2. 标准化的定义

标准化作为一门新兴的现代科学，在不同的国家和学术团体里，对它的定义和内涵的描述是不完全一致的。

（1）桑德斯定义　英国著名的标准化工作者桑德斯在《标准化的目的与原理》一书中，给标准化的定义为："标准化是为了所有有关方面的利益，特别是为了促进最佳的全面的经济并适当考虑到产品使用条件与安全要求，在所有有关方面的协作下，进行有秩序的特定活动所制定并实施各项规则的过程"。"标准化是指以制定和贯彻标准为主要内容的全部活动过程"；"标准化以科学、技术与实践的综合成果为依据，它不仅奠定当前的基础，而且还决定了将来的发展，它始终和发展的步伐保持一致"。

（2）国际标准定义　1983年，国际标准化组织（ISO）对标准化下的定义为："标准化主要是对科学、技术与经济领域内重复应用的问题给出解决办法的活动，其目的在于获得最佳秩序。一般来说，包括制定、发布及实施标准的过程"。

ISO和IEC在1996年联合发布的ISO/IEC第2号指南《标准化与相关活动的基本术语及其定义》中，对"标准化"作了如下定义："标准化是对实际与潜在问题做出统一规定，供共同和重复使用，以在相关领域内获取最佳秩序的效益活动。"并对此定义作了两个注解，即："实际上，标准化活动由制定，发布和实施标准所构成；标准化的重要意义在于改进产品、过程和服务的使用性，以便于技术协作，消除贸易壁垒"。

（3）我国国家标准中关于"标准化"的定义　1983年我国颁布的国家标准《GB 3935.1—1983　标准技术基本术语》中所给出的标准化定义为："标准化是指在经济、技术、科技及管理等社会实践中，对重复性的事物和概念，通过制定、发布和实施标准到达统一，以获得最佳秩序和社会效益"。

1996年，我国对国家标准《标准化基本术语　第一部分：基本术语》（GB 3935.1—1983）进行了修订，给出的标准化的定义为："为在一定的范围内获得最佳秩序，对实际的或潜在的问题制定共同的和重复使用的规则的活动"。同时，给出了该定义的两个注释，即：①上述活动主要是包括制定、发布及实施标准的过程；②标准化的重要意义是改进产品、过程和服务适用性，防止贸易壁垒，并促进技术合作。

2002年颁布的国家标准《GB/T 20000.1—2002　标准化工作指南　第1部分：标准化和相关活动的通用词汇》中，把标准化定义为："为了在一定范围内获得最佳秩序，对现实问题或潜在问题制定共同使用和重复使用的条款的活动"。

标准化是一个活动过程，主要是制定标准、实施标准进而修订标准的过程，它是一个不断循环、螺旋式上升的运动过程，每完成一个循环，标准的水平就提高一步。标准化是一项有目的的活动，除了为达到预期目的改进产品、过程和服务的适用性之外，还包括防止贸易壁垒，促进技术合作。标准化活动是建立规范的活动，所建立的规范（条款）具有共同使用和重复使用的特征。

3. 标准的分类

从不同的角度，可以对标准进行不同的分类。目前，人们常用的分类方法主要有以下几种。

（1）层级分类法 按照标准的作用和有效的范围（适用范围），可以将标准划分为不同层次和级别的标准。从世界范围来看，标准层级分为：国际标准、区域标准、国家标准、行业标准、地方标准和企业标准。我国根据《中华人民共和国标准法》的规定，把标准分为国家标准、行业标准、地方标准和企业标准四级。

① 国际标准。由国际标准化组织或国际标准组织通过并公开发布的标准是国际标准。如：国际标准化组织（ISO）、国际电工委员会（IEC）批准、发布的标准是目前主要的国际标准；ISO 认可即列入《国际标准题内关键词索引》的一些国际组织如国际计量局（BIPM），食品法典委员会（CAC），世界卫生组织（WHO）等组织制定、发布的标准也是国际标准。

② 区域标准。由某一区域化标准组织或区域标准组织通过并公开发布的标准。如：欧洲标准化委员会（CEN）发布的欧洲标准（EN）就是区域标准。

③ 国家标准。由国家标准机构通过并公开发布的标准。国家标准机构是指在国家层次上承认的，有资格成为相应的国际和区域标准组织的国家成员的标准机构，如 GB、ANSI、BS、NF、DIN、JIS 等是中、美、英、法、德、日等国国家标准的代号。

④ 行业标准。在国家的某个行业通过并发布的标准。行业标准一般由行业标准化团体或机构（如行业协会等）制定、通过并公开发布的标准，又称为团体标准。如美国的材料与试验协会标准（ASTM）、石油学会标准（API）、机械工程师协会标准（ASME）、英国的劳氏船级社标准（LR）等，都是国际上有权威性的团体标准，在各自的行业内享有很高的信誉。

我国的行业标准是"对没有国家标准而又需要在全国某个行业范围内统一的技术要求所制定的标准"，如 JB、QB、FJ、TB 等就是机械、轻工、纺织、铁路运输行业的标准代号。

⑤ 地方标准。由一个国家的地方部门制定并公开发布的标准。我国的地方标准是"对没有国家标准和行业而又需要在省、自治区、直辖市范围内统一的产品安全、卫生要求、环境保护、食品卫生、节能等有关要求"所制定的标准，它由省级标准化行政主管部门统一组织制定、审批、编号和发布。

⑥ 企业标准。也称为公司标准，是由企事业单位自行制定、发布的标准；也是"对企业范围内需要协调，统一的技术要求，管理要求和工作要求"所制定的标准。如：美国波音飞机公司、德国西门子电器公司、新日本钢铁公司等企业发布的企业标准都是国际上有影响的先进标准。

需要说明的是：标准的层级分类主要是适用范围的不同，并不是标准技术水平高低的分级。

（2）对象分类法 按照标准对象的名称归属分类，可以将标准划分为：产品标准、工程建设标准、方法标准、工艺标准、环境保护标准、过程标准、数据标准等。

① 产品标准。为保证产品的使用性，对一个或一组产品应达到的技术要求做出规

定的标准称为产品标准。产品技术要求中除了适用性方面的技术要求外，可以直接包括引用，如术语、抽样、试验方法、包装和标签方面的规定；有时，还可包括工艺方面的要求。

② 工程建设标准。对基本建设中各类工程的勘察、规划、设计施工、安装、验收等需要协调同意的事项所制定的标准称为工程建设标准。

③ 方法标准。以试验、检查、分析、抽样、统计、计算、测定、作业等各种方法为对象制定的标准是方法标准。

④ 安全标准。以保护人和物的安全为目的而制定的标准是安全标准。

⑤ 卫生标准。为保护人的健康，对食品、医药及其他方面的卫生要求制定的标准是卫生标准。

⑥ 环境保护标准。为保护环境和有利于生态平衡，对大气、水、土壤、噪声、振动等环境质量，污染源等检测方法以及其他事项制定的标准是环境保护标准。

⑦ 过程标准。对一个过程应满足的要求做出规定，以实现其适用性的标准是过程标准。

⑧ 服务标准。为某项服务工作要达到的要求所制定的标准是服务标准，又称服务规范，它们一般在交通运输、饭店宾馆、邮电、银行等服务部门中制定和使用。

⑨ 数据标准。包含有特性值和数据表的标准叫数据标准。它对产品，过程或服务的特性值或其他数据做出了规定。

此外，还有文件格式标准，接口标准等，都是以对象分类的标准。

（3）性质分类法　按照标准的属性分类，可以把标准划分为基础标准、技术标准、管理标准和工作标准等。

① 基础标准。在一定范围内作为其他标准的基础并普遍使用，具有广泛指导意义的标准是基础标准。如：名词、术语、符号、代号、标志、方法等标准，计量单位制、公差与配合、形状与位置公差标准等都是目前广泛使用的综合性基础标准。

② 技术标准。对标准化领域中需要协调统一的技术事项所制定的标准称之为技术标准。

③ 管理标准。对标准化领域中需协调统一的管理事项所制定的标准称之为管理标准。

④ 工作标准。对标准化领域中需要协调统一的工作事项（即在执行相应技术标准和管理标准时，与工作岗位的工作范围、责任、权限、方法、质量与考核等以及工作程序有关的事项）所制定的标准是企业工作标准。工作标准一般包括部门工作标准和岗位（个人）工作标准。

（4）其他分类法　除了以上三种主要分类法，还可用其他分类方法对标准进行分类。如：根据标准实施的强制程度，可以把标准分为强制标准，暂行标准和推荐性标准等。

上述分类法是从不同的角度对同一个标准集合所进行的划分，它们之间存在着相互交叉的关系，也就是说，一个标准可以同时按多种分类方法进行分类。某些标准，如国家标准 GB/T 16470—1990《托盘包装》，既是国家标准，又是产品标准，同时也是技术标准。

二、包装标准和包装标准化的含义

1. 包装标准的含义和分类

（1）包装标准的含义　包装标准是围绕着具体实现包装的科学化、合理化而制定的各类标准，是保证产品在流通过程中安全可靠、性能不变而对包装材料、包装容器、包装方式所做的统一的技术规定，是对包装的用料、结构、造型、规格尺寸、容量、印刷标志以及盛放、衬垫与捆扎方法等技术要求的统一规定。

（2）包装标准的分类　包装标准的分类方法很多，从不同的角度可以进行不同的分类，这里主要介绍以下两种：①按颁布和管理的级别（适用领域和有效范围）分：国家标准、部颁标准（行业标准）和企业标准。②按照内容分：包装基础标准、包装材料标准、包装容器标准、包装标志标准、包装技术标准、包装卫生标准、包装测试标准、产品包装标准、包装相关标准等。

2. 包装标准化的含义

包装标准化是以包装为对象开展标准化活动的全过程，即以制定、贯彻和修改包装标准为主要内容的全过程称为包装标准化。包装标准化是对包装类型、规格、制造材料、结构、造型等给予统一规定的政策和技术措施。

标准化工作的目的在于实现产品包装科学合理、确保产品安全顺利地送到消费者手中。因此，必须制定足够数量的各类包装标准，如：包装术语标准、包装标志标准、包装尺寸标准、包装件试验方法标准、包装技术标准、包装方法标准、包装管理标准、包装材料标准、包装容器标准、包装印刷标准、包装机械标准以及大量的产品包装标准等，共同构成一个独立完整的包装标准体系。

同时，应做好包装标准及法规的完善、宣传贯彻和服务工作，不断完善包装标准体系，服务于包装领域的产品生产及相关工作。

三、包装标准与包装标准化的关系

贯彻实施包装标准是包装标准化过程的关键，修订包装标准则会使包装标准化进一步完善。一般来说，两者存在以下几个方面的关系：

（1）包装标准化的基本任务是制定包装标准　包装标准化的目的和作用，必须通过制定具体的产品标准来实现。

（2）包装标准化的效果，必须通过包装标准的贯彻实施来体现　包装标准是一些具体量化的指标，它的贯彻实施也体现了标准化的设想，因此，贯彻实施包装标准是实现包装标准化的一个关键环节。

（3）包装标准化是一个定性的概念，是人们对产品包装的不断追求　随着生产流通的现代化和各项新技术、新材料、新工艺的不断应用和发展，包装也不断被赋予新的内容，因此包装标准必须随之相应的修改和制定，以适应时代的不断发展。

总之，包装标准所包括的范围是极其广泛的，包装标准化工作是包装工业的技术基础，包装标准是实现包装科学、合理的技术依据。

四、商品包装标准化的作用

包装标准化工作是提高商品包装质量、减少消耗和降低成本的重要手段，其主要作用表现在以下几个方面。

（1）包装标准化有利于包装工业的发展　包装标准化是有计划发展包装工业的重要手段，是保证国民经济各部门生产活动高度统一，协调发展的有利措施。商品质量与包装设计、包装材料或容器、包装工艺、包装机械等有着密切关系。由于商品种类繁多，形状各异，为了保证商品质量，减少事故的发生，根据各方面的需要，制定出行业标准及互相衔接的其他标准，逐步形成包装标准化体系，有利于商品运输、装卸和储存；有利于各部门、各生产单位有机地联系起来，协调相互关系，促进包装工业的发展。

（2）包装标准化有利于提高生产效率，保证商品安全可靠　根据不同商品的特点，制定出相应的标准，使商品包装在尺寸、重量、结构、用材等方面都有统一的标准，使商品在运转过程中免受损失，同时也为商品储存提供了良好条件，使商品质量得到保证。特别是运输危险品和有危险的商品时，如果包装比较适宜、妥当，则会减少运输过程中的发热、撞击，从而使运输安全也得到了保证。

（3）包装标准化有利于合理利用资源、减少材料损耗、降低商品包装成本　包装标准化可使包装设计科学合理，包装型号规格统一。

（4）包装标准化有利于包装的回收复用，减少包装、运输、储存费用　商品包装标准的统一，使各厂各地的包装容器可以互通互用，便于就地组织包装回收复用，节省了回收空包装容器在地区间的往返运费，降低了包装储存费用。

（5）包装标准化便于识别和计量　标准化包装，简化了包装容器的规格，统一包装的容量，明确规定了标志与标志书写的部位，便于从事商品流通的工作人员识别和分类。同时，整齐划一的包装，每箱中或者每个容器中的重量一样，数量相同，对于商品使用计量非常方便。

（6）包装标准化，对提高我国商品在国际市场上的竞争力，发展对外贸易有重要意义　当前，包装标准化已成为发展国际贸易的重要组成部分，包装标准化已成为国际交往中互相遵循的技术准则。国际间贸易往来都要求加速实行商品包装标准化、通用化、系列化。

五、我国包装标准体系

标准体系是一个完整、独立的有机整体，国家标准体系由相互制约的多层次的子标准体系所组成。包装标准体系是国家标准体系中的一个子标准体系，包装国家标准体系又是我国包装标准体系中的一个子标准体系。包装标准体系是包装标准化的主要内容，是指包装标准按其内在联系所形成的一个科学的有机整体，它的组成单元是包装标准。

为适应我国加入世界贸易组织（WTO）的需要，改变我国包装标准既不配套、不完善又繁杂无序的现状，建立与国际水平相当、有中国特色的包装标准体系，使得我国包装标准既能与国际接轨、符合国际惯例，又能与我国的具体情况相适应，利用包装标准有效地保护我国经济利益、冲破贸易技术壁垒，是我国广大包装标准化工作者奋斗的目标。

1. 我国包装标准体系的基本情况

我国目前的包装标准体系按照性质、类别、通用面积大小和标准间相互从属、配套协调关系等可分为三个层次，即：包装基础标准、包装专业通用标准和产品包装标准。

（1）包装基础标准（第一层） 第一层为包装基础标准，也称为包装综合基础标准，是包装行业最广泛、最基本、最有指导意义的标准，其中的每一个标准都适用于整个包装行业。主要包括以下几项内容：包装标准化工作导则、包装标志与代码、包装尺寸、包装术语、包装件环境条件、运输包装件试验方法、包装技术与方法、包装设计、包装质量保证、包装管理、包装回收利用等。由于托盘、集装箱及运载工具（如叉车尺寸）等方面的标准与包装关系密切，作为包装标准体系的相关标准也列入第一层。

（2）包装专业标准（第二层） 第二层为包装专业标准，也称为包装专业通用标准，是指包装工业生产的各种包装产品的技术标准，只适用于包装行业的某一专业。它是产品包装标准的基础，直接影响产品包装的质量。包装专业标准主要包括：包装材料及制品、包装容器及制品、包装材料和容器的试验方法、集装容器、包装装潢印刷品、包装机械、包装设备等。

（3）产品包装标准（第三层） 第三层为产品包装标准，是指对产品包装的技术要求。这一层标准很多，属于个性标准。产品包装标准可以分为两种情况，一种是在产品质量标准中，包括对包装、标志、运输、储存的规定；另一种是对某种产品单独制定的包装标准，而不把它包括在这种产品的质量标准中。

产品包装标准原则上按照产品分类，主要分为机械、电子、轻工、邮电、纺织、化工、建材、医药、食品、水产、农业、冶金、交通、铁道、商业、能源、兵器、航空航天、物资、危险品等二十大类。同时，由于产品包装标准涉及面很广，有时某一个产品包装标准要涉及几个甚至十几个质量标准，除了直接引用的标准外，还有一些基础标准和相关标准要在制定相关包装标准时参照执行。

2. 我国包装标准体系的现状

相对于西方国家而言，我国包装标准化工作起步较晚，1980年成立了中国包装技术协会（2004年9月2日正式更名为"中国包装联合会"）；1982年原国家标准局把包装标准化工作列为国家标准化工作的重点之一；1983年在北京召开了包装标准化工作会议，对加强包装标准化工作提出了进一步要求；1985年成立了"全国包装标准化技术委员会"，专门从事我国包装标准的研究工作及包装标准的制定、修订和审查工作。

我国包装标准体系对于编制包装标准，制定修订规划和计划、分析研究包装标准项目和组织协调，以及包装标准化工作的科学管理起到了重要的指导作用。但随着社会主义市场经济体制的确立和发展、尤其是加入WTO后，原有的标准体系已不能满足社会主义市场经济的需求。原有的包装标准体系主要目的是从生产和技术角度对有关包装技术、试验、工艺、管理等提出要求，比较适合于计划经济体制，但对于目前我国的市场经济环境，尤其是加入WTO后参与国际贸易竞争，该体系显得软弱无力，尤其是在贸易方面和市场方面表现的更加突出。因此应尽快对目前我国的包装标准体系进行修改，使之更加合理和完善，以适应中国特色社会主义市场经济的需要。

（1）包装国家标准的现状　我国现有各类包装国家标准约 500 项左右，其中包装标准化工作导则 2 项、包装术语标准约 12 项、包装尺寸标准约 11 项、包装标志标准约 11 项、包装技术与管理标准约 19 项、包装材料标准约 74 项、运输包装件基本试验标准约 28 项、包装材料试验方法标准约 169 项、包装容器标准约 74 项、包装机械标准约 21 项、包装装潢标准约 6 项、产品包装及其标志、运输与储存标准约 152 项、其他相关标准约 21 项。这些标准构成了包装标准体系的基本框架，从标准的覆盖面来看，基本满足了包装及相关行业对标准的需求，形成了比较完善的标准化体系。从标准的水平来看，一些标准达到了国际先进水平，但是大部分标准与发达国家标准还有相当的差距，标准老化，可操作性差，相关标准不配套，不能完全适应市场的需求。从包装标准的采标率来看，采标率约为 50％左右，与一些行业相比还有相当的差距。从采标类别来看，试验方法标准采标率最高，达到 85％左右，基础标准采标率达到 55％左右，产品标准采标率最低，仅为 40％左右。可以看出，试验方法标准由于更为通用，试验手段更易与国际接轨，标准编写人员综合素质较高，所以采标率较高；而产品标准由于国际标准没有完全对应的产品标准，对发达国家标准缺乏查询检索手段，标准编写人员往往不知道国外标准的情况，所以采标率相对较低，除了一些涉及危险货物包装的产品和钢桶、木箱等产品采标率和采标程度较高外，其他包装产品采标率都较低。

（2）包装行业标准的现状　由于包装行业的特点，包装标准几乎渗透到了各个行业中，在各部门的行业标准中都有涉及到包装的。从全国包装标准化技术委员会成立后的十年中，先后制定的包装行业标准（代号为 BB）共 25 项，基本是一些行业急需的产品标准，从标准的文本水平来看，都是按照国家标准的编写要求制定，并不低于国家标准。由于主管部门经费投入有限，因此绝大多数包装行业标准的经费都是起草单位自筹的，在一定程度上也制约了一些标准的制定和标准的质量。

（3）其他主要行业中包装相关标准的现状　对于包装行业影响较大的主要是轻工和机械行业，这两个行业的行业标准中涉及到包装的也最多，轻工行业标准（QB）中与包装有关的约 100 项，机械行业标准（JB）中涉及包装机械的约 30 项。在 2002 年以前，行业标准都是由各部门批准发布，由于部门间没有协调，往往出现同一标准在不同的部门都立项，名称大同小异，内容、要求不完全一致甚至矛盾的现象，给使用者带来很大的不便。

六、包装标准化技术工作组织简介

1. 国际标准化组织和 ISO/TC 122（国际标准化组织第 122 委员会）

（1）国际标准化组织基本情况和我国参与 ISO 的情况　国际标准化组织（International Organization for Standardization，简称 ISO），是一个全球性的非政府组织，是目前世界上最大、最有权威性的国际标准化专门组织，是国际标准化领域中一个十分重要的机构。

1946 年 10 月 14 日至 26 日，中、英、美、法、苏的二十五个国家的 64 名代表集会于伦敦，决定成立一个新的国际组织，以促进国际间的合作和工业标准的统一，正式表决通过建立国际标准化组织。1947 年 2 月 23 日，ISO 章程得到 15 个国家标准化机构的认可，国际标准化组织宣告正式成立，总部设在瑞士的日内瓦，工作语言是英语、法语和俄语。参加 1946 年 10 月 14 日伦敦会议的 25 个国家，为 ISO 的创始国。经过 50 多年的发展，截止到 2004 年 12 月 31 日，团体（国家标准化机构）共 146 个，其中成员团体（正式成员）99 个，通讯成员 36 个、订户成员 11 个；技术组织 2952 个，其中技术委员会（TC）190 个，分委员会（SC）544 个、工作组（WG）2188 个、临时专题小组 30 个；ISO 现有标准文件共计 14941 个，ISO 标准页数 531324 页。

国际标准化组织的目的和宗旨是："在全世界范围内促进标准化工作的发展，以便于国际物资交流和服务，并扩大在知识、科学、技术和经济方面的合作"。其主要活动是制定国际标准，协调世界范围的标准化工作，组织各成员国和技术委员会进行情报交流，以及与其他国际组织进行合作，共同研究有关标准化问题。

ISO 的组织机构包括全体大会、主要官员、成员团体、通信成员、捐助成员、政策发展委员会、理事会、ISO 中央秘书处、特别咨询组、技术管理局、标样委员会、技术咨询组、技术委员会等。ISO 技术工作是高度分散的，分别由几千个技术委员会（TC）、分技术委员会（SC）和工作组（WG）承担。

1978 年 9 月 1 日，我国以"中国标准化协会（CAS）"的名义重新进入 ISO，1988 年起改为以"国家技术监督局"的名义参加 ISO 的工作，现在是以"中国国家标准化管理局"的名义参加 ISO 的工作。中国现在是 ISO145 个技术委员会和 356 个分委员会的积极成员，是 49 个技术委员会和 238 个分委员会的观察成员。我国目前还承担了 ISO 的一个技术委员会和五个分委员会的秘书处工作。中国曾任 ISO 理事会、技术管理局成员，还是 ISO/DEVCO（发展中国家事物委员会）、CASCO（合格评定委员会）、INFCO（信息系统和服务委员会）、COPOCO（消费者政策委员会）和 REMCO（参考物质委员会）等几个专门政策委员会的成员。同时也是 PASC（太平洋地区标准大会）、APEC（亚太经济合作组织）、IAF（国际认可论坛）等国际或区域组织的积极成员。1999 年 9 月，我国在北京承办了 ISO 第 22 届大会。

（2）ISO/TC122—国际标准化组织第 122（包装技术）委员会情况简介　ISO/TC122 成立于 1966 年，秘书国是美国，1977 年移至加拿大。

ISO 早在 1966 年就成立了 TC 122 包装标准化技术委员会，在世界范围内促进包装标准化工作。秘书处设在土耳其，现任秘书长为 B. Yilmaz 夫人，主席 Hasan Salih Acar 先生（土耳其，任职到 2009 年），现在共有 28 个 P 成员国（正式成员国 Participating countries）和 42 个 O 成员国（观察员国 Observer countries），我国为 P 成员国。

TC 122 包装标准化技术委员会下设有包装尺寸、包装袋、包装件试验方法、包装术语等多个分技术委员会和十几个工作组，活动范围涉及包装领域中关于包装尺寸、包装性能要求、包装测试、包装术语和定义的标准化活动，但不包括属于特殊委员会（例如：TC6，TC52 和 TC104）范围的标准化活动。TC122 的组织机构分工如表 7-1 所示。

与 TC122 相关的国际组织有很多，例如，除了 ISO（国际标准化组织）和 IEC（国际电工委员会）之外，还有亚洲包装联合会、欧洲包装联合会、国际客运联合会、世界包装联合会等。

表 7-1　　　　　　　　　　　　TC122 的组织机构分工表

SC（分技术委员会）	WG（工作组）	工 作 内 容
SC1		包装尺寸
SC2		大袋
SC2	WG3	跌落试验
SC2	WG4	非纸材料制成的袋
SC2	WG5	接缝强度的试验方法
SC2	WG6	热塑性塑料制成的袋
SC3		包括方法、包装件和集装货物的性能要求与试验
SC3	WG3	儿童防护容器
SC3	WG4	气候试验
SC3	WG5	稳定性试验
SC3	WG6	敏感试验
SC4		包装术语、定义、分类和符号
SC4	WG1	包装分类和术语
SC4	WG2	包装与包装机械术语

2. 全国包装标准化技术委员会

全国包装标准化技术委员会（SAC/TC49）是包装行业唯一的一个全国专业标准化技术委员会，成立于 1985 年。目前标委会共下设 4 个分技术委员会，如表 7-2 所示。

表 7-2　　　　　　全国包装标准化技术委员会 4 个分技术委员会

标委会（分委员会）名称	TC/SC 代号	秘书处所在单位	工 作 领 域
全国包装标准化技术委员会	SAC/TC49	中包认证中心有限公司	负责全国包装专业的基础标准、方法标准、包装容器和包装材料的综合标准等专业领域标准化工作
袋分技术委员会	SAC/TC49/SC2	建材科学研究院	负责全国包装袋等专业领域标准化工作
包装机械分技术委员会	SAC/TC49/SC7	合肥通用机械研究所	负责全国包装机械等专业领域标准化工作
金属容器分技术委员会	SAC/TC49/SC8	广州市产品质量监督检验所	负责全国金属容器产品、试验方法等专业领域标准化工作
玻璃容器分技术委员会	SAC/TC49/SC9	北京玻陶检测中心	负责全国玻璃容器等专业领域标准化工作

全国包装标准化技术委员会与国家标准化组织包装委员会 ISO/TC122 及 ISO/TC122/SC3 对口，主要任务是在国际范围内开展包装以及相关领域的标准化活动。ISO/TC122 每两年召开一次年会，从 20 世纪 80 年代开始，秘书处就组织我国相关的科研机构和企业的专家参加国际会议，先后参加了第 5、6、7、8、9 及第 12、13 次年会（1999 年和 2001 年由于机构变化没有参加），1993 年在北京成功承办了第 7 次年会。分技术委员会还组织对外开展包装标准化技术交流活动，组织国内专家和企业技术人员出访进行学术交流，为缩小我国包装行业与国际的差距做出了巨大努力。

3. 包装标准化技术归口中心

"全国轻工业包装标准化中心"是国家质检总局委托中国轻工业联合会主管部门管

理的轻工业包装标准化技术工作组织，由原国家轻工业部依法批准建立，现挂靠江南大学，业务上受国家质量监督检验检疫总局和国家轻工业联合会领导，行政上隶属于国家轻工业联合会和江南大学。全国轻工业包装标准化中心是非营利性的社会公益服务机构，独立建制，国家权威部门授权认可。标准化技术归口中心的职责和义务类似于标准化技术委员会。

全国轻工业包装标准化中心的业务范围主要有：宣传和贯彻国家和轻工业行业标准化工作的方针政策和法律法规；包装国家标准和轻工行业标准制定、修订项目计划的建议、申报工作；包装标准的复评审、制定修订组织管理和实施工作；包装国家标准和行业标准的宣传贯彻工作；包装行业产品认证、鉴定、检验、评优等工作中开展标准化水平的审查评价；企业包装标准化指导工作；采标工作的指导；研究完善包装标准化体系；包装标准资料、标准化信息服务；组织技术培训和国内外包装技术交流；完成上级主管部门交办的任务。

4. 其他与包装相关的标准化技术委员会

由于包装属于多项技术交叉的行业，涉及包装的相关内容往往分散于各个行业和部门，包装标准化技术工作的开展目前还与有关的标准化技术委员会相关，如：全国集装箱标准化技术委员会、全国塑料标准化技术委员会、全国塑料制品标准化技术委员会、全国轻工机械标准化技术委员会、全国造纸工业标准化技术委员会、全国印刷标准化技术委员会、全国印刷机械标准化技术委员会、全国电工电子产品环境条件与环境试验标准化技术委员会等。

第二节　包 装 法 规

一、法规的概念及范围

法规包括法律和规范，是指含有立法性质的管制规则，由必要的权力机关及授权的权威机构制定并予颁布实施的有法律约束力的文件。通常泛指人类社会中对各种活动相约而制定并共同遵守的行为准则。法规的主要形式有：法令、法律、决议、命令、决定、条例、规则、规定、办法、实施细则、章程、技术标准、法律性条款、文件等。例如：国务院批准发布的《标准化管理条例》第十八条规定："标准一经批准发布，就是技术法规，各级生产、建设、科研、设计管理部门和企业、事业单位，都必须严格贯彻执行，任何单位不得擅自更改或降低标准。""对因违反标准造成不良后果甚至重大事故者，要根据情节轻重，分别给以批评、处分、经济制裁，直至追究法律责任。"这也说明标准本身是一种法规，具有法规在调整各种关系和活动中的作用。

法规是随着社会和经济的发展而产生和发展的，是由经济基础决定的，并且为经济基础服务。随着现代经济的发展，法规日趋复杂化，并出现了许多分支，如：宪法、刑法、民法、选举法、经济法等。经济法是新兴的一门法规，它是适应经济发展而产生的，因此就必然与经济有密切的联系，和其他法规一样，它属于上层建筑的一部分，是人们在社会生活中经济生活的准则。包装法规一般属于经济法的范畴。

二、我国相关包装法规内容简介

包装法规包括有关的法律、规程、技术标准等。与包装有关的法规一般可分为两大类：成文法和习惯法。成文法是指用文字形成明确规定的法规，一般具有法律效力，如：《食品卫生法》《药品管理法》《专利法》《计量法》《标准化管理条例》《商标法》《检疫法》等。习惯法也称为不成文法，是指经国家或社会承认的习惯，如地区、民族、心理习惯、材料传统习惯、爱好、禁忌等，虽不成文，但已成为习惯，且很有影响，如：地区的民族习惯、心理上的数字习惯、经济上的材料使用习惯、技术上的因素、社会和民族道德规范等。

由于包装废弃物对环境的影响十分重要，因此目前许多国家都制定了很多行之有效的包装法规，严格控制包装废弃物的产生和回收利用，使循环经济不断壮大。就我国而言，自 1979 年以来，先后颁布了《中华人民共和国环境保护法》、《固体废弃物防治法》、《水污染防治法》、《大气污染防治法》等 4 部专项法规和 8 部资源法，还有 30 多项环保法规明文规定了包装废弃物的管理条款。除此之外，还有很多与产品包装相关的法规在商品的实际生产和流通、销售过程中发挥着重要的作用。这里仅以以下几个法规为例进行简要介绍。

1. 《环境保护法》

《中华人民共和国环境保护法》于 1989 年 12 月 26 日第七届全国人民代表大会常务委员会第十一次会议通过，1989 年 12 月 26 日中华人民共和国主席令第 22 号公布，自 1989 年 12 月 26 日起实施，共 6 章 47 条。本法对环境监督和管理，保护和改善环境，防治环境污染和其他公害等方面的问题作了明确的规定。制定本法的目的是为了保护和改善生活环境与生态环境，防治污染和其他公害，保障人体健康，促进社会主义现代化建设的发展。本法所指环境，是指影响人类生存和发展的各种天然的和经过人工改造的自然因素的总体，包括大气、水、海洋、土地、矿藏、森林、草原、野生动物、自然遗迹、人文遗迹、自然保护区、风景名胜区、城市和乡村等。本法的适用范围是中华人民共和国领域和中华人民共和国管辖的其他海域。

本法中明确规定：产生环境污染和其他公害的单位，必须把环境保护工作纳入计划，建立环境保护责任制度；采取有效措施，防治在生产建设或者其他活动中产生的废气、废水、废渣、粉尘、恶臭气体、放射性物质以及噪声、振动、电磁波辐射等对环境的污染和危害。新建工业企业和现有工业企业的技术改造，应当采用资源利用率高、污染物排放量少的设备和工艺，采用经济合理的废弃物综合利用技术和污染物处理技术。生产、储存、运输、销售、使用有毒化学物品和含有放射性物质的物品必须遵守国家有关规定，防止污染环境等。

2. 《食品卫生法》

《中华人民共和国食品卫生法》于 1995 年 10 月 30 日第八届全国人民代表大会常务委员会第十六次会议通过，1995 年 10 月 30 日中华人民共和国主席令第 59 号公布，自 1995 年 10 月 30 日起施行，共 9 章 57 条，适用于一切食品，食品添加剂，食品容器、包装材料和食品用工具、设备、洗涤剂、消毒剂；也适用于食品的生产经营场所、设施和有关环境。制定本法的目的是为保证食品卫生，防止食品污染和有害因素对人体的危害，保障人民身体健康，增强人民体质。

本法对食品，食品添加剂，食品容器、包装材料，食品用工具、设备的卫生等均做了严格的规定，同时对"食品卫生标准和管理办法的制定""食品卫生管理""食品卫生监督"和相关"法律责任"等做出了明确的规定。

本法规定食品生产经营过程必须符合下列卫生要求：①保持内外环境整洁，采取消除苍蝇、老鼠、蟑螂和其他有害昆虫及其孳生条件的措施，与有毒、有害场所保持规定的距离；②食品生产经营企业应当有与产品品种、数量相适应的食品原料处理、加工、包装、储存等厂房或者场所；③应当有相应的消毒、更衣、盥洗、采光、照明、通风、防腐、防尘、防蝇、防鼠、洗涤、污水排放、存放垃圾和废弃物的设施；④设备布局和工艺流程应当合理，防止待加工食品与直接入口食品、原料与成品交叉污染，食品不得接触有毒物、不洁物；⑤餐具、饮具和盛放直接入口食品的容器，使用前必须洗净、消毒，炊具、用具用后必须洗净，保持清洁；⑥储存、运输和装卸食品的容器包装、工具、设备和条件必须安全、无害，保持清洁，防止食品污染；⑦直接入口的食品应当有小包装或者使用无毒、清洁的包装材料；⑧食品生产经营人员应当经常保持个人卫生，生产、销售食品时，必须将手洗净，穿戴清洁的工作衣、帽；销售直接入口食品时，必须使用售货工具；⑨用水必须符合国家规定的城乡生活饮用水卫生标准；⑩使用的洗涤剂、消毒剂应当对人体安全、无害。

本法还规定：食品容器、包装材料和食品用工具、设备必须符合卫生标准和卫生管理办法的规定，并且必须采用符合卫生要求的原材料进行生产，产品应当便于清洗和消毒。定型包装食品和食品添加剂，必须在包装标识或者产品说明书上根据不同产品分别按照规定标出品名、产地、厂名、生产日期、批号或者代号、规格、配方或者主要成分、保质期限、食用或者使用方法等。食品、食品添加剂的产品说明书，不得有夸大或者虚假的宣传内容。食品包装标识必须清楚，容易辨识；在国内市场销售的食品，必须有中文标识。食品、食品添加剂和专用于食品的容器、包装材料及其他用具，其生产者必须按照卫生标准和卫生管理办法实施检验合格后，方可出厂或者销售。进口的食品，食品添加剂，食品容器、包装材料和食品用工具及设备，必须符合国家卫生标准和卫生管理办法的规定等。

本法所涉及的食品容器、包装材料是指包装、盛放食品用的纸、竹、木、金属、搪瓷、陶瓷、塑料、橡胶、天然纤维、化学纤维、玻璃等制品和接触食品的涂料；食品用工具、设备是指食品在生产经营过程中接触食品的机械、管道、传送带、容器、用具、餐具等。

3.《药品管理法》和《药品管理法实施条例》

《中华人民共和国药品管理法》是于 1984 年 9 月 20 日第六届全国人民代表大会常务委员会第七次会议通过，2001 年 2 月 28 日第九届全国人民代表大会常务委员会第二十次会议修订，2001 年 2 月 28 日中华人民共和国主席令第 45 号公布，自 2001 年 12 月 1 日起施行。《中华人民共和国药品管理法》共 10 章 106 条，制定本法的目的是为了加强药品监督管理，保证药品质量，保障人体用药安全，维护人民身体健康和用药的合法权益；本法的适用范围是在中华人民共和国境内从事药品的研制、生产、经营、使用和监督管理的单位或者个人。本法对"药品生产企业管理"、"药品经营企业管理"、"医疗机构的药剂管理"、"药品管理"、"药品包装的管理"、"药品价格和广告的管理"、"药品监督"及相关的"法律责任"等均做出了明确的规定。其中对"药品包装的管理"主要包括：①（第六章第五十二条）直接接触药品的包装材料和容器，必须符合药用要求，符合保障人体健康、安全的标准，并由药品监督管理部门在审批药品时一并审批。药品生产企业不得使用未经批准的直接接触药品的包装材料和容器。对不合格的直接接触药品的包装材料和容器，由药品监督管理部门责令停止使用。②（第六章第五十三条）药品包装必须适合药品质量的要求，方便储存、运输和医疗使用。发运中药材必须有包装。在每件包装上，必须注明品名、产地、日期、调出单位，并附有质量合格的标志。③（第六章第五十四条）药品包装必须按照规定印有或者贴有标签并附有说明书。标签或者说明书上必须注明药品的通用名称、成分、规格、生产企业、批准文号、产品批号、生产日期、有效期、适应症或者功能主治、用法、用量、禁忌、不良反应和注意事项。麻醉药品、精神药品、医疗用毒性药品、放射性药品、外用药品和非处方药的标签，必须印有规定的标志。

《中华人民共和国药品管理法实施条例》于 2002 年 8 月 4 日中华人民共和国国务院令第 360 号公布，自 2002 年 9 月 15 日起施行。本条例共 10 章 86 条，是根据《中华人民共和国药品管理法》制定的，对"药品生产企业管理""药品经营企业管理""医疗机构的药剂管理""药品管理""药品包装的管理""药品价格和广告的管理""药品监督"和相关的"法律责任"等也做出了明确的规定。其中对"药品包装的管理"主要包括：①（第六章第四十四条）药品生产企业使用的直接接触药品的包装材料和容器，必须符合药用要求和保障人体健康、安全的标准，并经国务院药品监督管理部门批准注册。直接接触药品的包装材料和容器的管理办法、产品目录和药用要求与标准，由国务院药品监督管理部门组织制定并公布。②（第六章第四十五条）生产中药饮片，应当选用与药品性质相适应的包装材料和容器；包装不符合规定的中药饮片，不得销售。中药饮片包装必须印有或者贴有标签。中药饮片的标签必须注明品名、规格、产地、生产企业、产品批号、生产日期，实施批准文号管理的中药饮片还必须注明药品批准文号。③（第六章第四十六条）药品包装、标签、说明书必须依照《药品管理法》第五十四条和国务院药品监督管理部门的规定印制。药品商品名称应当符合国务院药品监督管理部门的规定。④（第六章第四十七条）医疗机构配制制剂所使用的直接接触药品的包装材料和容器、制剂的标签和说明书应当符合《药品管理法》第六章和本条例的有关规定，并经省、自治区、直辖市人民政府药品监督管理部门批准。

4.《进出口商品检验法》和《进出口商品检验法实施条例》

《中华人民共和国进出口商品检验法》于 1989 年 2 月 21 日第七届全国人民代表大会常务委员会第六次会议通过，1989 年 2 月 21 日中华人民共和国主席令第 14 号公布，1989 年 8 月 1 日起施行，1984 年 1 月 28 日国务院发布的《中华人民共和国进出口商品检验条例》同时废止。《中华人民共和国进出口商品检验法》共 6 章 32 条，制定本法的目的是为了加强进出口商品检验工作，保证进出口商品的质量，维护对外贸易有关各方的合法权益，促进对外经济贸易关系的顺利发展。本法对"进口商品的检验""出口商品的检验""监督管理"和相关"法律责任"等均做出了明确的规定，其中涉及包装的条款主要有：①（第三章第十五条）为出口危险货物生产包装容器的企业，必须申请商检机构进行包装容器的性能鉴定。生产出口危险货物的企业，必须申请商检机构进行包装容器的使用鉴定。使用未经鉴定合格的包装容器的危险货物，不准出口。②（第三章第十六条）对装运出口易腐烂变质食品的船舱和集装箱，承运人或者装箱单位必须在装货前申请检验。未经检验合格的，不准装运。③（第四章第二十五条）商检机构和其指定的检验机构以及经国家商检部门批准的其他检验机构，可以接受对外贸易关系人或者外国检验机构的委托，办理进出口商品鉴定业务。进出口商品鉴定业务的范围包括：进出口商品的质量、数量、重量、包装鉴定，海损鉴定，集装箱检验，进口商品的残损鉴定，出口商品的装运技术条件鉴定、货载衡量、产地证明、价值证明以及其他业务。

《中华人民共和国进出口商品检验法实施条例》于 2005 年 8 月 10 日国务院第 101 次常务会议通过，2005 年 8 月 31 日中华人民共和国国务院令第 447 号公布，自 2005 年 12 月 1 日起施行，1992 年 10 月 7 日国务院批准、1992 年 10 月 23 日原国家进出口商品检验局发布的《中华人民共和国进出口商品检验法实施条例》同时废止。本条例共 6 章 63 条，是根据《中华人民共和国进出口商品检验法》的规定制定的，并规定"中华人民共和国国家质量监督检验检疫总局主管全国进出口商品检验工作"。本条例对"进口商品的检验"、"出口商品的检验"、"监督管理"和相关"法律责任"等均做出了明确的规定，其中涉及包装的条款主要有：①（第三章第二十九条）出口危险货物包装容器的生产企业，应当向出入境检验检疫机构申请包装容器的性能鉴定。包装容器经出入境检验检疫机构鉴定合格并取得性能鉴定证书的，方可用于包装危险货物。出口危险货物的生产企业，应当向出入境检验检疫机构申请危险货物包装容器的使用鉴定。使用未经鉴定或者经鉴定不合格的包装容器的危险货物，不准出口。②（第三章第三十条）对装运出口的易腐烂变质食品、冷冻品的集装箱、船舱、飞机、车辆等运载工具，承运人、装箱单位或者其代理人应当在装运前向出入境检验检疫机构申请清洁、卫生、冷藏、密固等适载检验。未经检验或者经检验不合格的，不准装运。③（第四章第三十四条）进出口食品、化妆品在进出口前，其经营者或者代理人应当接受出入境检验检疫机构对进出口食品、化妆品标签内容是否符合法律、行政法规规定要求以及与质量有关内容的真实性、准确性进行的检验，并取得国家质检总局或者其授权的出入境检验检疫机构签发的进出口食品、化妆品标签检验证明文件。

5. 《危险化学品包装物、容器定点生产管理办法》

根据《安全生产法》和《危险化学品安全管理条例》，2002 年 10 月 8 日国家经济贸易委员会主任办公会议审议通过，国家经贸委第 37 号令公布了《危险化学品包装物、容器生产定点管理办法》，自 2002 年 11 月 15 日实施。本办法共 5 章 22 条，制定本办法的目的是为了加强危险化学品包装物、容器生产的管理，保证危险化学品包装物、容器的质量，保障危险化学品储存、搬运、运输和使用安全。

本办法所称危险化学品包装物、容器是指根据危险化学品的特性，按照有关法规、标准专门设计制造的，用于盛装危险化学品的桶、罐、瓶、箱、袋等包装物和容器，包括用于汽车、火车、船舶运输危险化学品的槽罐。"办法"明确规定：危险化学品包装物、容器必须由取得定点证书的专业生产企业定点生产；未取得定点证书的，任何单位和个人不得生产用于危险化学品包装的包装物、容器。"办法"同时规定：国家安全生产监督管理局负责全国危险化学品包装物、容器定点生产的监督管理；省、自治区、直辖市人民政府经济贸易主管部门或其委托的安全生产监督管理机构负责本行政区域内包装物、容器定点生产的监督管理，并审批发放危险化学品包装物、容器定点生产企业证书。

本办法主要包括"定点企业的基本条件、申请和审批""监督管理""罚则"等几个方面的内容，对定点生产企业的基本条件、申请和审批程序以及监督管理、处罚等均给予了明确的规定，同时规定：①取得定点证书的企业应当按照国家有关法规和国家、行业标准设计、生产危险化学品包装物、容器。危险化学品包装物、容器经国家质检部门认可的专业检测检验机构检测合格后方可出厂。用于运输危险化学品的船舶的装载容器应当按照国家关于船舶检验的规范进行生产，并经国家海事管理机构认可的船舶检验部门检验合格后方可出厂。②取得定点证书的企业，应当在其生产的包装物、容器上标注危险化学品包装物、容器定点生产标志。

6. 《关于餐饮企业停止使用一次性发泡塑料餐具的通知》

由于中国经济的飞速发展，生活节奏加快，一次性用品的普及并已逐步进入家庭，仅北京而言，每年使用的一次性发泡塑料餐饮具就有 25 亿只。一次性餐饮具在给民众带来方便的同时，也给生活环境造成严重的污染破坏，给社会生活带来潜在的危害。铁道部早在 1995 年就提出治理铁路沿线"白色污染"，经"治理白色污染办公室"的努力，已在 1998 年以纸浆环保餐具全部替换发泡塑料餐具，为"治理发泡塑料餐饮用具"的污染积累了先进的经验。1999 年 1 月国家经贸委发布了《淘汰落后生产能力、工艺和产品的目录》（国家经贸委令第 6 号），限期在 2000 年底前淘汰一次性发泡塑料餐具；2001 年 3 月，北京消费者协会发布了第一号消费警示令"温度一过 65℃ 发泡塑料餐具就有毒"，有害物质将渗入食品中，会对人的肝脏、肾脏、生殖系统、中枢神经造成损害；2001 年 4 月 23 日国家经贸委产业司第 382 号文件下达"关于立即停止生产一次性发泡塑料餐具"的通知；2001 年 5 月 29 日国家经贸委贸易厅第 130 号文件发布"关于餐饮企业停止使用一次性发泡塑料餐具"的通知；2001 年 12 月 28 日国家经贸委、工商总局、质量监督检验总局、环保总局等联合下发文件"关于加强对淘汰一次性发泡塑料餐具执法监督工作"的通知。

《关于餐饮企业停止使用一次性发泡塑料餐具的通知》是在上述背景下下发的，在包装领域具有法规的性质，该通知重申了"一次性发泡塑料餐具在生产、使用、回收等环节所存在的严重问题"，本着"维护广大消费者健康，保护我国生态环境"的目的，在餐饮企业没有严格执行"关于淘汰一次性发泡塑料餐具的规定"的情况下，下达了该通知，通知要求：①餐饮企业要自觉遵守国家有关规定，贯彻执行国家产业政策，立即停止使用一次性发泡塑料餐具。②各地餐饮行业主管部门要加强领导，制定具体措施，加大监督检查力度，做好停止使用一次性发泡塑料餐具的工作。③各地餐饮企业应根据国家强制性标准《一次性可降解餐饮具通用技术条件》（GB 18006.1—1999），选用各种替代产品，同时注意回收处理。有关主管部门和行业协会要加强指导和协调工作。

7. 其他与包装有关的法规

与包装相关的法规还有很多，如《危险货物包装标志》《出口机电产品包装通用技术条例》《出口产品包装用瓦楞纸箱》《国际海上危险货物运输规则》《包装储运图示标志》《通用集装箱最小内部尺寸》《联运托盘外部尺寸系列》《中华人民共和国商标法》《中华人民共和国专利法》《中华人民共和国标准化管理条例》《中华人民共和国计量法》等。

其中《商标法》规定了商标注册人享有专用权，受法律保护，假冒他人注册商标者，除赔偿损失和罚款外，对直接责任人由司法机关追究其刑事责任。《计量法》规定了包装容器的容量、重量、计量单位及标志。《标准化管理条例》对包装标准有一系列的要求，在设计和制造包装容器时应遵守该条例的规定。《专利法》规定了专利权的专利要具有新颖性、先进性和实用性等条件，专利权的发明专利、实用新型专利和外观设计专利在产品包装中大量存在，与包装有关的材料、机械设备、容器结构、商标图案等都可以作为专利申请的对象，因此，在包装的设计、生产和使用过程中，必须注意遵守专利法，以避免不必要的法律纠纷。另外，对于外贸包装和出口商品包装，除了应符合合同法、商标法、专利法等的要求外，还应符合海商法、保险法、涉外税法和进出口货物管制法等涉外经济法规的有关规定。

第八章　包　装　印　刷

第一节　概　　述

包装印刷的对象就是各种包装制品，它是以满足各种包装要求为目的的印刷。包装印刷的目的不仅仅是简单的产品功能性介绍，而且还有一个更重要的目的，就是以特殊的印刷效果提高商品的档次，增加包装商品的展示功能和附加价值。

一、包装印刷的特点

包装印刷既有与一般印刷相同的地方，又有一些不同的特点。

1. 包装印刷方式多样化

除了胶版印刷、凹版印刷、凸版印刷、孔版印刷等四大印刷方式外，包装印刷还大量采用各种特种印刷方式和印后加工方法。

2. 包装印刷承印物多种多样

包装印刷的承印物一般以包装容器和包装材料为主，除普通的纸张、塑料、金属外，还有玻璃、木材、陶瓷、织物等，形状也种类多样，有普通的纸张类平面型承印物，也有较厚的纸板、纸箱及各种不规则形状和性能的承印物。

3. 质量要求高

包装印刷的图文信息多为有关产品的品牌、商标、装潢图案、介绍、广告、产品使用说明等，因此要求包装印刷品色泽鲜艳光亮、墨色厚实、层次丰富和具有感染力。

二、包装印刷的工艺流程

包装印刷一般要经过印前处理、印刷和印后加工等复制过程。

1. 包装印刷印前处理

包装印刷印前处理就是根据图像复制的需要，对图形、文字、图像等各种信息分别进行各种处理和校正之后，将它们组合在一个版面上并输出分色片，再制成各分色印版，或直接输出印版。

根据包装印刷原稿类型的不同，所采用的印前处理技术方法也有所不同，如黑白原稿的印前处理，它只需对图像信息处理后，输出一张制版底片，然后制成一块印版，但如果是彩色原稿，印前处理除对图像本身进行各种校正外，还要对图像进行分色处理，一般输出黄、品红、青、黑一套分色片，再制成黄、品红、青、黑一套印版。另外，若是连续调图像原稿，则还需对图像进行加网处理。

2. 包装印刷

利用一定的印刷机械和油墨将印前处理所制得的印版上的图文信息转移到包装制品

上，或者直接将印前处理的数字页面信息转移到包装制品上，从而得到大量印刷复制品的过程称为包装印刷。若是单色原稿，则将印版上的图文一次转移到承印物上即可，而若是彩色原稿，则印刷时要将黄、品红、青、黑四块印版上的图文分别用相应颜色的油墨先后叠印到包装制品上，获得彩色印刷品。

3. 包装印后加工

包装印后加工是将印刷复制品按产品的使用性能进行表面加工或裁切处理，或制成相应形式的包装制品。

第二节　各种包装印刷过程

通常讲的包装印刷过程包括胶（平）版印刷过程、凸版印刷过程、柔性版印刷过程、凹版印刷过程和丝网印刷过程。根据不同的要求，包装印刷可以采用这些印刷过程中的任何一种完成印刷。在包装印刷中，对于油墨以及各种助剂应该符合 GB 9685—1994 的卫生标准。以下将简单介绍一下这些印刷过程。

一、胶版印刷过程

胶版印刷过程主要指目前印刷企业大量使用的印版上墨后经中间橡皮辊筒转印的胶版印刷过程。在胶版印刷过程中印版的图文部分（亲油吸墨部分）及非图文部分（亲水部分）几乎是在同一印版的表面层上，不像凸印或者凹印过程，其图文部分是高于或者低于印版平面的。平版印刷印版的图文部分亲墨斥水，非图文部分斥墨亲水。

胶版印刷是间接印刷，印刷过程中印版空白部分先被水润湿，然后经过墨辊，油墨被吸到图文部分，然后通过橡皮布将图文上的油墨转印于承印物。与凸印和凹印相比，胶版印刷过程的优点是对印刷纸张或其他承印物表面平滑度的要求较低；更换印版比较容易、生产周期短、图像质量好、印刷成本低、套色精度高。因此胶版印刷具有较强的竞争力。

胶版印刷过程的承印物材料可以为纸张和金属薄板，印刷质量比较好，油墨系油性的，具有制版时间短、费用低等优点，但是印刷毒性比较强，存在环境污染的问题。

在整个包装印刷产业中，胶印已成为一种十分重要的印刷方式，其印刷过程见图 8-1。

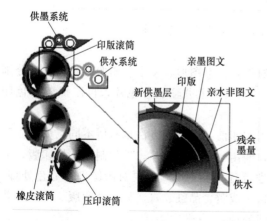

图 8-1　胶版印刷过程

二、凸版印刷过程

凸版印刷是人类历史出现最早的一种印刷过程，早在公元 600 年，我国已出现木刻雕印了。近代随着科学技术的飞速发展，凸版印刷虽然被更为先进、操作更为简便的其他印刷方式所代替；但是凸版印刷目前在包装和其他印刷产品方面仍然起了十分重要的作用。

凸版印刷是指印版上图文部分高于非图文部分的一种印刷方式，图文部分施上油墨，然后覆纸、施压、将油墨转移到纸张的表面，见图 8-2。

凸版印刷除了凸版胶印外，都是直接印刷方式，也就是印版与承印物直接接触，油墨直接由印版转移到承印物上。

凸版印刷中包含铅印（活字）印刷、照相凸版和轮转印刷等。

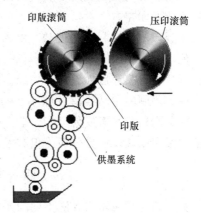

图 8-2 凸版印刷过程

三、柔性版印刷过程

柔性版印刷按其印版特点来说，应当属于凸版印刷的一种。柔性版印版表面的浮雕高度约为 0.7mm 以上。

印版是柔软可弯曲的，通常用橡胶或光聚合物作为印版版材；柔性版油墨是流动性很好的一种油墨，通常它是以醇类为主要溶剂的挥发干燥型油墨，要求干燥速度快，以适应柔性版印刷机高速、多色、一次完成套色的要求。

柔性版印刷机可以有多至八色的印刷滚筒。它的机械结构比较简单，由压印滚筒、印版滚筒、传墨辊、墨斗辊、墨斗和印版压印等部分组成。

压印滚筒一般是光滑的金属滚筒；印版滚筒也是光滑的金属滚筒，上面可以装上柔性印版；传墨辊则为光滑或蚀刻的金属或是包以橡胶的辊子；墨斗辊是光滑的包以橡胶的辊。

油墨分配系统包括一个橡胶墨辊；一个网纹传墨辊，这个辊将油墨传至印版上。更普遍使用的油墨分配系统减去了橡胶墨辊，将网纹墨辊直接浸入墨槽，用墨刀刮去多余的油墨；在有些印刷机上，陶瓷墨辊代替了网纹墨辊，以增加耐用性，并改善油墨的用量。网纹墨辊的网纹从 150～400 线/in 不等，网纹数减少会增加印膜厚度，网纹数增加能增加印品的清晰度，目前 165 线/in 的网纹辊使用较多。

印版安在印刷滚筒上，由网纹墨辊传墨给印版的浮雕表面，再由印版直接转移压印到承印物表面。图 8-3 为柔性版印刷过程示意图。

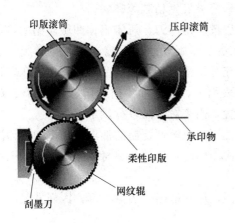

图 8-3 柔性版印刷过程

早期，柔性版印刷只限于对纸张进行印刷，如特制薄纸，牛皮纸和其他各类纸张；如今它已被用于所有柔性包装印刷了。它可以对各种塑料薄膜进行印刷，如聚苯乙烯、聚酯、聚烯烃薄膜等；也适合于对玻璃纸进行印刷；可以在铝箔，厚纸板，瓦楞纸上印刷；还可以用来印刷折叠纸盒、礼品包装盒纸杯等。

柔性版印刷过程的印刷质量比较好，印刷毒性比较弱，油墨可以是油性的或者水性的，具有制版时间短，费用一般，印刷速度快等优点，并且不存在环境污染的问题，耐印力在 100 万印左右。

柔性版印刷具有制版速度快（30min/块），印刷速度高（400m/min），一次最多可印至八色，并且一次完成正反面套色，还可以纵面分切、横面甩切、成型模切、穿孔、折页、压片、覆膜等后加工连成一线。所以生产效率极高。

柔性版印刷的印品残留气味小，与覆膜胶有较好相容性。随着光聚合版的大量使用，使得印刷精美图案成为可能。

柔性版印刷被印刷界公认为很有发展前途的一种印刷方式。

四、凹版印刷过程

凹版印刷与其他印刷方法不同的是它的印版通过腐蚀或者雕刻，形成很多低于印版表面的不同容积的着墨孔。在印刷过程中，不同容积的着墨孔网穴蓄墨量不等，转印至承印物表面的墨量不同，见图 8-4。

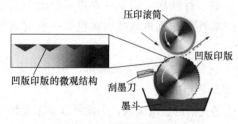

图 8-4　凹版印刷过程

着墨孔容积大，印刷过程中填入的油墨量多，转移到纸张的墨层厚；着墨孔容积小，填入的油墨量少，转移到纸张上的墨层薄，于是，在纸张上形成浓淡有序，色彩鲜艳的画面。

凹版印刷中，与承印物接触受压的是非图文部分的光滑表面，油墨基本上是不受压的。凹版印刷的最大特点是印品的墨膜比较厚，比凸版印刷的墨膜几乎要厚一倍，所以比较容易发生粘脏等弊病。

凹版印刷机的主要构件是凹版印刷滚筒、墨槽、刮墨刀、压印辊；凹版印刷的特点是：印版滚筒的一部分浸渍在墨槽中滚动，使整个印版表面都涂满油墨，在全版着墨后，用刮墨刀刮去印版空白部分的油墨，同时充分将油墨挤入印版凹纹中，再由压印机构将凹下的图文部分上面的油墨压印到承印物表面上，完成油墨向承印物表面的转移。在有的凹版轮转印刷机上还安装有加热干燥装置，用来对印品进行烘干固化。

凹版印刷的供墨量多，阶调再现性好；在使用有机溶剂配制的油溶性油墨凹版印刷过程中，可以实现高速印刷；适合于印刷大幅面的印品，例如，建材、壁纸等连续图案的印刷。

凹版印刷，特别是轮转凹印，印品立体感强，层次清晰，图像逼真，因而发展前途广阔。

凹版印刷的承印物材料为薄膜、纸张和金属箔材，印刷毒性比较强，油墨可以是油性的或者水性的，耐印力可以在 1 亿印以上，但是存在制版时间长、费用高等缺点。

五、孔版印刷过程

孔版印刷与平版，凸版、凹版印刷称为现代四大印刷术。平版、凸版、凹版都是在印版的表面施墨，墨层从印版表面向承印物表面转移。孔版印刷是在印版背面施墨，印版的图文部分由能够通过油墨的网孔组成，空白部分由感光胶等掩膜组成。印刷中用刮墨刀施压使油墨从印版的网孔中通过，漏印到承印物表面，见图 8-5。

由于孔版印刷是通过版上细小的网孔漏印到承印物表面上的，所以油墨应该具有流动性好、黏度低、通过网孔快、转印到吸收性承印物表面后迅速渗透干燥、在非吸收性承印物表面有很好附着力的特性。

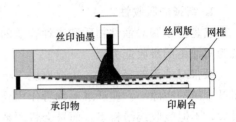

图 8-5　孔版印刷过程

制孔版的材料有丝绢、尼纶丝、蜡纸、铜丝、不锈钢丝等，故有丝网印刷、蜡版（誊写版）印刷之称。丝网印刷占孔版印刷的 90% 以上，所以以其为代表，在包装印刷中主要讨论丝网印刷过程。

孔版印刷印版的图文部分是由细小的纤维孔按一定经纬、一定孔隙均匀排列的纺织物组成，其丝网眼的粗细是以筛孔多少来表示，大多用 100~300 筛孔/in，丝线粗细为 30~60μm。

孔版印刷的主要特点是：①制版费用便宜，且制版方法相对地比较简单，对于小批量的印刷更为适宜。②油墨选择的范围广。③印刷压力很小，所以对各种状态的成形品都能印刷。④着墨厚（40~100μm），可以得到与平版或凸版印刷达不到的印刷效果。

孔版印刷机的种类，除了手推印刷之外，有平面印刷机（印刷纸、布、板等表面平滑的承印物），曲面印刷机（对杯、瓶、帽等圆柱或圆锥形容器的侧面进行印刷），轮转印刷机（印版呈圆筒形进行滚印），长卷印刷机（为丝网印染一切的印刷机，在长卷的布上进行印刷）等。

有手动式、半自动、全自动印刷机之分。尤其对于塑料容器印刷的全自动印刷机正在迅速发展之中。

孔版印刷可对包括纸张、纺织品、塑料、金属、玻璃等材料进行印刷；对不同承印物进行印刷时，所用的油墨是不同的。

第三节　纸包装材料印刷

纸包装材料具有许多优点，不仅价格低廉，使用方便安全，而且具有优良的印刷性能。

一、纸张印刷适性及印刷方式的选择

纸张的性能指标包括：吸收性能、外观质量、表面性能、物理性能、光学性能、印刷性能等多个方面。在纸包装印刷中，一般要求：纸张表面的尘埃度不得超过允许范围；纸张色调尽可能白，而且同一批纸张中每张纸应该质地相同；具有保证正常印刷的机械强度；透光率最小，光泽度相同；纸张的厚度、结构、紧度等性能在同一批量中应该相同，如果相差过大，会增加包装印刷过程中的困难，降低包装印刷品的质量，含水量在7%左右，平板纸两边应为直角，斜度误差不超过±3mm。另外，纸张的印刷性能决定着在印刷过程中能否顺利印刷，以及能否得到高质量的包装印刷品。下面介绍纸包装材料的一些印刷适性。

1. 纸张的吸收性

它是指纸张对油性物质和水性物质的吸收能力。纸张在印刷过程中的吸收性主要表现为对油墨的吸收能力。

纸张对油墨的吸收性，主要取决于纸张纤维间的空隙大小，即纸的紧密程度，当纸张纤维间的空隙小，使纤维毛细管作用受到影响，这种纸张的吸墨性就差。但是若空隙过大，不但吸收连结料多，而且会将颜料一并吸收，而产生透印现象。

纸张的吸墨性不但与纸张本身的结构有关，与油墨的黏度、印刷压力及压印时间长短也有关。

2. 纸张的平滑度

它是指纸张表面凹凸不平的程度，它是纸张表面平整、均匀与光滑程度的一种综合指标，是纸包装材料最重要的印刷性能。纸张的平滑度直接影响印刷过程中纸张与印版图文的接触程度，无论哪种印刷，平滑度高的纸包装材料所印出的印刷品字迹和图像的轮廓就比较清晰，而平滑度低的纸包装材料印出的图文质量就差一些。对平滑度低的纸包装材料，在包装印刷时适当增大印刷压力，也可以适当地弥补因其不平而出现印迹发虚的现象。

纸包装材料表面的平滑度还会影响纸张的光泽，表面非常光滑的纸张，其光泽性也高，而表面粗糙的纸张则显得较暗淡。

3. 纸张的抗张强度

一定宽度的纸张能够承受的最大拉力或张力称为抗张强度。印刷时对纸的抗张强度有一定的要求，特别是对卷筒纸来说抗张强度尤为重要。因为卷筒纸在包装印刷过程中处于张紧状态，纸的纵向受到一定的拉力的作用，如果纸的抗张强度低于纸在输进时的拉力，那么在印刷中会经常出现断裂现象。为了保证印刷工艺的顺利进行，对纸张的抗张强度有一定要求。

4. 纸张的表面强度

它是指纤维、胶料、填料三者之间的结合强度。在包装印刷过程中，表现为受到油墨剥离力作用时，具有的抗掉粉、掉毛、起泡及撕裂的性能。印刷时要得到清晰的网点，就必须使用黏度较高的油墨，如纸张强度不够，就容易产生掉毛、掉粉现象，并黏附在版表面，如果油墨黏度较低，在胶版印刷中，油墨与润版液乳化，印版的空白部分就会起脏。

5. 纸张的含水量

纸张中所含水分的数量占该纸张数量的百分比，称该纸张的含水量。

纸张的含水量直接影响印刷质量及印刷的正常进行。若纸张含水量过多，则纸张强度降低，在外力的作用下，纤维会被拉出，塑性增强，印迹干燥速度受到影响；若纸张含水量过少，纸张发脆，容易造成破损，还会产生静电现象。印刷前，纸张一般须经晾纸处理，使其含水量与印刷车间的温湿度平衡。

一般纸张的印刷适性都适合包装印刷及印后加工处理。企业可根据需要和自身条件采用胶版印刷、凹版印刷、凸版印刷、孔版印刷及各种特种印刷方式进行包装印刷，而且一般不需作任何特殊处理。

二、白板纸印刷适性及印刷方式

白板纸主要具有以下包装印刷适性：白板纸的吸水性强、吊晾困难，不利于印刷套准；白板纸质地紧密，表面光洁平滑，韧性较强，印刷时白面的吸墨性比较均匀，耐折度也较高；单面白板纸易卷曲，且纸质较厚，输纸较困难，容易出现双张、多张，而轧坏橡皮。

白板纸的包装印刷较适合采用凸版印刷和胶版印刷方式。若采用凸版印刷，由于白板纸较厚不易弯曲，所以一般适宜于用平压平或圆压平的凸版印刷方式，其印刷工艺与常规凸版印刷工艺基本相同。白板纸的平版印刷工艺与使用普通纸张作承印物的胶印工艺也基本相同，但是，需要在以下方面做特别处理。

（1）胶印机调节　白板纸的胶印可采用专为适应纸板印刷需要而设计的纸板胶印机，也可用普通胶印机。若使用普通胶印机，则须根据纸板厚度对胶印机作特别调整，如应加大分纸吸嘴、送纸吸嘴的风量，更换硬而厚的橡皮圈；增大安全杠、侧拉规、前拉规与递纸牙台之间的间隙，和递纸牙垫与压印滚筒的间隙以及送纸牙垫与递纸牙台平面间的间隙。对包衬与印刷压力也要调节。

（2）白板纸的印前预处理　白板纸吸水性强，在不同的湿度下变形较大，因此包装印刷前必须对白板纸进行晾纸处理，且从开料进车间起就要把纸板放平堆齐，以防纸板变形，给后序印刷带来困难。

三、瓦楞纸板印刷适性和印刷方式

瓦楞纸板具有较高的强度、挺度、硬度、耐压、耐破等性能，并且比一般纸板强度优良。

对瓦楞纸板印刷的要求是，外表面应光滑平整，适合印刷文字和图像，同时应具有良好的吸墨性能。因此，瓦楞纸板的印刷面应选用研磨精良的纸浆来制造，以提高瓦楞纸板的表面印刷适性。瓦楞纸板受湿度影响较大，如果纸板含水量增加，强度就会下降，因此瓦楞纸板在印刷前应进行含水量处理。

瓦楞纸板是由具有多层波浪形的瓦楞复合而成，表面平整度差，印刷压力不能过大，用丝印方式只能印刷一些简单的图案、文字，印刷难度比较大。而瓦楞纸板比较适应柔性版印刷的要求。

瓦楞纸板柔性版印刷工艺包括：

（1）印前处理　应考虑印刷设备和材料的特点。柔性版印刷最多只能印出2％的网点，而且网点增大较大，瓦楞纸表面颜色又泛黄，在图像处理中要正确设定网点灰平衡曲线，瓦楞纸板印刷的色数为3～4色，也有少数采用5～6色，加网线数一般为60线/in左右。

（2）晒版 应选择较厚的感光树脂版，厚度约为5mm左右，便于印刷时通过印版的压缩量来减少对瓦楞纸受压的变形。

（3）印刷 对瓦楞纸板进行柔性版印刷时，主要应注意以下三个问题：供墨量调节、输纸和印刷压力调节。

（4）压痕与开槽 瓦楞纸板印刷后，还须压痕和开槽，以便制成各种包装箱、包装盒等。在瓦楞纸板的柔性版印刷工艺中大多采用柔性版印刷开槽机，即将印刷、压痕和开槽等工序在一台机器上依次完成。①压痕主要作用是使瓦楞纸板按预定位置准确地弯折，以实现精确的纸箱内部尺寸；②开槽是指在瓦楞纸板上切出便于折叠的缺口。

第四节　塑料表面印刷

在包装行业中，塑料是一类很重要的包装材料。在塑料表面上常常需要进行大量的印刷作业，可以采用的印刷方法有好几种：柔性版印刷、凹版印刷、丝网印刷等。

在印刷过程中会遇到墨膜附着困难的问题以及其他一些问题，本节介绍几种塑料的印刷性能、表面处理以及静电控制问题。

一、塑料表面的印刷性能

（1）聚乙烯的印刷性能 未经处理的聚乙烯对油墨的附着性能很差，因此，印刷前需进行表面处理。

（2）聚丙烯的印刷性能 聚丙烯印刷前也需进行表面处理。

（3）聚苯乙烯的印刷性能 聚苯乙烯对丝印油墨的附着力很好，表面用溶剂清洁即可进行印刷。

（4）聚氯乙烯的印刷性能 聚氯乙烯的表面为极性表面，一般油墨对聚氯乙烯的附着力都很好，印前无须表面处理。但有时因聚氯乙烯制品老化或增塑剂等添加剂转移到塑料表面而降低附着力，这时可用乙醇擦拭其表面，以增加油墨在其上的附着力。

（5）聚酯树酯的印刷性能 聚酯树酯对油墨的附着力差，在印刷前必须经过表面电晕处理，方可以进行印刷。

（6）聚碳酸酯的印刷性能 聚碳酸酯对油墨的附着力比较好，经过脱脂处理后即可以印刷。

二、塑料的表面处理

因为有些塑料制品（例如：PE、PP塑料）表面极性小，表面能低，在印刷时会遇到油墨附着不良的问题，印刷效果和黏附牢度难以达到要求，影响印刷质量。唯有经过表面处理才能改善上述问题，提高印刷质量。

对塑料表面进行处理的方法很多，有机械法：喷砂及磨毛等；物理法：火焰、电晕、高能辐射；化学法：表面氧化、接枝、置换及交联等。

在进行表面处理时，应根据不同的塑料和工艺条件选择适当的方法，如聚烯烃类PE 及 PP 等非极性塑料，一般需要采用火焰及电晕处理方法提高表面能；尼龙可用磷酸处理等。以下介绍各种表面处理的方法。

（1）火焰与电晕（电火花）处理　火焰和电晕处理是两种较好的印前处理工艺，可以大大提高塑料片材的表面能，使表面形成很薄的氧化层。

火焰和电晕处理时应该注意，不要过分，以免"烧伤"表面，形成过厚的氧化层，造成印刷后墨层连同氧化层一起脱落。一般情况下，火焰处理时，把塑料加热到稍低于塑料热变形温度并保持一定时间就可以了。这两种方法可以暂时提高塑料的表面能，处理完以后必须在 20min 内完成印刷作业，否则处理效果很快下降。

（2）脱脂处理　塑料制品表面沾上油污或脱模剂会影响油墨的附着力。可通过碱性水溶液、表面活性剂、溶剂进行清洗，达到表面脱脂清洁的目的。如用砂纸打磨使表面粗糙也可以起到脱脂目的。

对丝印油墨附着良好的塑料如聚苯乙烯等，大多可以采用这种方法对表面脱脂。脱脂时应该选用不会使塑料溶解的溶剂来处理，如：甲醇、乙醇、异丙醇等。聚酰胺塑料也可以用丙酮擦拭。

（3）化学法表面处理　采用溶剂蒸汽、化学药品对塑料表面进行处理，目的是使光滑的塑料表面腐蚀为有控制的凹凸不平的表面，使塑料表面的非结晶区被溶解而形成粗糙的表面。

常用的溶剂蒸汽处理法：将聚乙烯、聚丙烯塑料件放在热溶剂（如甲苯、三氯乙烯）的蒸汽中处理 10～20s，油墨的固着牢度有明显提高。

常用的化学氧化法：过硫酸铵 90g，硫酸银 0.6g，蒸馏水 1000g，配制成溶液，将聚丙烯、聚乙烯塑料制品放在其中，室温处理 20min 以上，或者 70℃下处理 5min，丝印油墨在其上的附着牢度将有很大提高。该方法最适用于硬塑料制品，也可用于软塑料。

常用的酸处理法：形状复杂的 PE、PP 塑料制品，印前处理可采用酸蚀法。用铬酸和硫酸的混酸于 50℃处理 10min，一般的丝网印刷油墨都能在其上很好地附着。

（4）紫外光或等离子体照射法　此法先用三氯乙烯擦洗聚乙烯、聚丙烯塑料表面，然后用紫外光或等离子体照射，表面能可以提高很多，丝印油墨在其上的固着牢度可提高 5 倍以上，适用于软塑料制品，硬质塑料制品也可使用。这种处理方法主要是用高能射线对塑料表面进行照射，产生氧化反应后，表面生成极性基团，提高表面自由能，以提高油墨在其上的附着力。

第五节　金属表面印刷

金属材料作为承印物，一般用丝网印刷或者胶印印刷。金属制品属耐用品，表面装饰性要求更高、更耐用，因此印前多进行表面处理，如表面涂层、电镀、阳极氧化或机械打毛（旋纹、拉丝）等。印刷时，要保证表面的洁净，作业时务必戴手套。若处理过的表面上积有油脂、指纹及灰尘等污迹，必须用三氯乙烯、稀释剂和汽油等溶剂洗除。

另外，根据金属的表面性能选用适当的印刷油墨，如氨基烤漆及环氧烤漆的涂层表面，要用氨基及环氧树脂类热固油墨；硝基清漆等自然干燥型的涂层上，可用溶剂挥发型氧化干燥型油墨，但必须慎用溶剂或稀释剂，以防止破坏漆面，且在印刷后增涂一层罩光油，以提高光泽和保护整个表面；金属的电镀表面也可用热固油墨印刷，但须注意电镀层与金属的热膨胀系数之差，以控制加热温度，避免膨胀系数相差悬殊而导致镀层开裂；铝板的阳极氧化会形成一层空隙均匀的氧化层（约厚 $2\sim10\mu m$），具有较大的表面积，能提高涂层（油墨）的附着力，另外，还有吸附染料的性能，能用扩散型油墨或浸染法制作染色标牌。

一、金属表面印刷的前处理工艺

在金属表面上进行印刷，其表面必须经过前处理。金属表面的前处理工艺，也称为印前加工。金属表面的前处理有多种方式，如除油、抛光、拉丝氧化砂面处理、喷漆。这些工艺可以按照产品的不同要求，根据镀层材料的情况，单独或配合使用，以达到预期的效果。

铝合金薄板是食品包装业接触最多的产品，下面以铝合金表面处理为代表，简要介绍金属印刷的前处理工艺。

铝合金薄板前处理的目的主要有两个，一是装饰性，即去除铝板材的某些缺陷，增加其表面的美观程度；二是工艺性，即借助于某些前处理工艺改变材料表面光洁程度以增强印刷涂料在其上的附着力。铝合金板的前处理方法很多，简介如下。

（1）除油　除油属于工艺性前处理。为了使铝板表面对印刷涂料有一定的亲和性，要求把板材表面的油污除去。可用细软锯末揩除一般封装油污，再用有机溶剂去油；机械加工中的油污，则可用有机溶剂揩洗或用碱性溶液化学除油。

（2）抛光　抛光是克服金属材料表面缺陷，提高其表面光洁度的常用方法。抛光大体可分为机械抛光、化学抛光和电化学抛光三大类。

机械抛光时先采用布轮抛光机加抛光膏对材料表面进行粗抛磨，再用细布轮精抛，使材料表面达到要求的光洁效果。多用于阳极氧化染色标牌和旋纹、折光标牌用的铝板材的装饰性处理。机械抛光后的铝板，为了获得较高的光亮度及良好的氧化效果，有时还需要进行化学抛光和电化学抛光。化学抛光多在酸性溶液中进行。电化学抛光则是更高的表面精加工方法，可以获得光亮度更高的"镜面"效果和减少大气对铝板表面的氧化。

（3）喷砂　喷砂处理是为了获得膜光装饰或细微反射面的表面，以符合光泽柔和等特殊设计需要。同时，可以使印刷时油墨和承印物的结合更牢固。喷砂通常在专用喷砂机内进行。根据砂面粗细程度的要求，选择适当目数的石英砂，喷制成适当的砂面。均匀适度的喷砂处理，基本上可以克服铝材表面的常见的缺陷。

（4）氧化染色　用铝作基材，采用氧化染色工艺来处理是目前应用较为普遍的一种方法。在铝和铝合金材料中，以高纯铝、1～4号工业纯铝、LT66特殊铝合金及铝镁合金为较理想的用料。5号以上硬铝由于其含铜量高，锻铝合金由于含硅而不适合用来氧化染色。氧化前需进行有关的化学处理或电化学处理。氧化按其加工方法分为化学氧化和电化学氧化。化学氧化膜较薄（约 $0.5\sim2\mu m$），膜质柔软，抗蚀能力及耐摩擦性较电化学氧化膜差,染色后效果也较差。

(5) 砂面处理 砂面处理亦称化学砂面腐蚀、化学烂砂处理,是一种采用化学处理使材料表面取得喷砂效果的加工方法,尤适用于铝材表面处理,其砂面的均匀性远优于喷砂处理。

(6) 罩漆 用罩漆作为印刷前的预处理能够保护铝板,加强印刷油墨的附着力,多用于精度要求不十分高的表盘、刻度盘及面板上。罩光漆可使用 B01-10 丙烯酸烘漆,在 140℃下烘烤 20～30min。

二、金属罐的印刷

成型的金属罐体在经过净化、表面处理后即可准备印刷。为了在印刷表面产生一定光泽,可先涂布白色漆为底色,然后再在金属罐印刷机上进行印刷。

金属罐多为曲面印刷,而且速度比较高、印刷压力又不能太高,为了保证有足够的印刷压力,所以应选用低粘度的油墨和干燥性能良好的连结料。

第六节 包装印后加工

包装印刷后对包装印刷品的加工制作工序称为包装印后加工。

一般来说,包装印后加工工序主要有上光、覆膜、模切和压痕等包装装潢所要求的工艺。包装制品通过印后加工,可以增强光泽,突出装饰效果,从而使包装制品达到客户要求的形状和使用性能,还可使包装制品具有耐摩擦等特性。它的成功与否关系着整个产品的命运。下面介绍几种常见的包装印后加工工艺。

一、上 光

在包装制品的印刷表面涂布一层透明涂料,经流平、干燥、压光后在包装制品的印刷表面形成薄而匀的透明光亮层的工艺过程称为上光。

上光可以提高包装制品印刷表面的光泽度、平滑度、耐磨性、防水性和使用性能,能够对图文起保护的作用,因此广泛地应用于包装装潢和其他包装印刷品的表面加工中。

1. 上光涂料及组成

上光涂料主要由主剂、助剂和溶剂等成分组成。

(1) 主剂 是上光涂料的成膜物质,通常为各类天然树脂或合成树脂。

(2) 助剂 是用来改善上光涂料的理化性能和加工特性的,如消泡剂、表面活性剂、固化剂、增塑剂等。

(3) 溶剂 主要是用来分散、溶解主剂和助剂的。常用的溶剂有水、酯类溶剂、芳香类溶剂、醇类溶剂等。

2. 上光涂料的种类

(1) 热固型上光油 由大分子量的树脂、塑料、溶剂、水、胺或氨组成。

(2) 油基上光油 组成如同胶印油墨的连结料,由矿物油、干燥型植物油、凝固型醇酸树脂、燥油和其他添加剂组成。

（3）分散型上光油　主要成分是改性丙烯酸盐、水溶性树脂、石蜡分散体、水和多种添加剂。

（4）金色和银色上光油　在分散型上光材料中加入一定配比的颜料如铜粉、铝粉，即可成为金色或银色上光涂料。

（5）辐射固化型上光油　它分紫外线固化型和电子束固化型，其中紫外线固化型上光油简称 UV 上光油。目前，欧美各国已基本用 UV 上光取代了覆膜。

3. 上光设备

按加工方式可以分为普通脱机上光设备，即上光、印刷分别在专用机械上进行；联机上光设备，即上光机组联在印刷机上，印刷、上光一次完成。

目前，国内包装印刷企业较多采用脱机上光，联机上光设备的份额也在逐渐增加。

二、模切和压痕

一般需要模切的产品有：商标标签、纸盒、纸箱包装、塑胶包装以及轻工、电子和装潢等诸多行业。模切版是保证模切质量的重要条件，它的类型有圆模、平模两种。

在模切机上，模切版又分为刀模版和底模版两部分。刀模版由模板、模切刀、压痕线和模切胶条等构成；底模版则由底模钢板和压痕底模构成。使用模切工艺可以把纸片、印刷品轧切成普通切纸机无法裁切的圆弧或各种复杂的形状。

模切机有很多种类。按印品规格分，有四开、对开和全张纸模切机；按自动化程度分，有全自动高速模切机、半自动模切机和手动模切机；按模切形式分，有圆压圆、圆压平、平压平模切机等几种；按走纸形式分，有连续式自动续纸模切机和间断式自动续纸模切机。

三、覆　　膜

覆膜是将 $12\sim30\mu m$ 厚的聚丙烯（BOPP）、聚酯（PET）等塑料薄膜覆盖于印品表面，经过加热干燥压合而成。传统的即涂型覆膜黏合剂材料正在被高质量的环保型新型黏合剂所取代。经覆膜的印品，表面色泽亮度增强，且增添图像的质感，可以满足印品所要求的高光泽透明、防脏污、耐油脂和化学药品、耐压折叠、耐穿透性、耐穿透性、耐气候性、防水性、食品保鲜性。

覆膜技术曾经被广泛应用于书籍封面、高级包装盒面精美画册等方面，是国内最常见的一种印后表面处理工艺。目前，由于环保原因导致覆膜技术在印后表面处理的应用越来越少。覆膜技术受到很多因素如纸张种类、油墨用量、黏合剂、工作温度、环境气候等因素的影响，可能出现黏合不良、起泡、涂覆不均、皱膜、弯曲不平、脱落分离等故障。覆膜的危害主要源于塑料薄膜，用于覆膜的塑料薄膜透明、光泽好，而且价格便宜。但不可降解、难以回收利用，易造成白色污染，长期使用还会危害工人的健康。由于覆膜后的纸张难以回收再生，使上光工艺的使用越来越广泛，特别是具有环保概念的水性上光油越来越表现出竞争优势。

第九章 智能包装技术

第一节 概 述

包装是产品的灵魂，随着社会的进步和人民生活水平的提高，商品对包装的功能性要求越来越强，包装的智能化已经是商品包装发展势在必行的趋势。特别是随着国家对食品、药品安全的重视，必将对食品、药品的质量、卫生、安全严加管理，建立可追溯系统势在必行。

智能包装是一种可以感应或测量环境和包装产品质量变化，并将信息传递给消费者或管理者的包装新技术。

近年为了保证产品安全和流通过程中对产品质量有效地监控和管理，以保证人民群众身体健康和优质的生活环境，将材料、化学、物理、电子、光学、机械和生物学等学科应用到包装技术，能够对包装产品实现感知功能，发展成为智能包装技术。

一、智能包装的定义

智能包装技术是集合了多元知识基础的新兴技术分支。创造性设计和人本位思想是"智能化包装"技术的精髓。它的出现使商品及其包装对于人类更具有亲和力，使商务信息的人机交互式沟通更为简捷。智能型包装在保护消费者权益与人身安全、保护市场正常秩序、方便商务电子化、开发新颖的产品消费形式方面将起到其重要的作用，具有极广阔的发展前景。

当包装与智能相遇便出现了智能包装，1992年伦敦召开的国际会议上将智能包装定义为"在一个包装、一个产品或产品与包装的组合中，有一个集成化元件或一项固有特性，通过此类元件或特性把符合特定要求的智能成分赋予产品包装的功能中，或体现于产品本身的使用中"。具体来讲，智能包装就是利用新型的包装材料、结构与形式对商品的质量和流通安全性进行积极干预与保障，利用信息收集、管理、控制与处理技术完成对运输包装系统的优化管理。

智能包装概念包括两方面的含义，即包装智能化，既要完善原有的包装形式，又要实现包装的智能化，又可以在包装领域开拓新的智能化技术，为智能化包装走进人们的日常生活提供更多的理论支持。

二、智能包装技术的发展与现状

随着人们生活质量的提高以及对于环境和健康的重视，人们对流通和使用中的包装产品有了新的要求，希望精美和实用的包装，同时能够及时了解包装的存储情况，这就需要包装智能化，目前，智能化包装产业越来越受到人们的重视，欧美等国家率先展开了智能化包装的研究和实际应用。尤其是柔性印刷电子的出现，展开了智能包装研究的新篇章。柔性电子技术制备的智能元件可以有效地贴附于包装的表面，可有效感知包装的内部情况。自 2015 年欧洲柔性印刷电子会议上，来自世界各地的厂商都带来了他们各自的柔性电子元件。通过这些设备和技术，可以看到未来的智能包装技术发展走向。特别是对新兴的智能包装产业，以柔性可视化屏幕、柔性印刷电路板和射频标签为代表的柔性电子元器件实现的智能包装，将解放包装产品形态和功能的想象力，颠覆现有包装产品的形态和体验方式。例如，使用导电油墨印制的各类传感器和射频识别标签等成为一种更为廉价、轻薄和柔性的方式将信息传输到阅读器当中，这种技术可以应用于送货、店面和后仓商品的传递以及货架管理。

第一代智能包装主要是以实现防伪、追踪和防盗为目的，在包装技术中引入了基于全息技术的条纹码防伪，这些被认为是智能包装的雏形。内嵌的纤维和磁条的引入使得包装离智能化更进一步。随着社会的进步，传统的包装技术逐步采用了机械、电气、电子和化学性能等技术使得包装更具智能化。利用机械性能实现的包装，如澳大利亚一种名为 Yaz Flex 新药的自动吐药盒，这种药盒具有计数和控制药片分发的能力，每盒有120 片，每天只吐出 3 片药，少吃一片药盒的自动报警功能就会发出响声。利用电气性能实现的包装，如用完即扔的电池测试标签；利用电子性能实现的包装，如使用导电油墨在瓶酒瓶表面印制的柔性压力传感器；利用化学性能实现的包装，如揭示食品包装物是否变质的气敏包装以及可以更好保存食物的气调包装。总之，一般只利用一种技术的包装通常被称为第一代智能包装。

随着技术的进步，出现了第二代智能包装，这种智能包装集成了两种或多种机械、电器、电子和化学等技术。

第二节　智能包装的分类

智能包装包括：功能材料型智能包装、功能结构型智能包装及信息型智能包装。简而言之，就是利用新型功能材料、产品的设计结构与形式及信息收集与处理技术对商品的质量和流通安全性进行积极干预与保障。

一、功能材料型智能包装技术

采用一些智能材料，尤其是一些新型的纳米功能材料，可通过感知、识别和处理包装产品的信息变化来加强包装的功能，或赋予包装物新的使命。目前，基于功能材料的智能包装，通常采用电学、磁学、光学、声学、力学、热学、化学、生物医学和核功能等材料的物理化学功能来实现智能包装，对环境因素具有"识别"和"判断"功能的包装。也可以使用二次功能材料（如光电、压电、磁点等材料属于二次功能材料）。简而言之，当向材料输入的能量和从材料输出的能量属于不同形式时，材料起能量的转换部件作用。例如，利用压电功能材料就是将包装产品感受的压力转换为电信号，这种功能材料可以用来制作柔性压力传感器，当包装产品受到压力时，通过压敏材料转换为电信号。这种二次功能材料构成的电子器件与包装相结合它可以识别和显示包装微空间的温度、湿度、压力以及密封的程度、时间等参数。这是一种很有发展前途的功能包装，对于需长时间运输和长期储存的包装产品尤为重要。

二、功能结构型智能包装技术

功能结构型智能包装是指通过增加或改进包装结构，使得包装智能化。功能结构的改进往往从包装的安全性、可靠性和部分自动功能入手进行，这种结构上的变化使包装的商品使用更加安全和方便简洁。这种智能包装主要是对产品内部结构进行可控性智能化设计，以满足制造商和消费者特定的需要。自动冷却和自动加热包装就是典型的功能结构智能包装，通常是在饮料包装结构中设计冷凝、加热装置。还有为避免儿童误食药物的而设计的药品包装上的安全盖装置等都属于功能结构型智能包装。

三、信息型智能包装技术

信息型智能包装技术又称示踪性智能运输包装技术，这种包装主要反映包装内容物及其品质的基本信息，特别是可以体现商品在仓储、运输、销售过程中，周围环境对其内在质量影响的信息记录与表现；也可以对商品生产信息和销售分布信息进行记录，信息型智能包装技术是最具前景的包装技术之一。信息型智能包装技术以化学、微生物、物理学、动力学和电子信息等技术作为支撑，以包装物作为依托，为物联网时代的智能化提供保障。可跟踪性运输包装的目的是开发一种有利于自动化管理的运输包装技术形式，使包装产品在流通环节中能被全程跟踪，实现对运输路线和在线商品的调整和管理，借助信息网络和卫星定位系统构建物联网体系。

四、食品新鲜度指示型智能包装

随着人民生活水平的提高，人们对食品安全提出了更高要求，食品新鲜度指示型智能包装能够"判断"和"指示"食品新鲜度，以保证食品安全。食品变质的主要因素除了酶的催化作用、微生物污染外，还受环境温度、湿度、氧化作用的影响。尤其是适宜的环境温度有利于微生物生存与快速繁殖，也就是说环境温度对食品的新鲜度影响最大，因此，开发可以检测包装内环境温度的时间—温度传感器用于智能包装是目前智能包装研究的重点。时间—温度传感器可以监测食品在储存和销售期间的温度变化，进而预示食品的品质情况。另一种是将化学泄露指示器应用于气调包装中，主要通过指示器中的氧敏材料检测包装内泄露的氧气。但是从包装产品的内部环境温度和包装内气体成分的变化来判断食品新鲜度的灵敏度较低。研究人员设计了微生物以及微生物代谢物传感器用于智能包装来检测食品的新鲜度。利用 DNA 聚合酶变色原理制作的酶传感器，可用于检测大肠杆菌，当大肠杆菌存在时，传感器会由蓝色变为红色；也可将含有硝酸铅的乳液涂抹于包装上，当其遇到食品腐败释放出的硫化氢时，指示剂会由棕色变为黑色，因而可判断部分食品的新鲜度。

五、智能包装与 RFID 技术

RFID 技术是智能包装的研究热点，许多智能包装通过射频信号自动识别目标对象并获取相关数据。RFID 芯片可以对数据采取分级保密，在供应链上的某些点可以读取数据。射频识别（Radio Frequency Identification，RFID）通常称为电子标签，属于非接触式的自动识别技术，通过射频信号自动识别目标并获取相关数据。射频识别可在各种恶劣环境工作。RFID 技术可同时识别多个标签，沃尔玛、麦德龙、物美、中百仓储、家乐福等大型超市的商品都配备 RFID 标识，以满足智能包装需求。RFID 芯片通过特定的媒介，可直接获取商品的全能信息，也可以在商品供应链中跟踪产品，防止商品丢失或损坏。但成本问题是 RFID 技术普及的最大瓶颈，应用 RFID 也需要对整个信息系统进行更新换代，其成本是条形码技术的数十倍甚至上百倍。标准的不统一也是制约 RFID 得以推广的因素。随着 RFID 技术的完善，瓶颈问题也会得以解决。

六、药品安全型智能包装

药品直接关系着人民群众的身体健康和生命安全，确保药品安全就是最大的民生，传统的药品包装已经无法满足人们对包装功能的新需求。因此，人们对药品包装提出新的要求：即智能化、安全化、人性化。由于智能包装的加入不仅方便了患者的生活，有力于疾病的治疗，还推动了药品行业的发展。将来，智能包装将会是药品包装的发展主流。需要针对特定的人群做特定的分析和定位，要有警示功能，可以提醒人们吃药，也要有延长其保质期的功能，同时还要有吸引小朋友吃药的功能，在药品包装中尤其要照顾老年人在用药时的不便，同时更应该加强对药品包装的防伪监控。药品安全型智能包装应具备的功能。

（1）延长保质期功能　包装智能化的体现之一是延长保质期，采用高阻隔性的材料用于包装，用来阻隔氧化气体、水雾、光线、气味等进入包装中，以延长药品的保质期，防止药品变质。

（2）提醒功能　激素类药物不能多吃也不能少吃，因此，定时服药对病情控制最为重要。但是大多数人因为忙碌而忘记按时吃药。澳大利亚等国在药品包装盒上设置具有重量控制且同时增添智能语音提醒功能的智能药盒，到点有智能提醒功能，如未按时吃药装置会发出报警。

（3）防伪功能　药物行业作为暴利行业，很多不法奸商会用假冒伪劣的药材滥竽充数，由于生产水平和科技发展力水平的不够或因成本太高等原因，导致无法识别药品的真伪，危害人民身体健康。由于 RFID 技术的成熟，逐步实现了对药品质量监控的能力，通过扫描以及电脑识别的功能，来实现智能识别。在生产药品包装的时候，每一个包装编号和独特的识别标来实现智能包装。目前超市和药店就是靠这种智能包装来记录药品的生产过程、生产时间、生产厂家、生产规格等。

第十章　绿色包装

第一节　绿色包装的定义与内涵

绿色包装是随着人们对世界环境危机、资源危机的认识不断深化，为保卫自己赖以生存的地球生态环境掀起绿色革命而兴起和发展的。

根据可持续发展的主题思想，可以将绿色包装定义为：能够重复利用或循环再生或降解腐化，且在产品整个生命周期中不对人体及环境造成危害的适度包装。绿色包装是一种要求很高的理想包装，完全实现它需要有一个较长的过程，可分阶段实施分级标准：A级绿色包装，指废弃物能够重复利用或循环再生或降解腐化，含有毒物质在限定范围内的适度包装；AA级绿色包装，指废弃物能够重复利用或循环再生或降解腐化，且在产品整个生命周期中不对人体及环境造成危害的适度包装。前者较容易实现，后者的要求较高。只有当前者得到广泛应用、技术达到一定水平时，后者才有广阔的发展空间。

从本质上说，绿色包装涵盖了保护环境和资源再生两方面的意义。其中最重要的含义是保护环境，但节约资源和保护环境关系十分密切，资源消耗越多，废弃物越多，对环境的污染也越大；减少包装资源的耗损，也就从源头上减少了造成环境污染的包装废弃物。最大限度节约资源和能源，也是保护环境的治本措施。具体说来，绿色包装应具备以下含义。

① 实行包装减量化。绿色包装在满足保护、方便、销售等功能的条件下，应是用量最少的适度包装。欧美等国将包装减量化列为发展无害包装的首选措施。

② 包装应易于重复利用或回收再生。通过多次重复使用或通过回收废弃物，生产再生制品、焚烧利用热能、堆肥化改善土壤等措施，达到再利用的目的。既不污染环境，又可充分利用资源。

③ 包装废弃物可降解腐化。为了不形成永久垃圾，不可回收利用的包装废弃物要能分解腐化，进而达到改良土壤的目的。当前世界各工业国家均重视发展利用生物或光降解的可降解包装材料。

④ 包装材料对人体和生物应无毒无害。包装材料中不应含有毒的元素、卤素、重金属或含量应控制在相关标准以下。

⑤ 在包装产品的整个生命周期中，均不应对环境产生污染或造成公害。即包装产品从原材料采集、材料加工、制造产品、产品使用、废弃物回收再生，直至最终处理的生命周期全过程均不应对人体及环境造成危害。

前面4点应是绿色包装必须具备的要求。最后一点是依据生命周期分析方法，用系统工程观点，对绿色包装提出的理想化的最高要求。

第二节　绿色包装系统及其设计

一般来讲，商品包装的设计原则，既要从结构着眼，起到保护产品内在的和外观的质量、保证储运和分配过程中的安全、延长商品货架寿命、方便用户等功能，又要从促销的设计功能出发，使包装的外观图案及标签，如厂省、地址、商标、出厂日期、主要组成或性能、使用说明等，能达到吸引顾客、提高商标和厂商的知名度、便于搜集用户反馈信息等目的。

在长期的贸易实践中，发达国家的商品包装成本已形成习惯定位。不同种类的商品，其包装费用在整个生产成本中分别占着一定的比例。以酒类、罐头为例，美国分别是 $20\% \sim 30\%$ 和 25%；英国是 8.5% 和 17%；日本为 18% 和 10.5%。有的国家还明确规定了商品包装成本比例。改进包装设计，节约包装用料，是改革过分包装商品包装的设计准则：通常可分为两个方面：一方面是结构设计，主要从保护商品功能（内在的与外观的）出发，选择原材料与确定技术结构；另一方面是促销设计，以期达到促进商品销售功能。随着商品市场的激烈竞争，包装成为商品的重要组成部分，受到厂商的越来越多的重视。但是当前包装发展趋势总的偏向是"过分包装"，即超成本设计。

当今世界，特别是进入 20 世纪 90 年代以来，包装的设计原则还应增加一个重要观念，即充分重视环境保护和资源利用的要求，将绿色设计的观念融合到产品的包装设计过程中去，构建绿色包装系统设计。随着经济全球化和环保意识在各个领域的渗透，绿色包装系统的设计是未来产品包装设计的唯一选择。

突出"绿色"包装设计，就是除了在设计上满足包装体的保护功能、视觉功能、经济方便满足消费者的心愿之外，还要十分注意产品应符合绿色包装的标准，即对人体、环境有益无害；包装产品的整个生产过程符合绿色的生产过程，即生产中所有的原料、辅料要无毒无害；生产工艺中不产生对大气及水源的污染，以及流通、储存中保证产品的绿色质量，以达到产品整个生命周期符合国际绿色标准的目标。

作为一个完整的系统，应该包括产品原料的采集，包装材料的生产，包装的设计（包括造型设计、结构设计、装潢设计及工艺设计），包装产品的加工制作及流通储存，包装废弃物的回收处理与再造及包装工程的成本核算，最后是生命周期的评估。整个系统包括产品、流通的环境条件、包装材料、消费者心理分析、包装设计、加工制造（清洁生产）等若干要素。

1. 产品

绿色包装设计时应考虑产品的物理性质和化学性质，这涉及它的保护功能。从物理角度看，要使内装物完好无缺，要求包装体的强度、结构、造型要合理，其形状在常温或其他温度下保持原有状态。从化学角度看，要保证内装物不变质，也就是化学稳定性要好，即对温度、日光、湿度、气体要保持稳定。再有要考虑到包装的视觉效果；应用方便、经济；是否可重复使用或回收再造，最重要的是对人体、环境不产生损害和污染，具有绿色的实质。

2. 流通的环境条件

绿色包装设计时应考虑包装件流通的环境、条件、时间，包括库存、储存与运输。其中运输的工具，仓储的设施、温度、气候条件及变化，生物环境条件，流通过程中的装卸条件，原则是应保证在流通过程中内装物完好，质量不变，不受污染。

在进行绿色包装设计时，物流运输中的包装设计是一个重要的方面。它涉及运输仓储保管的方便化、信息化、自动化、无人化以及运输装卸的作业机械化、安全性、装载效率和运输效率的提高等。表 10-1 是物流运输设计的主要内容介绍。

表 10-1　　　　　　　　　　　　　包装中物流运输设计的主要内容

综合化	合理选用包装材料的理化性能和包装制品的保护功能
科学化	合理设计包装制品的尺寸和形状以提高转载率和运输效率
信息化	包装信息化、电子化、智能化、防盗报警等
标准化	符合 ISO 9000（质量）、ISO 14000（环保）、ISO 16000（安全）标准或有关国家标准

3. 绿色包装材料

绿色包装材料（包装原材料和成型前的材料）首先具备自身无毒、无害（即无氯、无苯、无铅、无铬、无镉等），对人体、环境不造成污染。制造该材料所耗用的原材料及能源少，并且生产过程中不产生对大气、水源的污染，废弃后易于回收再利用或易被环境消纳。材料具有所需的强度，与内装物不发生化学作用，性能稳定，易于加工制造，来源丰富，价格低等特点。包装物是否符合绿色要求，一个重要因素在于是否采用了绿色包装材料。

开发包装新材料，是实施绿色包装的重要途径之一。尤其是应用环境友好型新材料作为包装材料，是目前包装行业研究的热点。例如，木材、纸、竹编材料、柳条、芦苇、麦秆、淀粉、甲壳素等，有的可以直接制作包装材料，有的经过二次加工可以制造出各种类型的包装材料，它们在自然条件下可以分解，不污染环境，其资源可再生，而且包装成本也较低，在各方面都具有明显的优势。

除用各种新型材料代替那些环境负担性较大的包装材料外，对现有的材料进行改性，减轻其环境影响，也是包装材料绿色化的一个重要途径。目前的绿色包装改性材料主要有塑料改性材料、玻璃改性材料、可折叠集装箱、改性钢桶等。

4. 消费者的心理分析

根据"顾客是上帝"的原则开展消费者满意的包装设计，其目的就是适合人类需要。消费者满意设计的内容见表 10-2。

表 10-2　　　　　　　　　　　　　消费者满意设计的主要内容

安全性	包装设计合理,使用安全
方便性	产品品牌标识规范,使用方便,说明易看易懂
环保性	符合标准要求,如环保标准、质量标志、环境标志等
可靠性	设计新颖,体积要小,禁假、大、空、伪
健康性	选择对人体无毒、与环境友好型的包装材料

绿色包装应符合消费者心理特点，尤其是当今"绿色浪潮"的兴起，国内外消费者偏爱采用绿色包装的商品。各国也为了推广和宣传环境保护的思想，设计了各具特色的环境标志。

绿色包装还应考虑到消费者应用的便利，易开启、易装卸、易携带等体现包装方便性的设计，是一般消费者所普遍追求的目标。同时还应顾及人们的风俗习惯及个性、喜好等。

5. 包装设计

设计前，应对绿色包装订货单位进行设计定位，核定设计条件和设计要求。包括企业形象、内装产品、消费对象、销售市场、竞争环境等方面的定位。绿色包装的设计要根据最终产品的需要来进行，①要有保护功能，结构要符合力学强度，即对产品的形态完整和质量不变有保证。②产品的外观、造型要符合内装物的需要和美观，同时轻量化、材料单一化，外装潢要典雅、美观。具有很好的广告效果。加工制作工艺设计简单、经济、清洁、节能、无污染。

包装设计的绿色化技术还包括包装材料的简单化、单一化、减量化、易拆解、易回收、重复使用等设计原则及其运用。

6. 包装加工制造（清洁生产/绿色生产）

绿色包装加工制造工艺要考虑采用"清洁生产"，即生产过程中不使用任何有害的辅料，不产生任何污染环境的副产物和废气废水等。节省材料，节省能源，充分利用现有设备的能力。

第三节　绿色包装的评价

我们对绿色包装的认识及评价必须从包装废弃后扩展到包装废弃前的全过程，不仅要重视减少包装废弃物对环境的污染，也要重视采用并行设计、清洁生产等措施减少包装产品在生产过程中对环境的污染。因此，绿色包装环境性能的鉴定、分析、比较，要运用生命周期分析方法，即 LCA（life cycle analysis）。

一、生命周期评价的定义

1. 产品的生命周期

一种产品从原材料开采开始，要经过原料加工、产品制造、运输销售、使用维修、废弃后回收循环再用、最终处置，这整个过程称为产品的生命周期。在生命周期的每一阶段都可能发生资源消耗和环境污染物的排放，因而对污染的预防和资源的控制也应贯穿于产品生命周期的每一阶段。

通常，可将产品的生命周期归并为原材料采掘、原材料加工、产品生产、运输销售、产品使用和回收处置六个主要阶段（或环节）；有时也将原材料采掘和原材料加工合并为原材料获取，而成为五个主要阶段（或环节）。

2. 生命周期评价定义

生命周期评价定义有多种提法，SETAC、EPA、ISO 和某些大企业均各有描述。

SETAC 的定义为：全面地审视一种工艺或产品"从摇篮到坟墓"的整个生命周期有关的环境后果；美国 3M 公司的定义为：在从制造到加工、处理乃至最终作为残留有害废物处置的全过程中，检查如何减少或消除废物的方法；我国在 GB/T 24040—1999 (ISO 14040—1997) 中的定义是：对一个产品系统在全生命过程中的输入、输出及其潜在环境影响的汇编和评价。

归纳起来，对生命周期评价可表述为：对一种产品及其包装物在生产工艺、原材料加工、能源或其他某种人类活动行为的全过程，包括原材料采掘、原材料加工、产品生产、运输销售、产品使用和回收处置的全过程，进行资源和环境影响的分析与评价。

二、生命周期评价的技术框架

ISO 于 1997 年颁布了 ISO 14040 标准，规定了生命周期评价的技术框架。该框架将生命周期分为互相联系的、不断重复进行的四个步骤（图 10-1）：目标与范围确定、清单分析、影响评价和结果解释。ISO 对 SETAC 框架的一个重要改进是去掉了改善评价阶段。ISO 认为改善是开展 LCA 的目的，而不是它本身的一个必须阶段；但增加了解释环节，它可对前面三个互相联系的步骤进行解释，而且是双向解释，可不断进行调整。ISO 14040 对 LCA 的作用、过程和应用规定如下。

（1）LCA 是一种用于评估与产品有关的环境因素及其潜在影响的技术 其做法为：①编制产品系统中有关输入与输出的清单；②评价与这些输入输出相关的潜在环境影响；③解释与研究目的相关的清单分析和影响评价结果。

（2）LCA 研究贯穿于产品生命全过程（即"从摇篮到坟墓"） 从获取原材料、生产、使用直至最终处置的环境因素和潜在影响。需要考虑的环境影响类型包括资源利用、人体健康和生态后果。

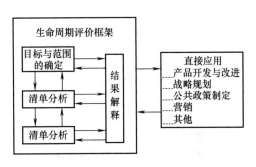

图 10-1 ISO 生命周期评价框架

（3）LCA 能用于帮助 ①识别改进产品生命周期各个阶段中环境影响的机会；②产业、政府或非政府组织中的决策（如战略规划、确定优先项、对产品或过程的设计或再设计）；③选择有关的环境表现（行为）参数，包括测量技术；④营销（如环境声明、生态标志计划或产品环境宣言）。

主要参考文献

1　蔡惠平主编. 包装概论 [M]. 北京：中国轻工业出版社，2008.

2　徐自芬，郑百哲，主编. 中国包装工程手册 [M]. 北京：机械工业出版社，1996.

3　唐志祥主编. 包装材料与实用包装技术 [M]. 北京：化学工业出版社，1996.

4　张新昌主编. 包装概论 [M]. 北京：印刷工业出版社，2007.

5　尹章伟. 商品包装概论 [M]. 武汉：武汉大学出版社，2003.

6　日本包装技术协会编. 包装技术手册 [M]. 蔡少龄，译. 北京：机械工业出版社，1994.

7　林学翰等编. 包装技术与方法 [M]. 长沙：湖南大学出版社，1988.

8　张源泽主编. 轻工业包装技术 [M]. 北京：中国轻工业出版社，1988.

9　宋宝峰主编. 包装容器结构设计与制造 [M]. 北京：印刷工业出版社，1996.

10　李国忧主编. 食品包装工程 [M]. 哈尔滨：黑龙江教育出版社，1989.

11　章建浩主编. 食品包装大全 [M]. 北京：中国轻工业出版社，2000.

12　[美] M. 贝克主编，孙蓉芳等译. 包装技术大全 [M]. 北京：科学技术出版社，1992.

13　向贤伟编著. 食品包装技术 [M]. 长沙：国防科技大学出版社，2002.

14　金国斌编著. 现代包装技术 [M]. 上海：上海大学出版社，2001.

15　周祥兴编著. 软质塑料包装技术 [M]. 北京：化学工业出版社，2003.

16　杨福馨，吴龙奇编著. 食品包装实用新材料新技术 [M]. 北京：化学工业出版社，2002.

17　章建浩主编. 食品包装学 [M]. 南京：江苏科学技术出版社，1994.

18　山静民主编，张轲主审. 包装测试技术 [M]. 北京：印刷工业出版社，1999.6.

19　刘功，靳桂芳，康勇刚编. 包装测试 [M]. 北京：中国轻工业出版社，1994.9.

20　刘功，赵延伟，靳桂芳编. 齐世闻，张凯涛审. 包装测试技术 [M]. 长沙：湖南大学出版社，1989.3.

21　中国标准出版社第一编辑室，中国包装技术协会信息中心编. 中国包装标准汇编（通用基础卷）[M]. 北京：中国标准出版社，2006.2.

22　陆佳平编著. 包装标准化与质量法规 [M]. 北京：印刷工业出版社，2007.1.

23　曹国荣，许文才主审. 包装标准化基础 [M]. 北京：中国轻工业出版社，2006.1.

24　戴宏民主编. 包装管理 [M]. 北京：印刷工业出版社，2005.8.

25　"国家标准化管理委员会" 网站. http://www.sac.gov.cn

26　"中国包装联合会" 网站. http://www.cpta.org.cn

27　翁瑞，冉瑞，王蕾. 环境材料学 [M]. 北京：清华大学出版社，2011.

28　戴宏民. 新型绿色包装材料 [M]. 北京：化学工业出版社，2004.

29　Kartick K. Samanta, Potentials of Fibrous and Nonfibrous Materials in Biodegradable Packaging, in: Subramanian Senthilkannan Muthu (Eds.), Environmental Footprints and Eco-design of Products and Processes, 2016, pp. 75-113.

30　Safoura Ahmadzadeh, Ali Nasirpour, Javad Keramat, Nasser Hamdami, Tayebeh Behzad, Stephane Desobry, Nanoporous cellulose nanocomposite foams as high insulated food packaging materials, Colloids and Surfaces A: Physicochem. Eng. Aspects 468 (2015) 201-210.

31　Stephen Spinella, Jiali Cai, Cedric Samuel, Jianhui Zhu, Scott A. McCallum, Youssef Habibi, Jean-Marie Raquez, Philippe Dubois, Richard A. Gross, Polylactide/Poly (ω-hydroxytetradecanoic acid) Reactive Blending: A Green Renewable Approach to Improving Polylactide Properties, Biomacromolecules 16 (2015) 1818-1826.